普通高等教育“十三五”规划教材

三维造型实践练习图册

吴晨刚　慕　灿　伍胜男　主编　　杨迎新　副主编

化学工业出版社
·北京·

本书是三维造型、计算机绘图、工程应用软件类课程的学生练习用书，将计算机辅助设计理论与应用紧密地结合起来，学生通过上机练习，达到巩固学习知识的目的。本书根据学生的学习规律，注重课程的教学节奏，加强实践性教学环节，突出学生实际应用能力的培养。

本书收集的机械实例典型、丰富，每章实例由易到难，实例按特征进行分类，层次分明。全书共分四章，主要内容涵盖二维草图设计练习、三维实体建模练习、曲面建模设计练习、零件装配建模练习四大部分。

本书主要适合高等院校机械设计与制造、机械工程、机械电子、材料成型等专业的教学、培训配套练习使用，同时可以作为非机械类专业的三维造型软件选修课教材配套练习图册。

图书在版编目(CIP)数据

三维造型实践练习图册/吴晨刚，慕灿，伍胜男主编.
—北京：化学工业出版社，2019.11（2025.2 重印）
普通高等教育“十三五”规划教材
ISBN 978-7-122-35132-6

Ⅰ. ①三… Ⅱ. ①吴… ②慕… ③伍… Ⅲ. ①三维-工业产品-造型设计-计算机辅助设计-应用软件-高等学校-教学参考资料 Ⅳ. ①TB472-39

中国版本图书馆 CIP 数据核字（2019）第 191730 号

责任编辑：王听讲　　装帧设计：张　辉
责任校对：王鹏飞

出版发行：化学工业出版社（北京市东城区青年湖南街 13 号　邮政编码 100011）
印　　装：北京建宏印刷有限公司
787mm×1092mm　1/16　印张 10　字数 216 千字　　2025 年 2 月北京第 1 版第 3 次印刷

购书咨询：010-64518888　　售后服务：010-64518899
网　　址：http: // www. cip. com. cn
凡购买本书，如有缺损质量问题，本社销售中心负责调换。

定　　价：33.00 元

前　　言

本书是三维造型、计算机绘图、工程应用软件类课程的学生练习用书。本书将计算机辅助设计理论与应用紧密地结合起来，可操作性强，学生通过上机练习，达到巩固学习知识的目的。本书在编排过程中，根据学生的学习规律，特别注重课程的教学节奏，注重学生创新能力，教材力求做到目的明确、条理清楚、层次分明、循序渐进、通俗易懂、系统全面；同时，加强实践性教学环节，强调学生动手能力的培养，突出学生实际应用能力的培养。

本书收集的机械实例典型、丰富，每章实例由易到难，实例按特征进行分类，层次分明。全书共分四章，主要内容涵盖二维草图设计练习、三维实体建模练习、曲面建模设计练习、零件装配建模练习四大部分。

本书主要适合高等院校机械设计与制造、机械工程、机械电子、材料成型等专业的教学、培训配套练习使用，同时可以作为非机械类专业的三维造型软件选修课教材配套练习图册。

我们将为使用本书的教师免费提供电子教案等教学资源，需要者可以到化学工业出版社教学资源网站 http://www.cipedu.com.cn 免费下载使用。

本书由五所高等院校一线教师根据多年的教学、比赛指导和实践训练经验合作编写，由江西理工大学吴晨刚、阜阳职业技术学院慕灿、江西理工大学伍胜男担任主编，江西理工大学杨迎新担任副主编，参加本书编写的人员还有南昌航空大学张桂梅、东华理工大学张克义、江西科技师范大学方军。

由于编者水平所限，书中如有不妥之处，恳请读者批评指正，以便将来进一步修订完善。

编　者

2019 年 8 月

目　　录

第一章　二维草图设计练习

草图是构建三维模型的基础，一般情况下，三维设计软件使用者都是从二维草图设计开始，然后通过各种三维建模命令，对草图进行编辑操作，最终实现三维建模。本章主要介绍机械零部件的二维草图设计练习实例，内容主要按简单草图练习、复杂草图练习、综合草图练习三部分编写。本章涉及的命令主要有草图绘图命令（直线、圆、圆弧、样条曲线、矩形、轮廓线等）、草图编辑命令（复制、镜像、修剪、延伸、阵列、圆角、倒角等）、草图约束命令（自动约束、尺寸约束、几何约束等）等。

本章要求读者按照书上给出的草图设计练习实例，在三维造型软件草图绘制模块中，按照图纸尺寸和形状要求绘制出准确的二维图形。本章通过绘制和练习二维草图实例，培养三维软件使用者的二维构图的思维和方法，为后面的三维建模奠定基础。

一、简单草图练习

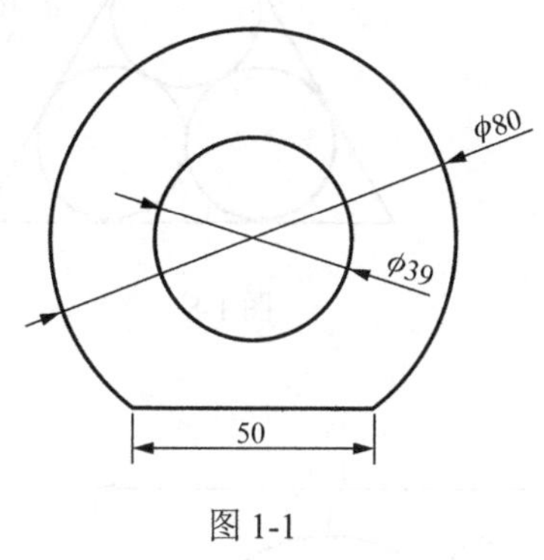

图 1-1

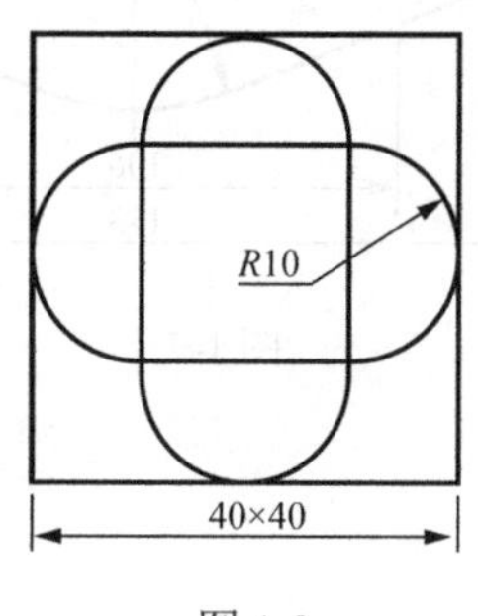

图 1-2

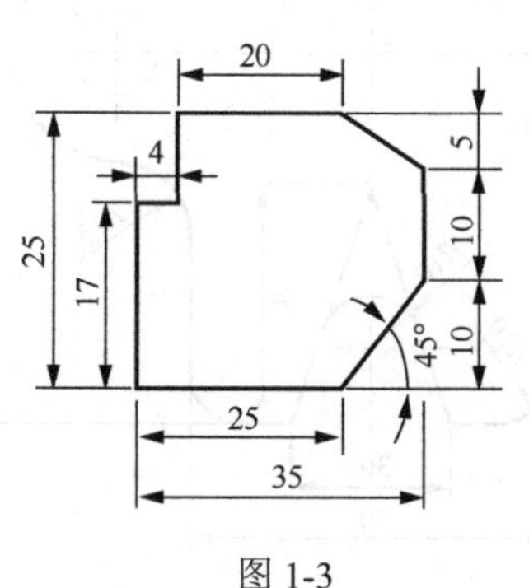

图 1-3

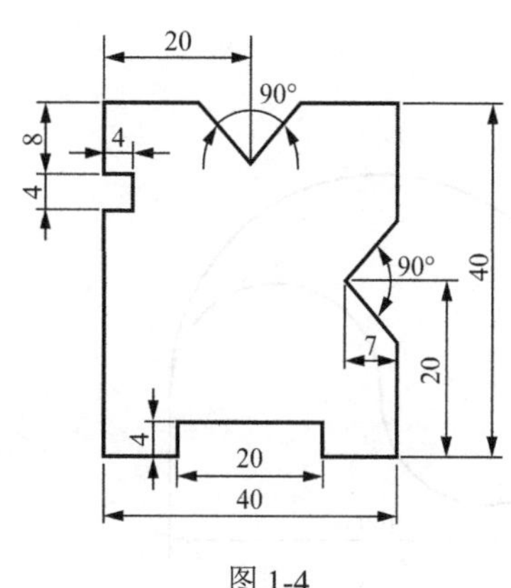

图 1-4

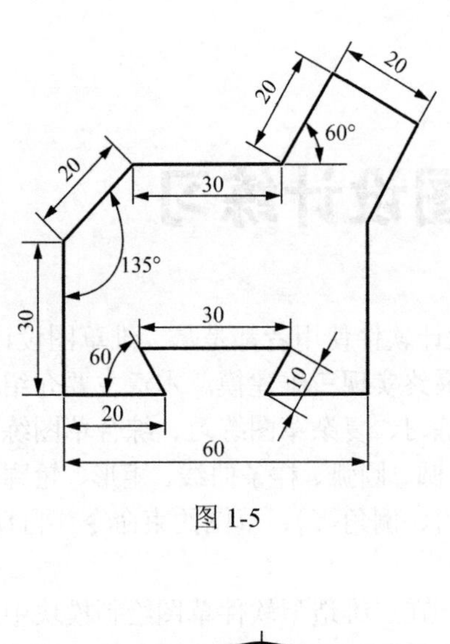

图 1-5

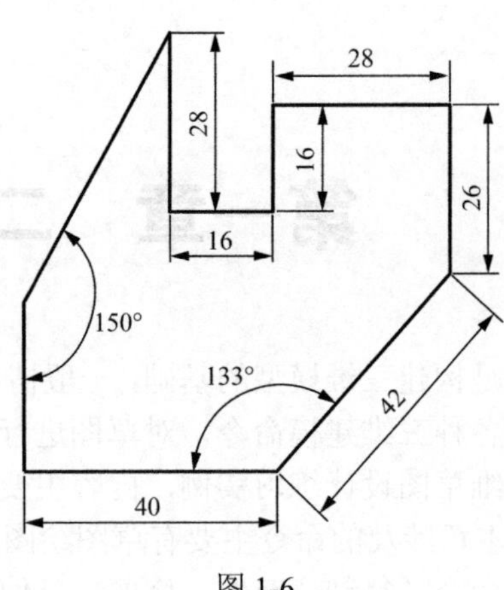

图 1-6

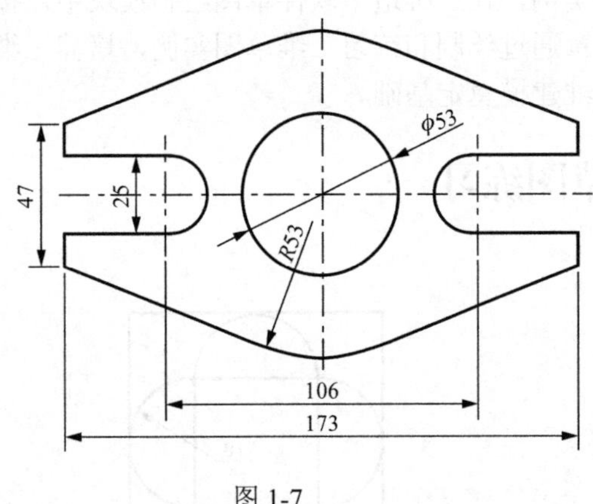

图 1-7

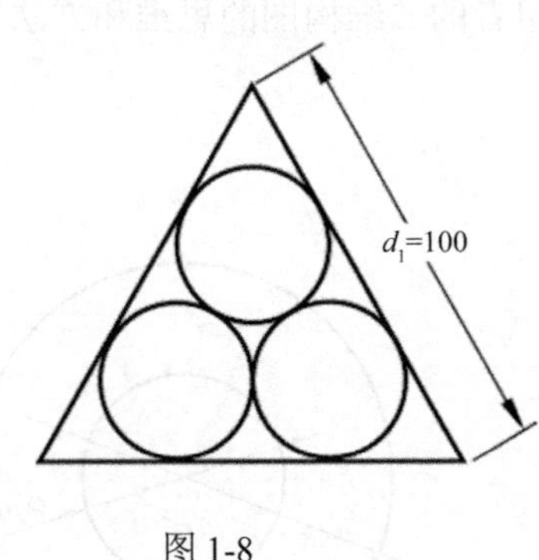

图 1-8

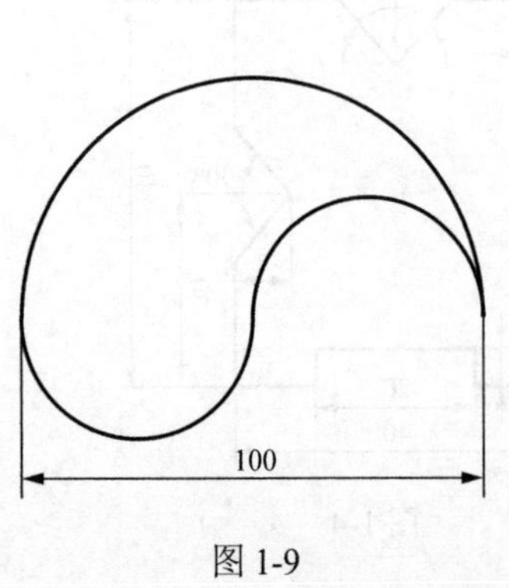

图 1-9

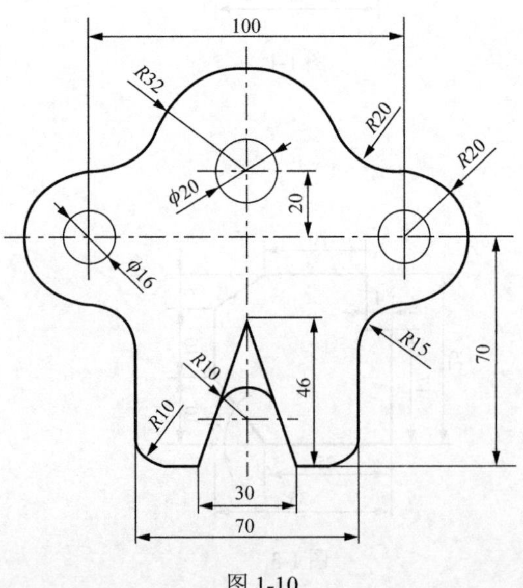

图 1-10

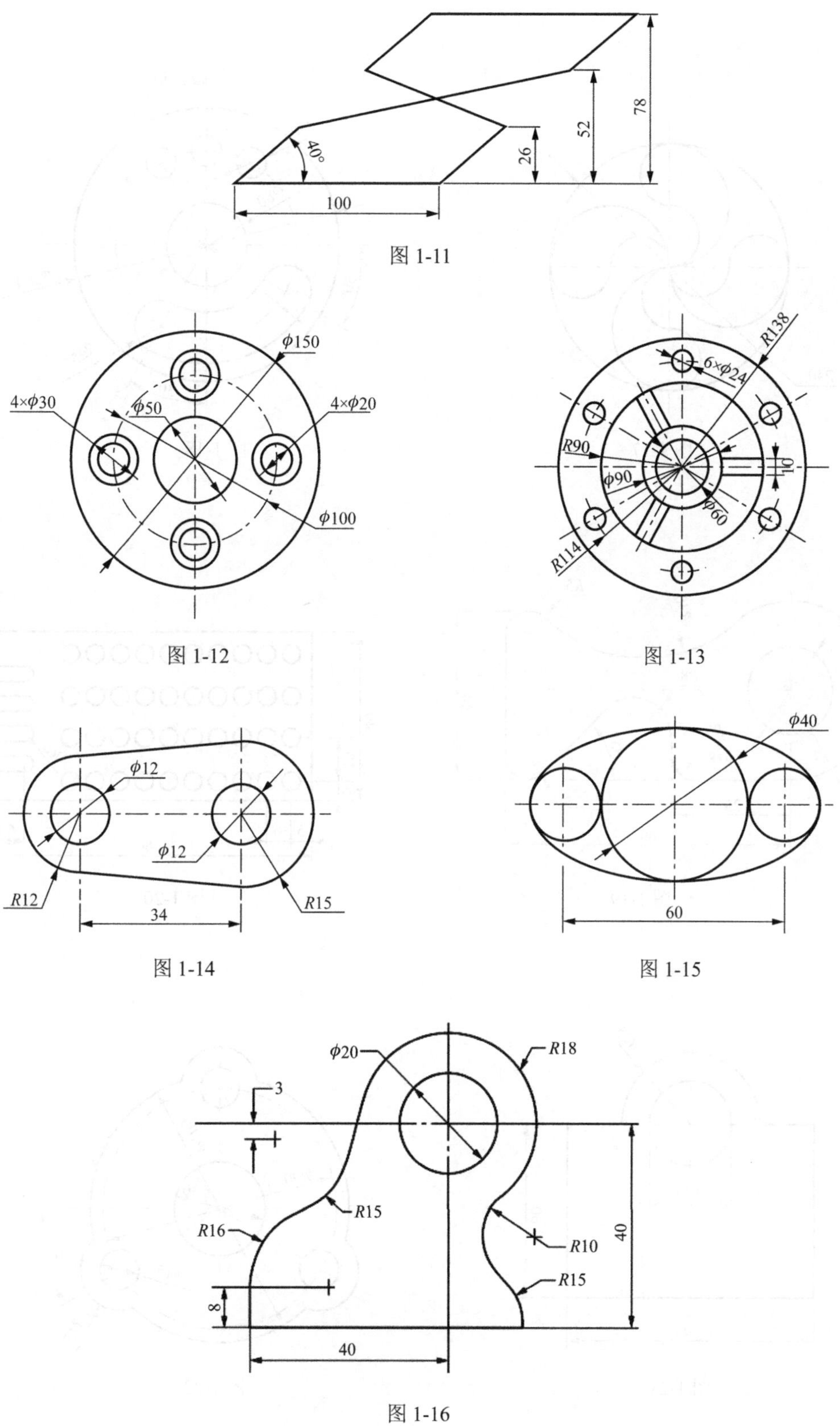

图 1-11

图 1-12

图 1-13

图 1-14

图 1-15

图 1-16

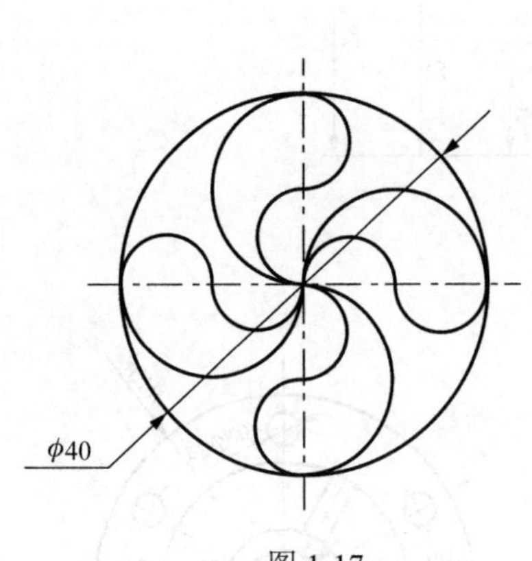

图 1-17

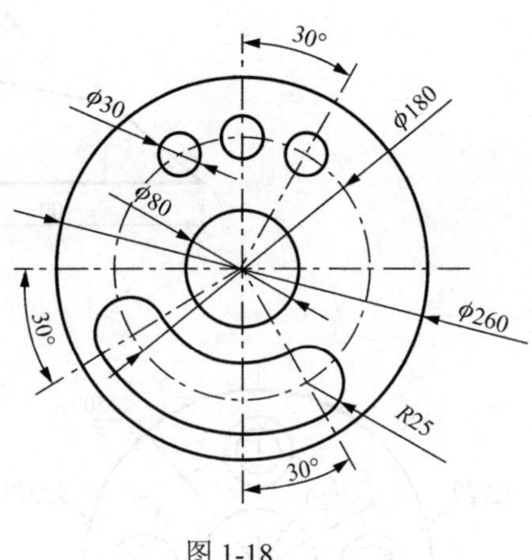

图 1-18

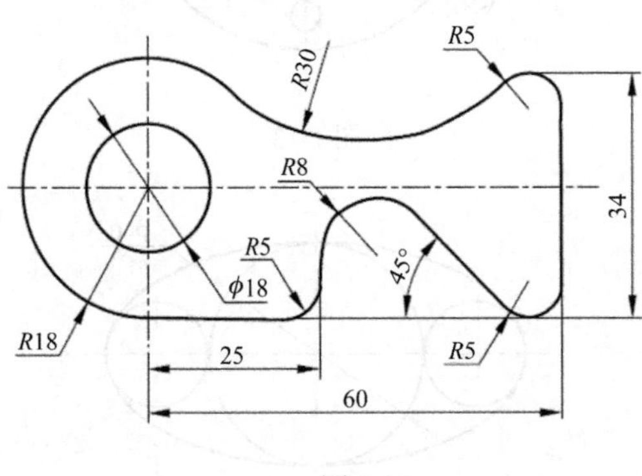

图 1-19

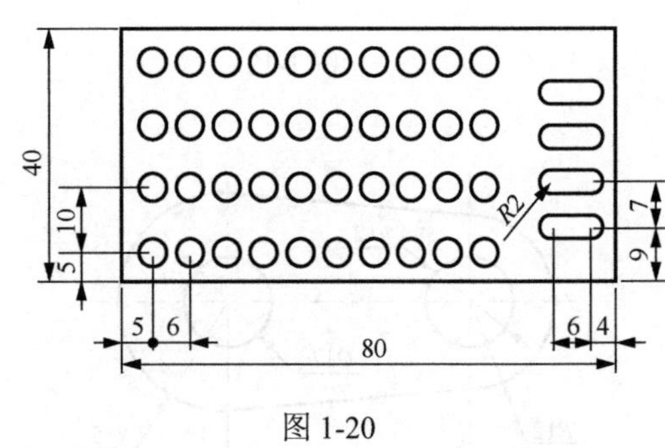

图 1-20

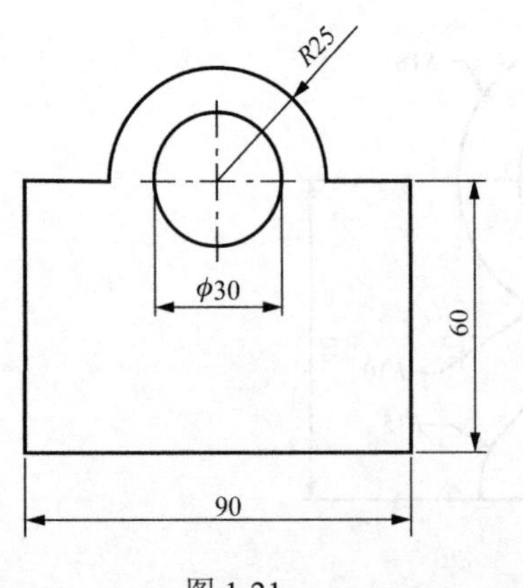

图 1-21

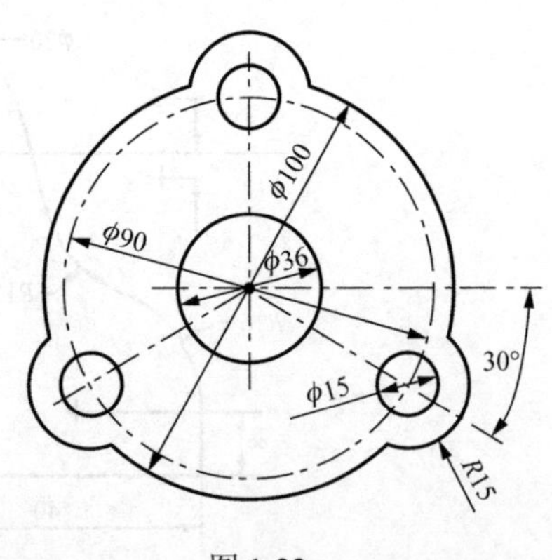

图 1-22

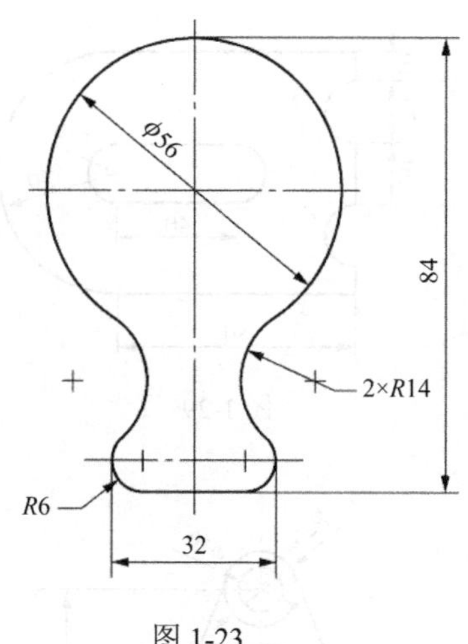

图 1-23

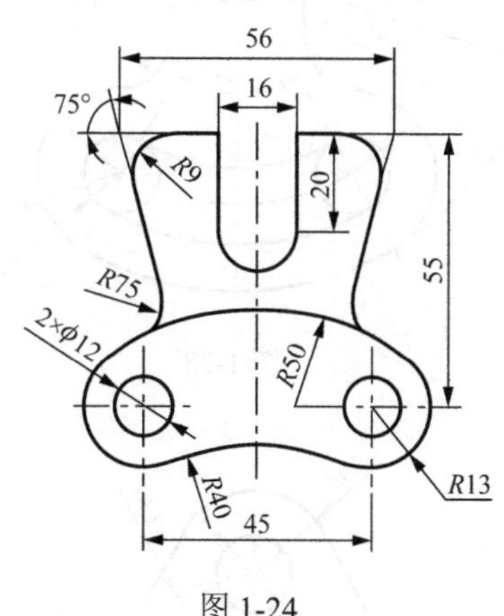

图 1-24

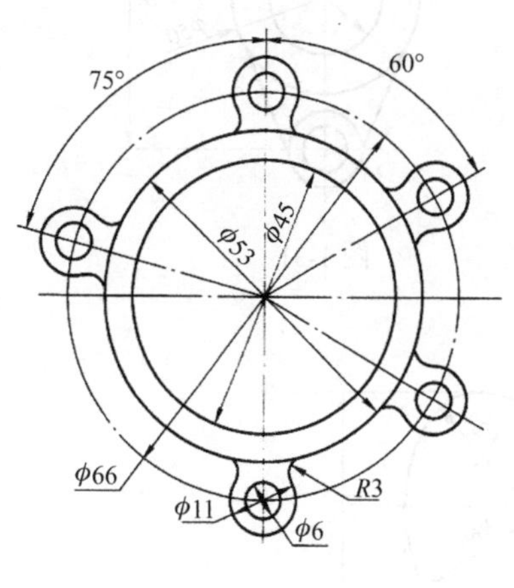

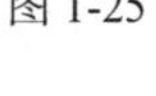

图 1-25

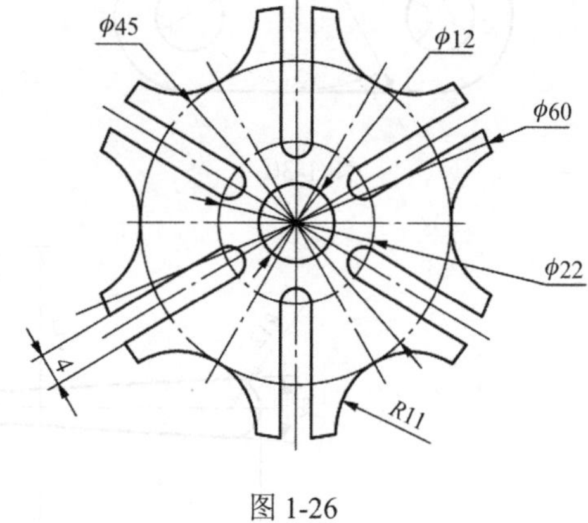

图 1-26

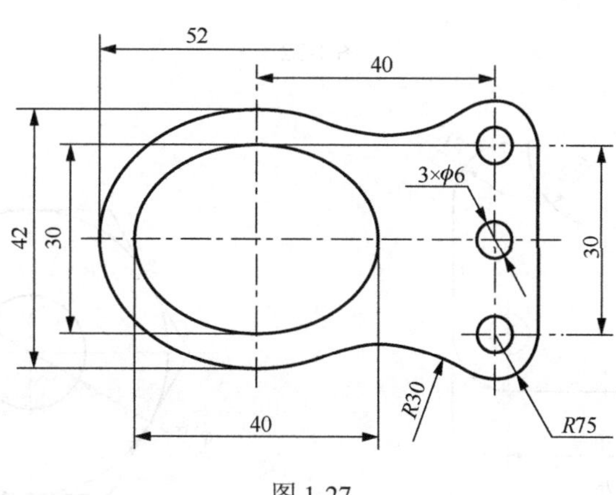

图 1-27

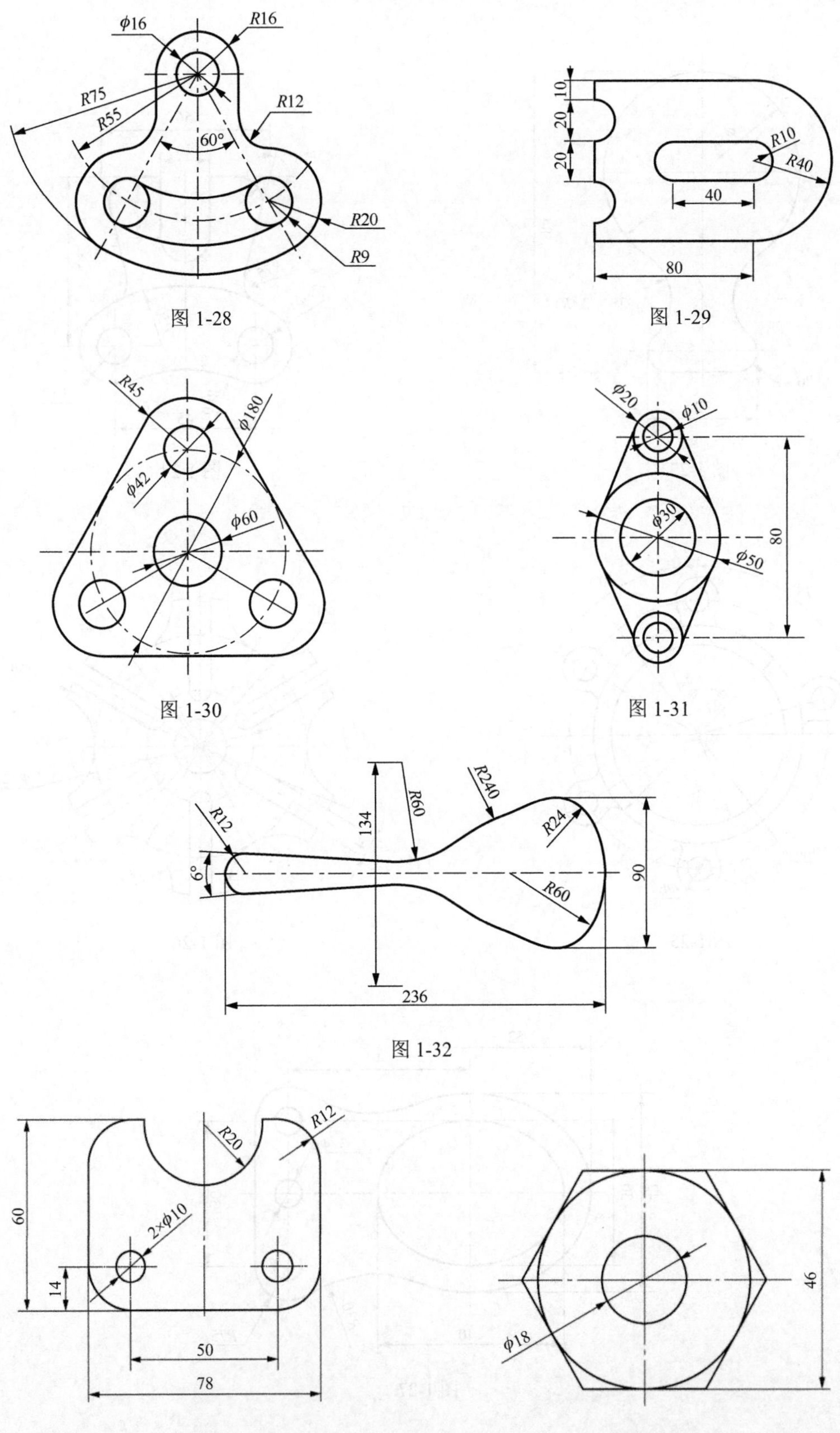

图 1-28

图 1-29

图 1-30

图 1-31

图 1-32

图 1-33

图 1-34

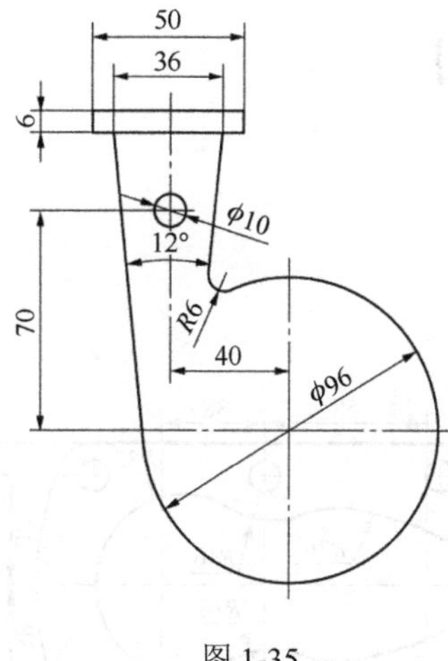

图 1-35

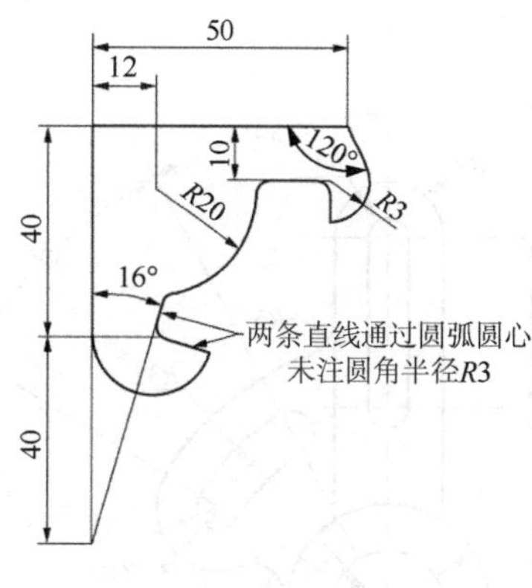

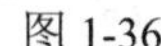
图 1-36

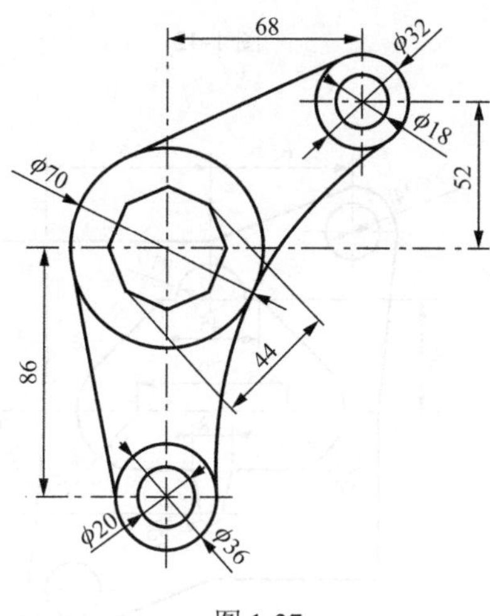

图 1-37

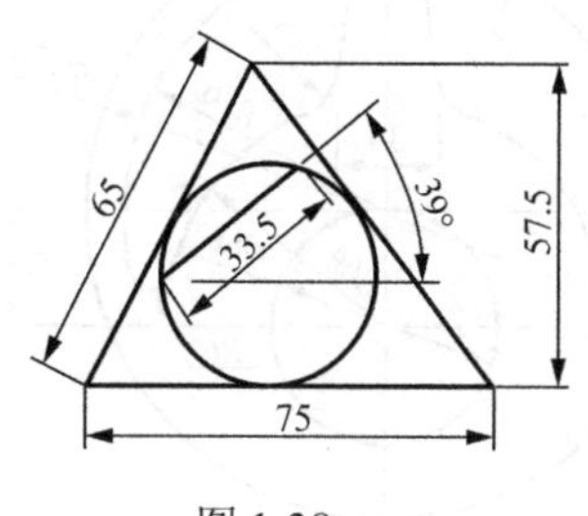

图 1-38

107
R35
R35
43
81
R25
R75
R15
142

图 1-39

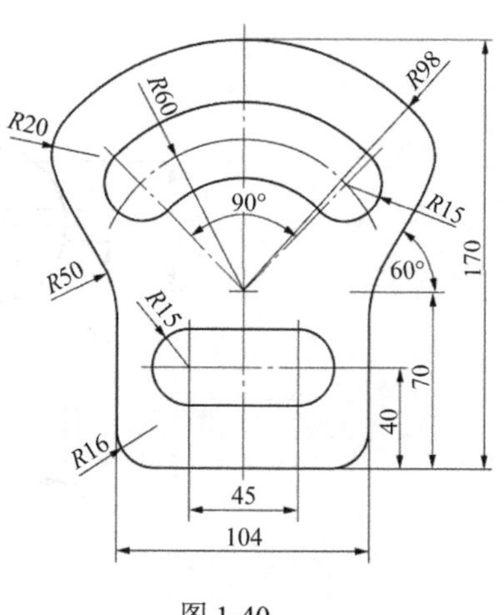

图 1-40

二、复杂草图练习

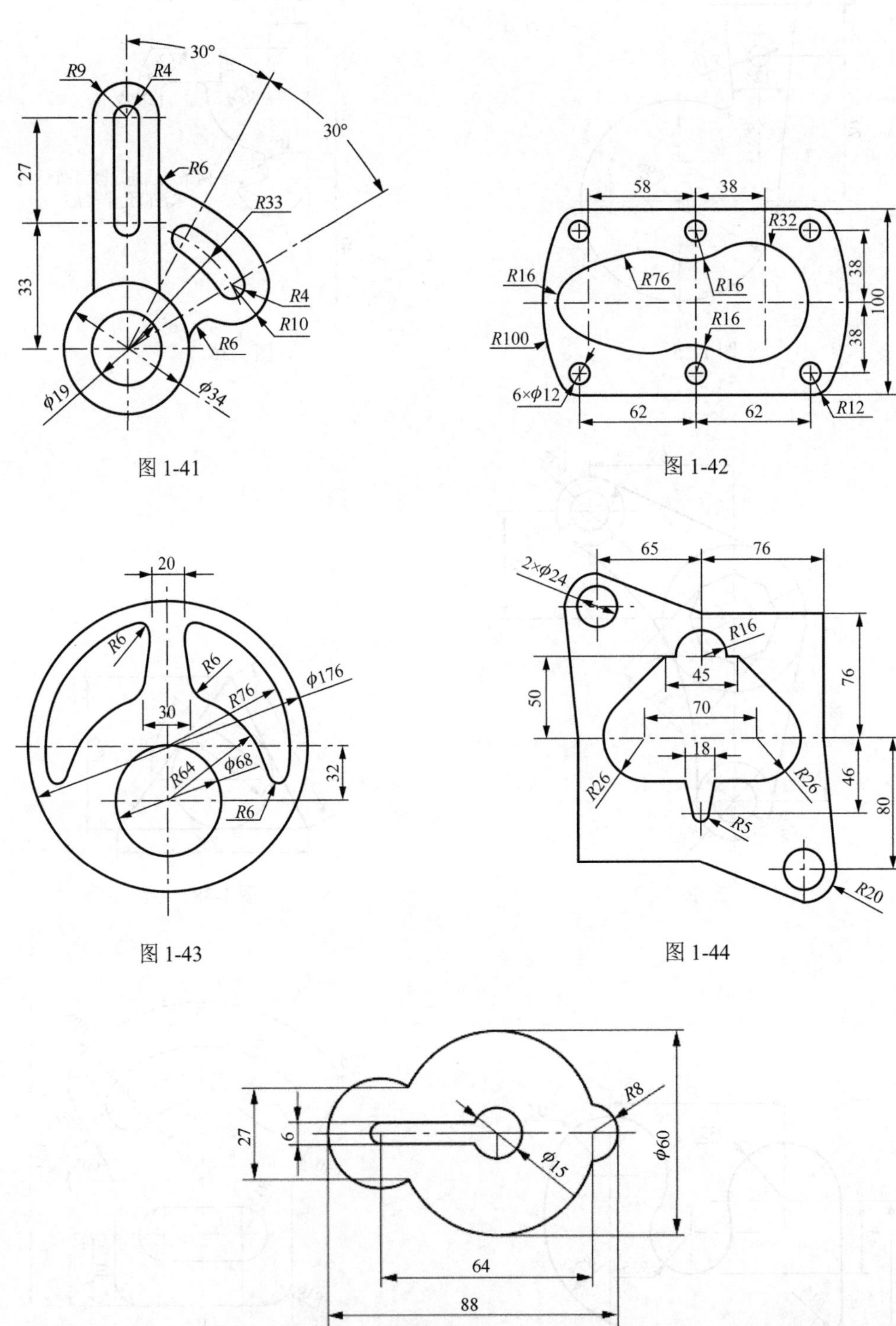

图 1-41

图 1-42

图 1-43

图 1-44

图 1-45

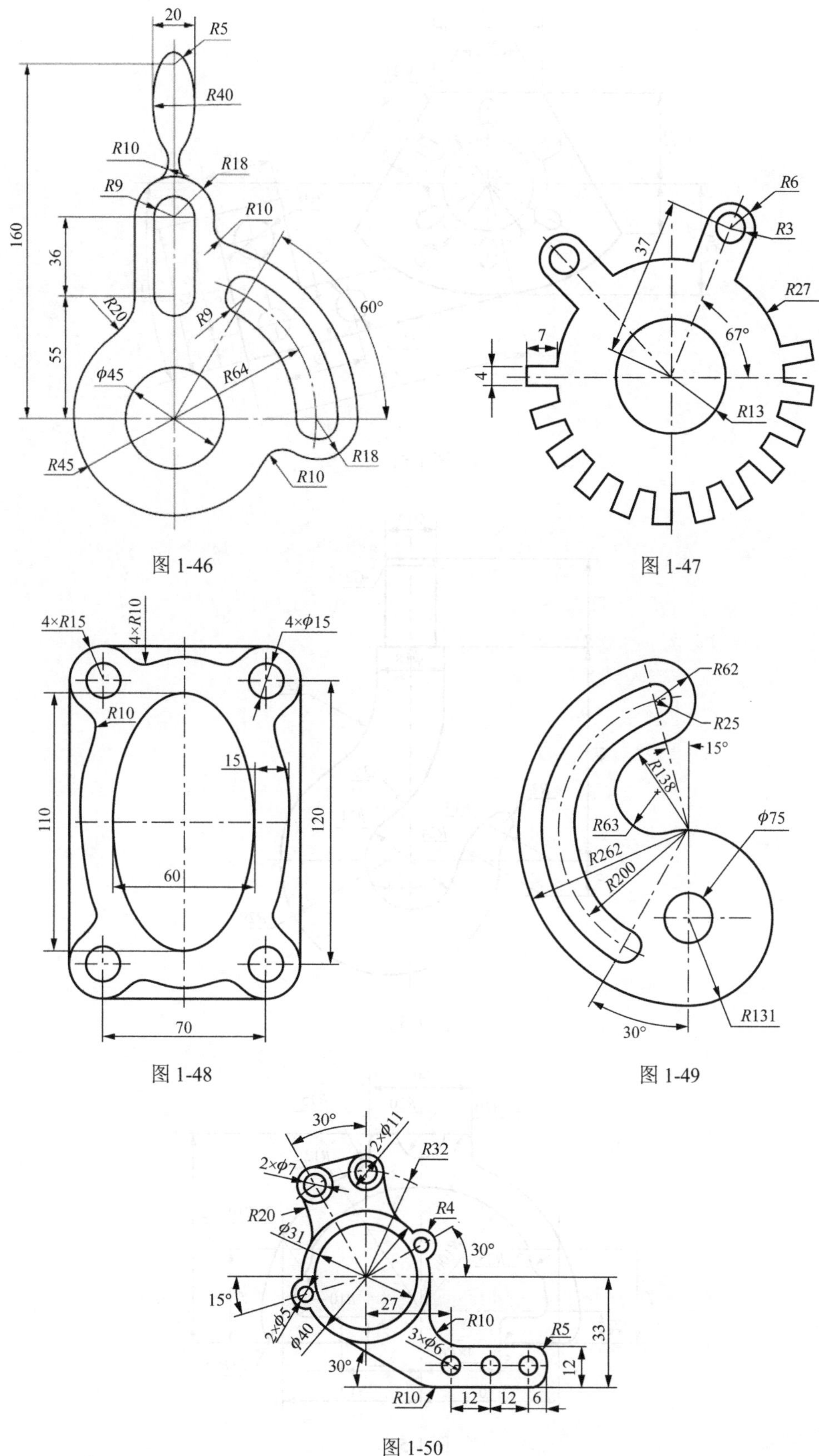

图 1-46

图 1-47

图 1-48

图 1-49

图 1-50

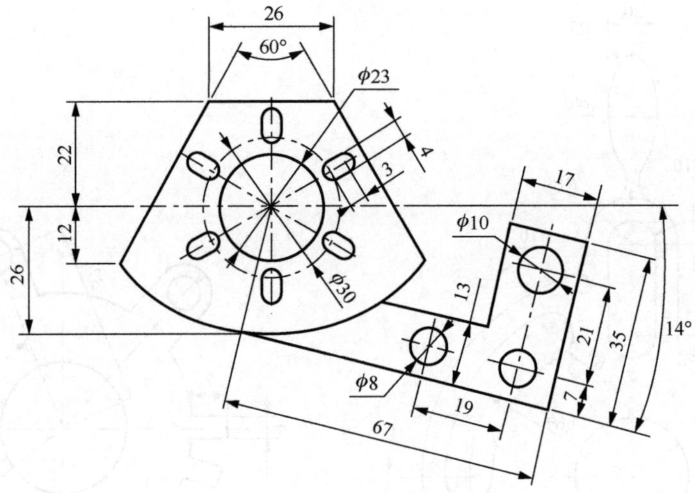

图 1-51

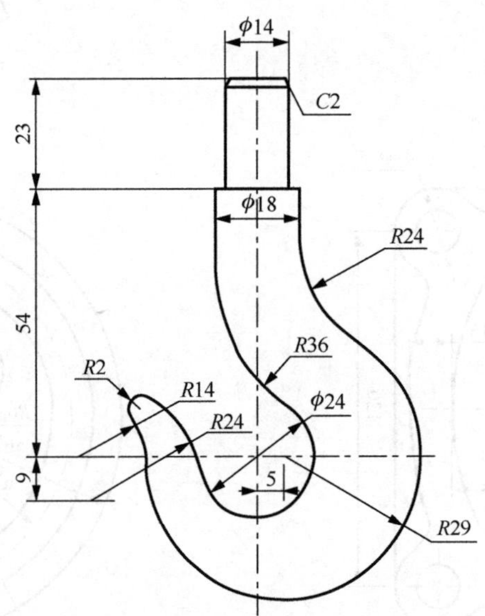

图 1-52

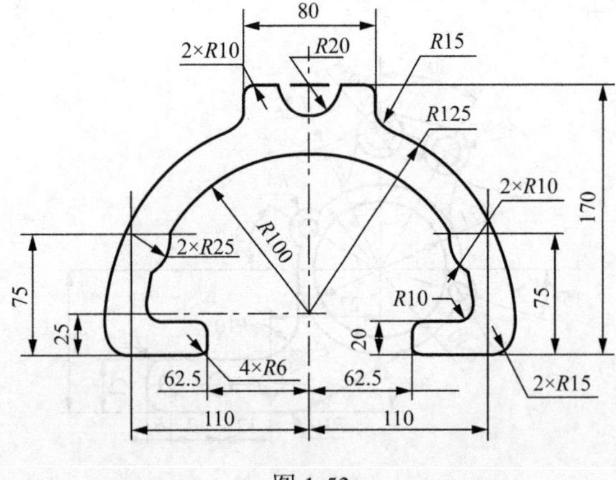

图 1-53

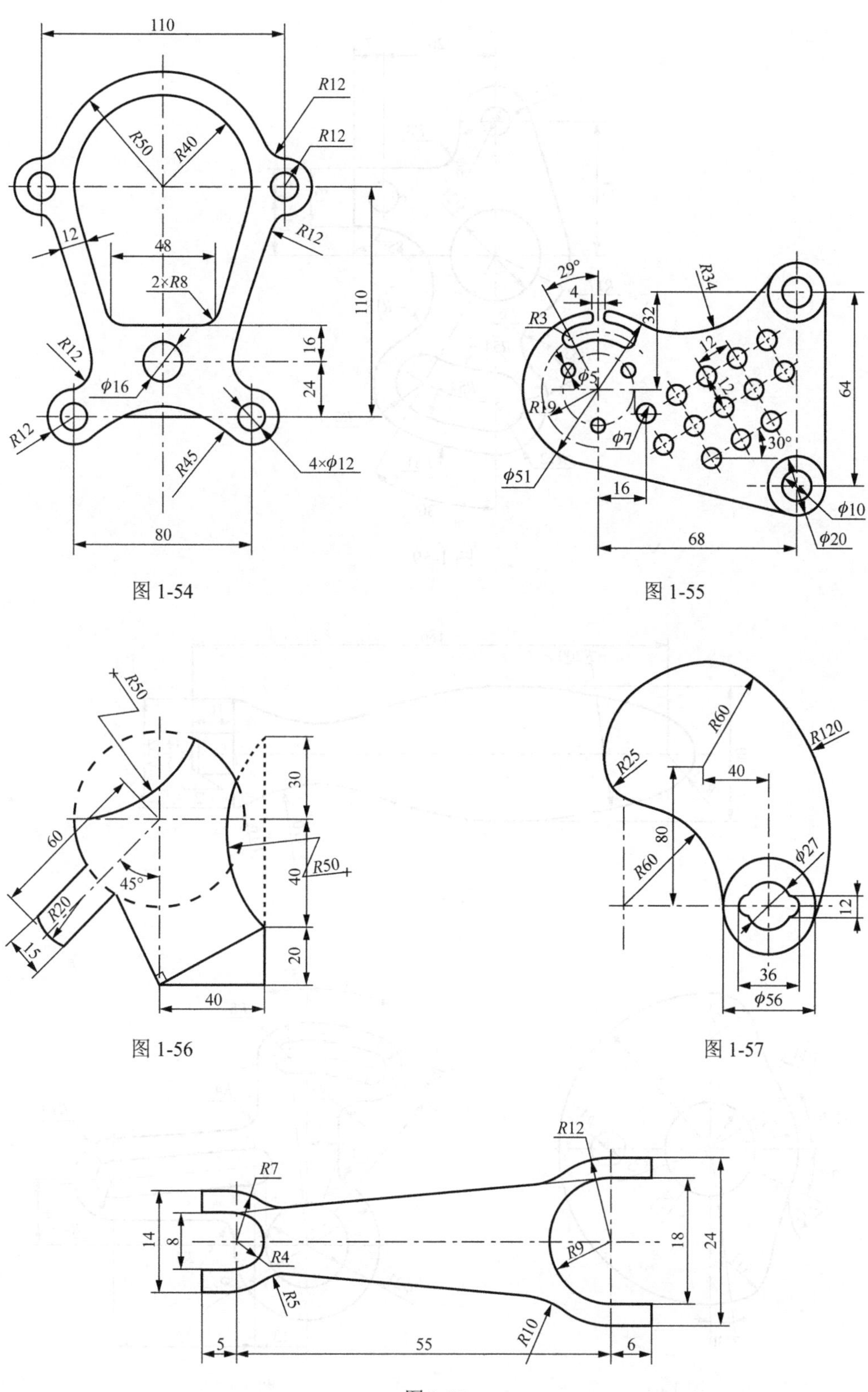

图 1-54

图 1-55

图 1-56

图 1-57

图 1-58

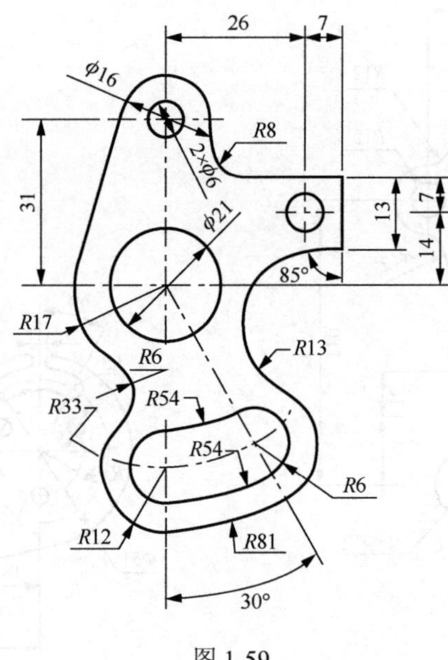

图 1-59

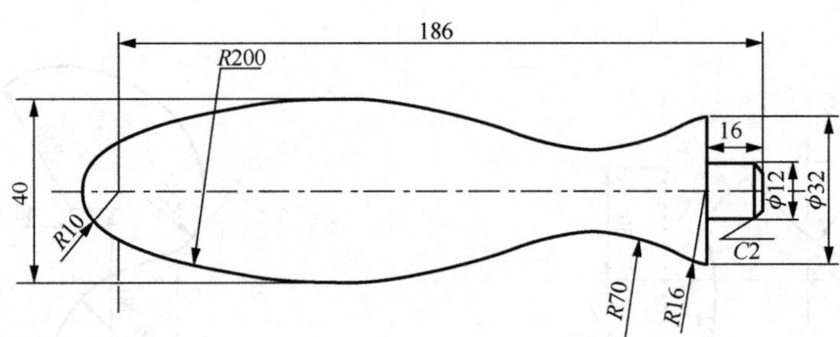

图 1-60

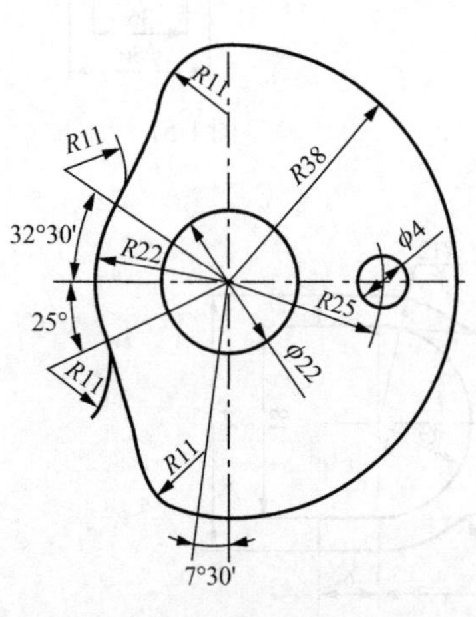

图 1-61

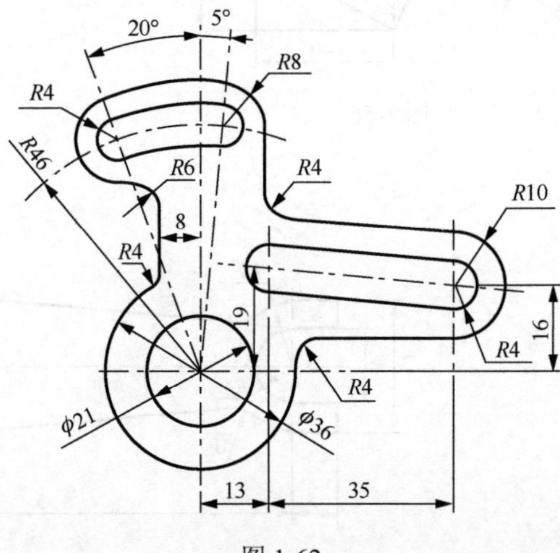

图 1-62

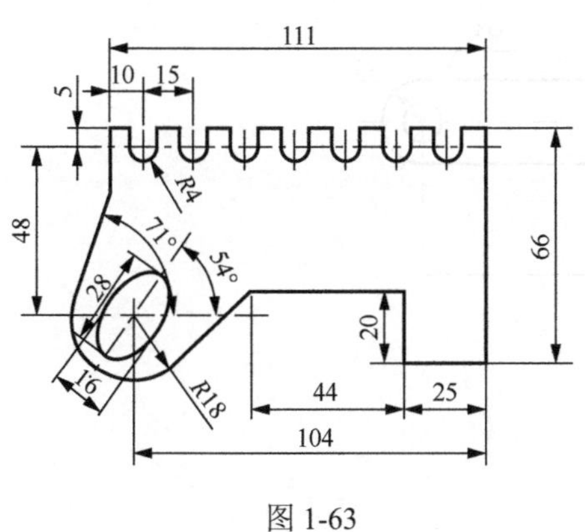

图 1-63

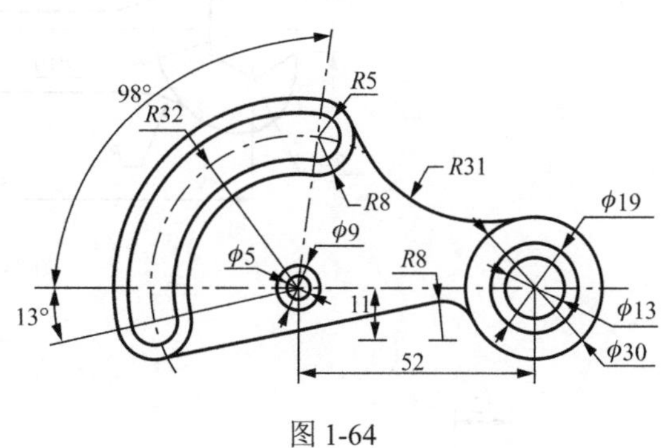

图 1-64

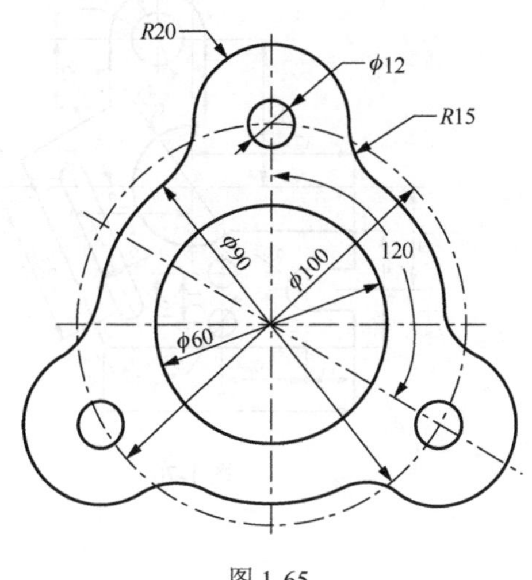

图 1-65

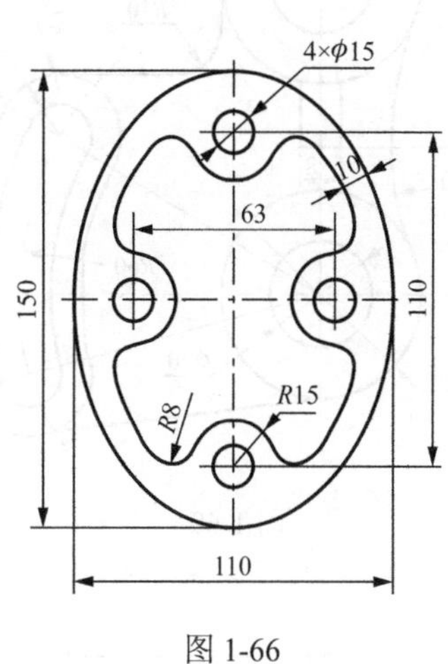

图 1-66

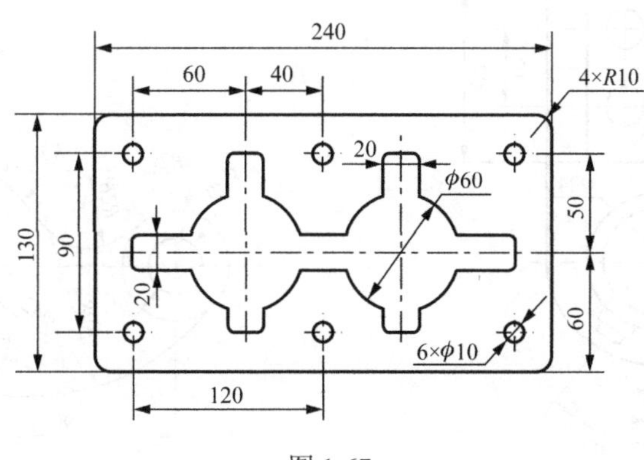

图 1-67

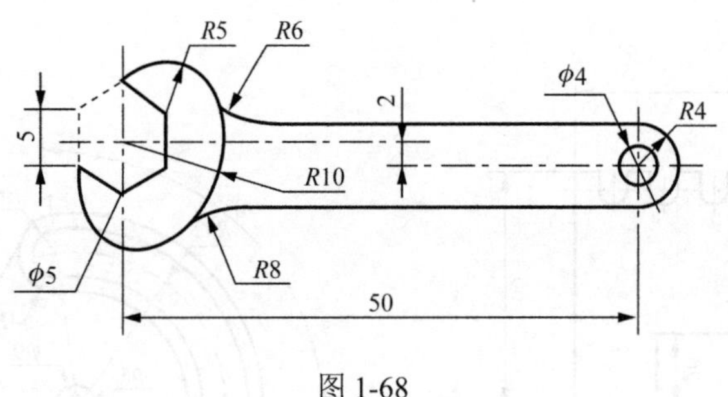

图 1-68

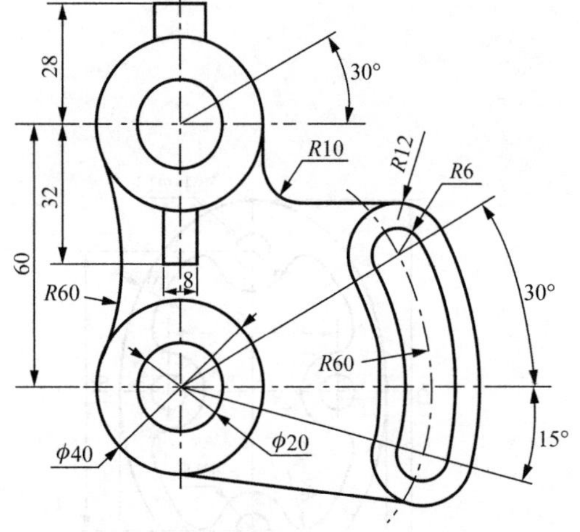

图 1-69

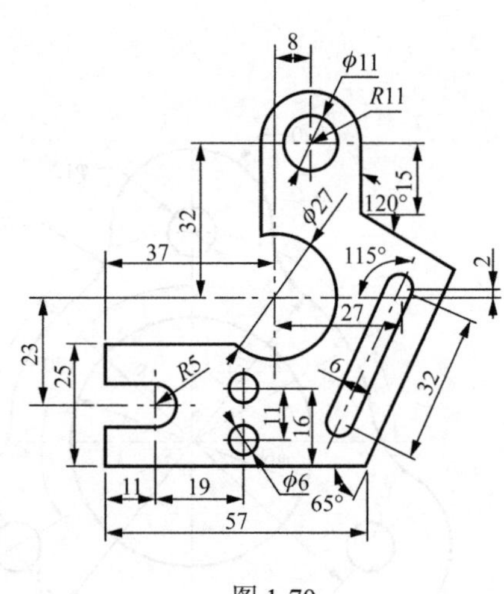

图 1-70

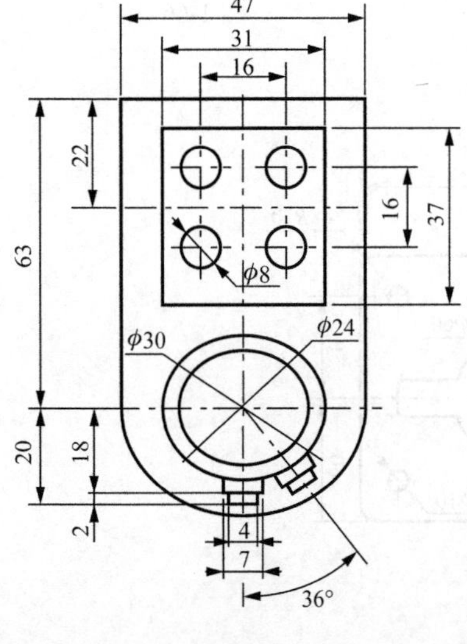

图 1-71

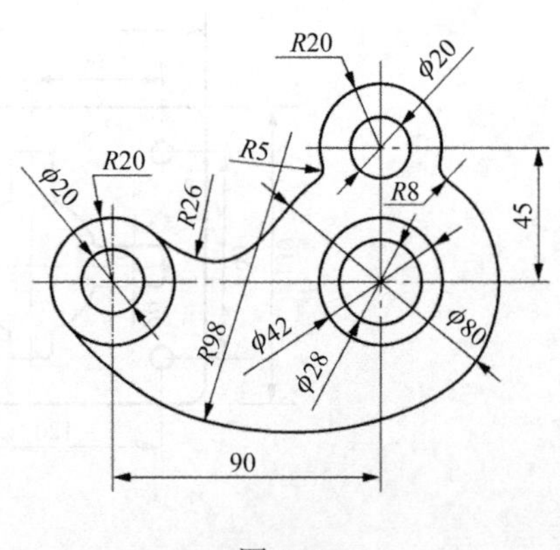

图 1-72

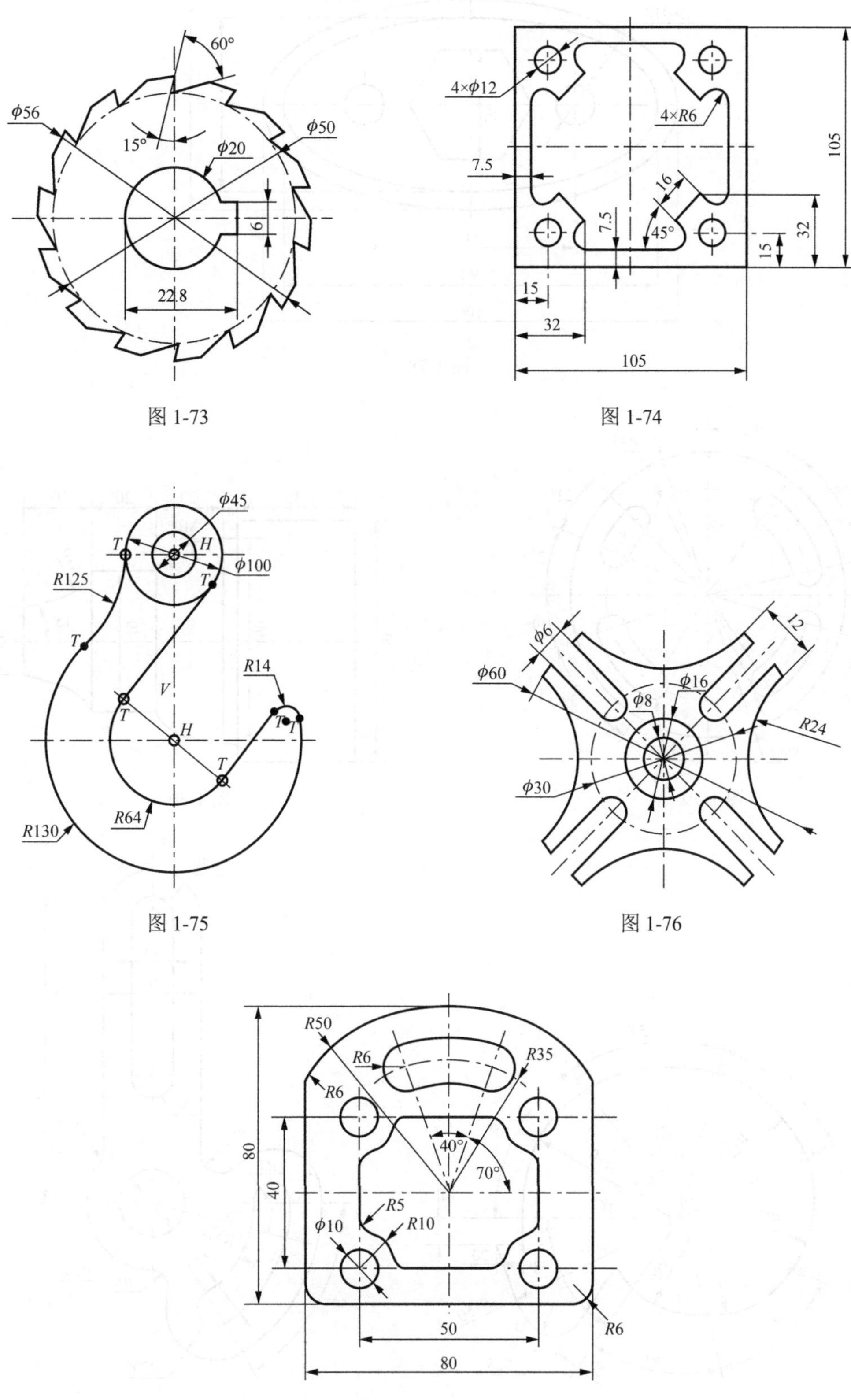

图 1-73

图 1-74

图 1-75

图 1-76

图 1-77

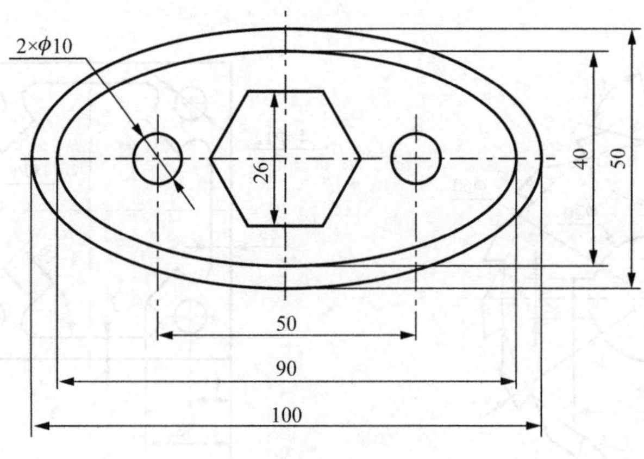

图 1-78

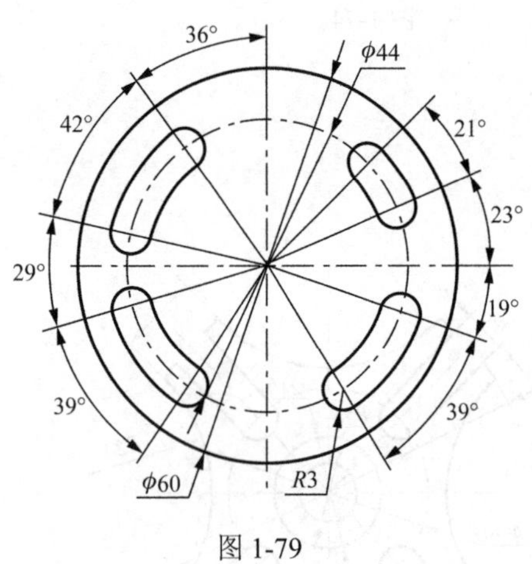

图 1-79

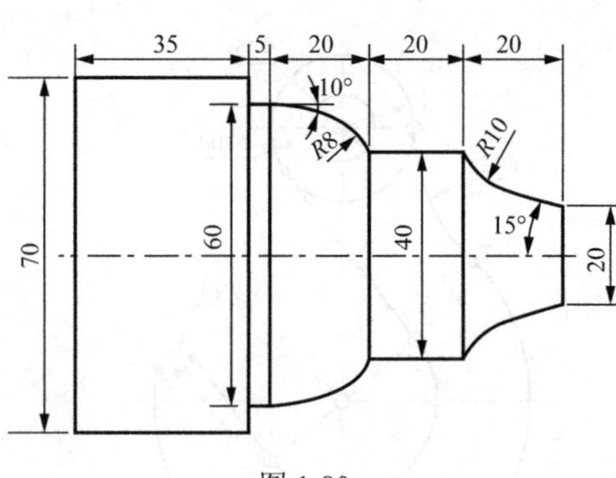

图 1-80

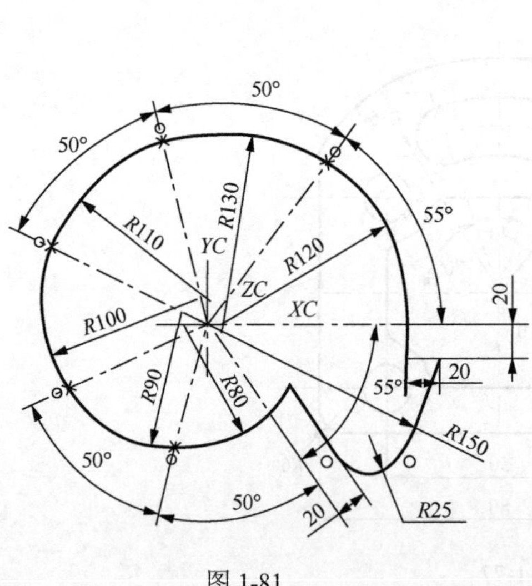

图 1-81

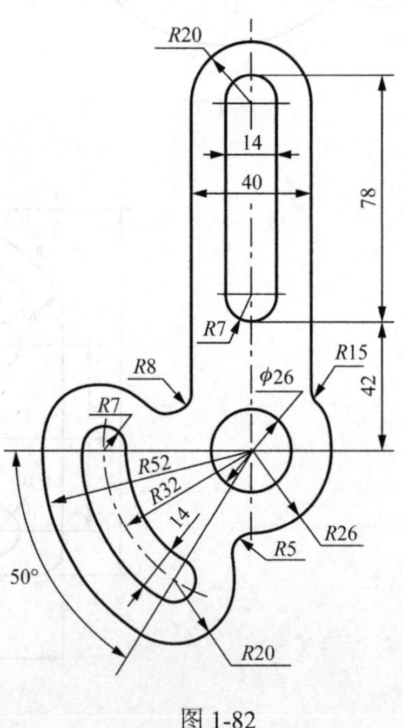

图 1-82

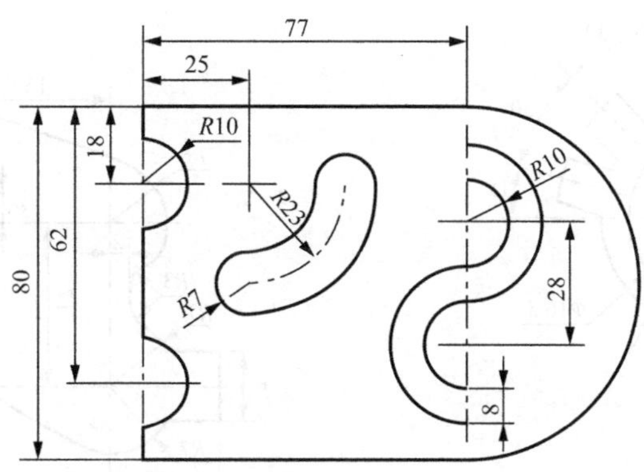

图 1-83

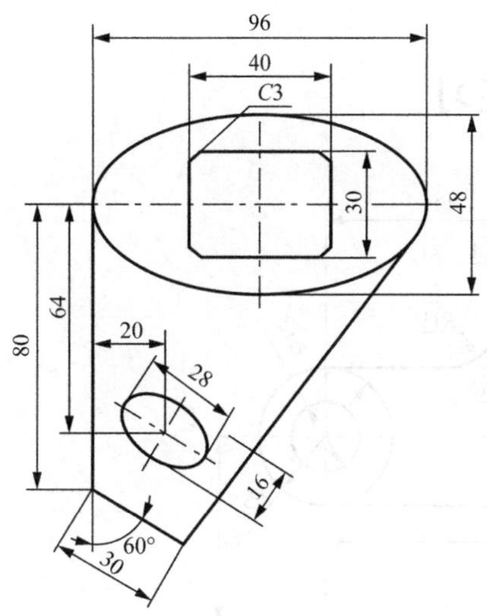

图 1-84

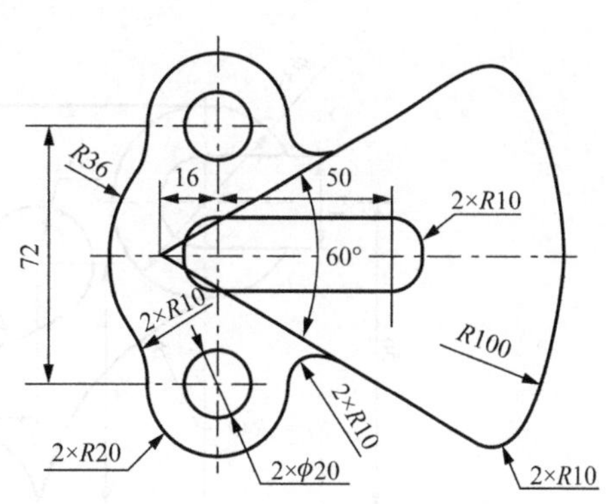

图 1-85

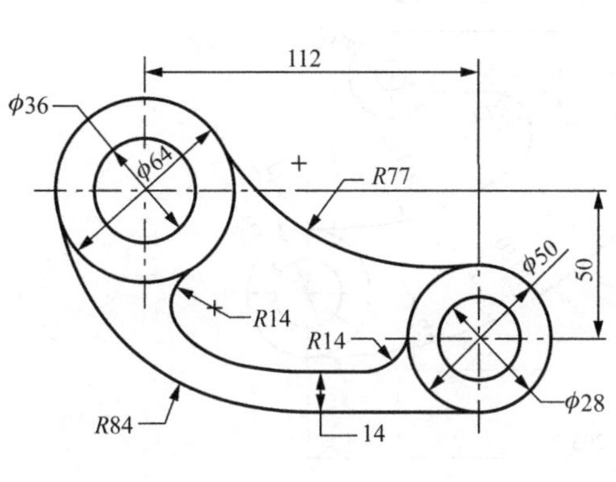

图 1-86

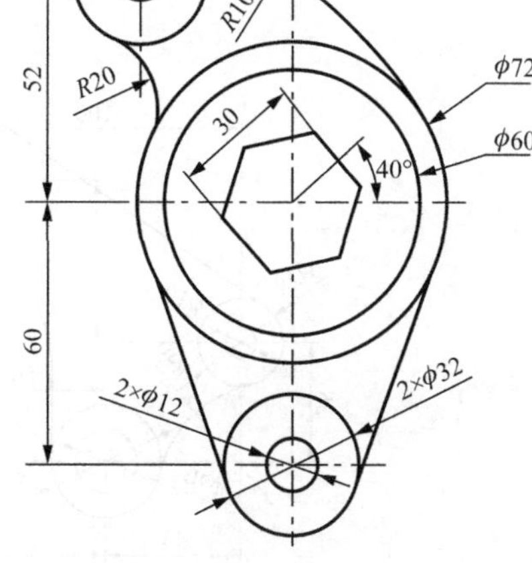

图 1-87

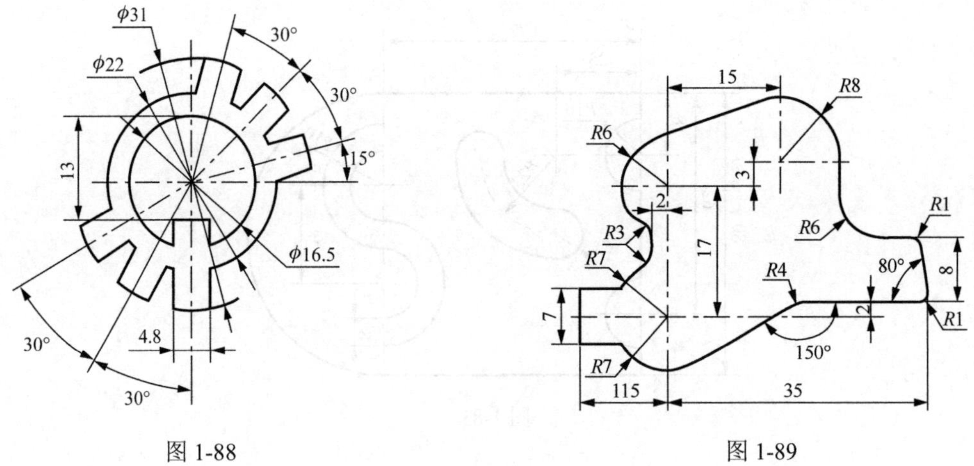

图 1-88　　图 1-89

三、综合草图练习

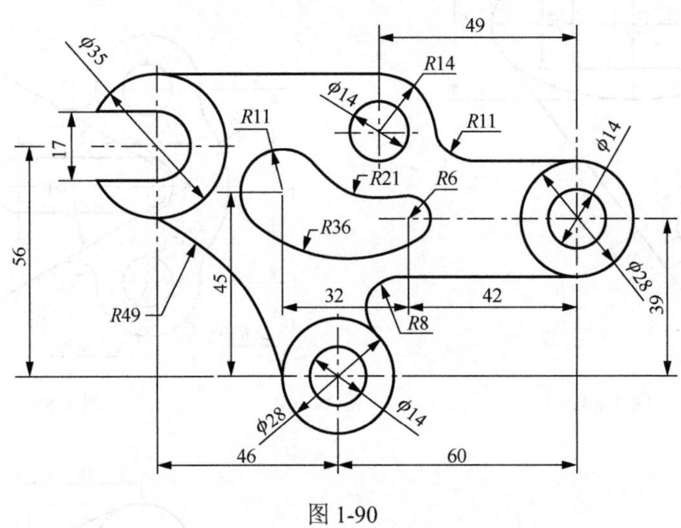

图 1-90

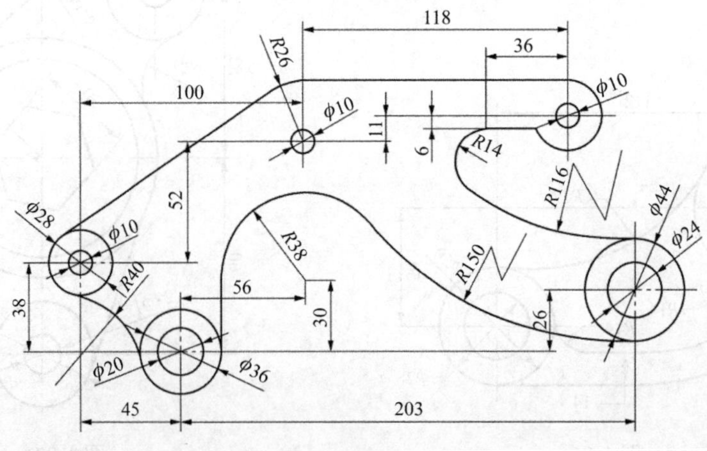

图 1-91

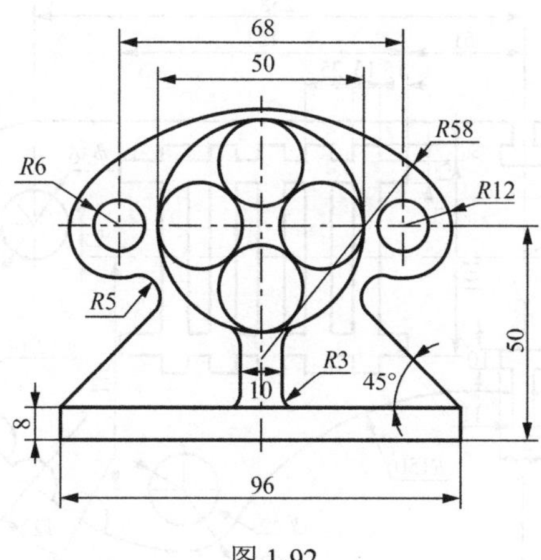

图 1-92

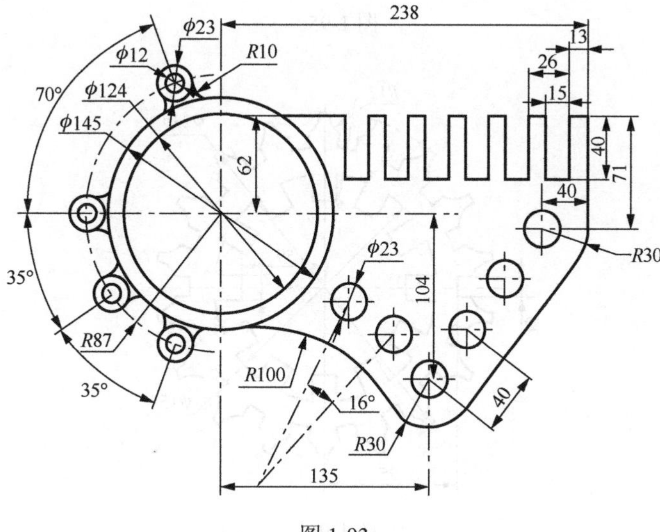

图 1-93

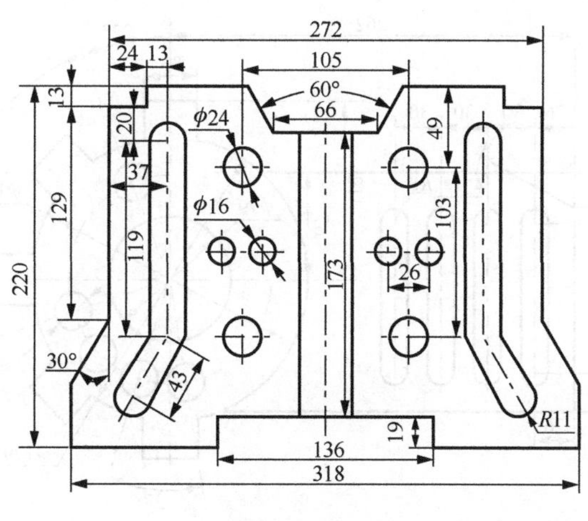

图 1-94

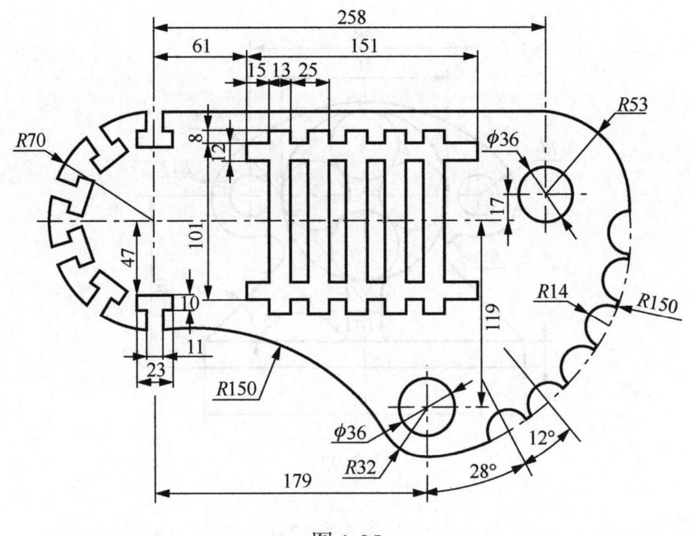

图 1-95

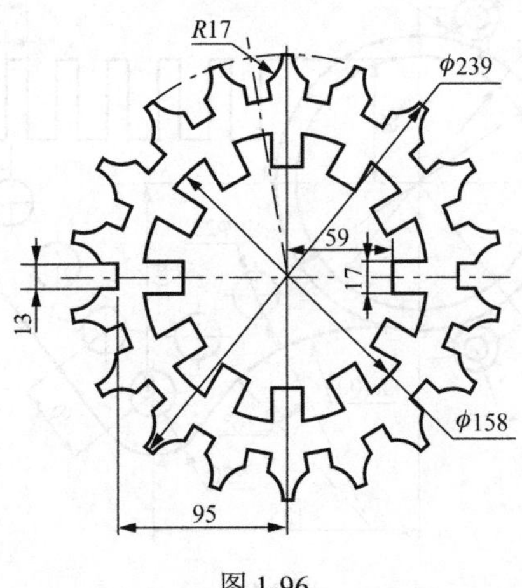

图 1-96

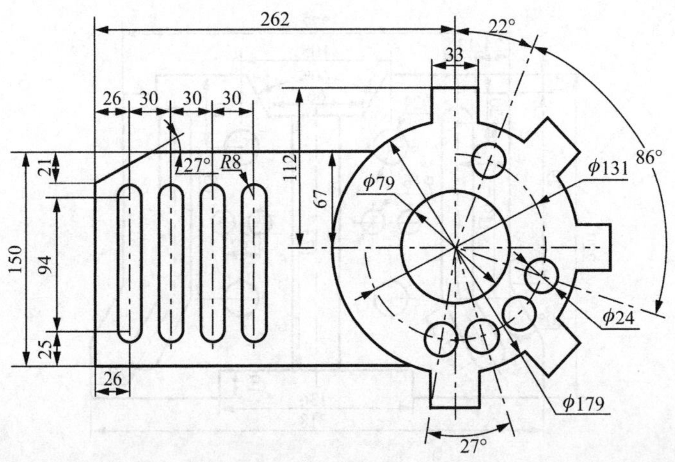

图 1-97

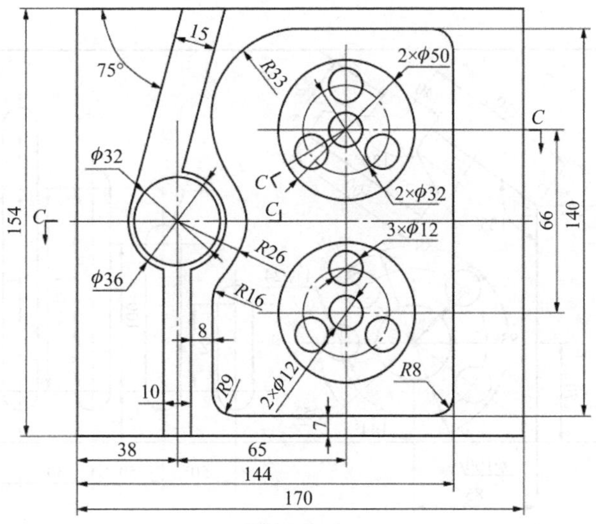

图 1-98

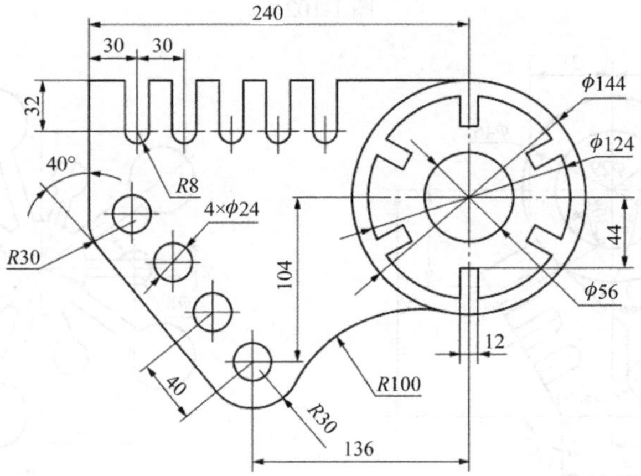

图 1-99

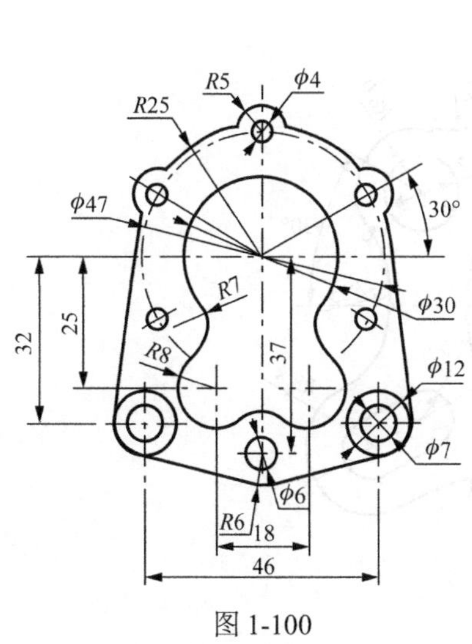

图 1-100

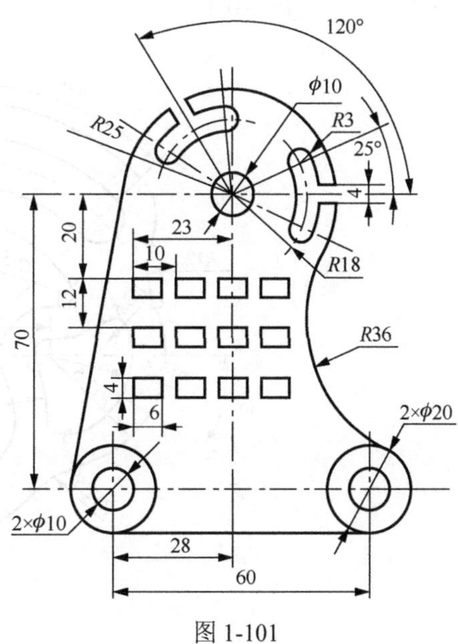

图 1-101

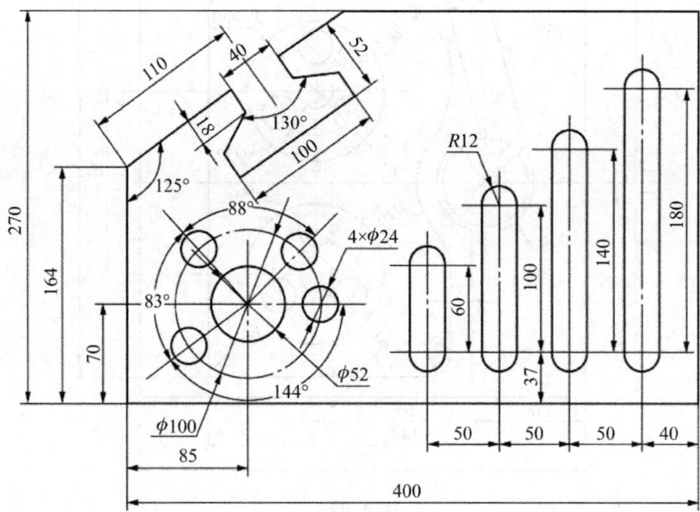

图 1-102

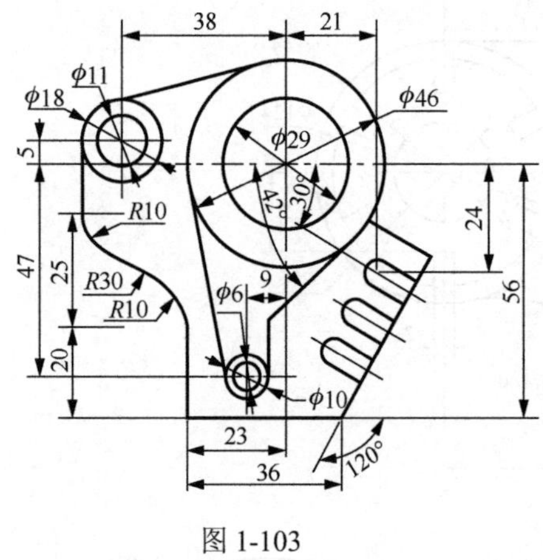

图 1-103

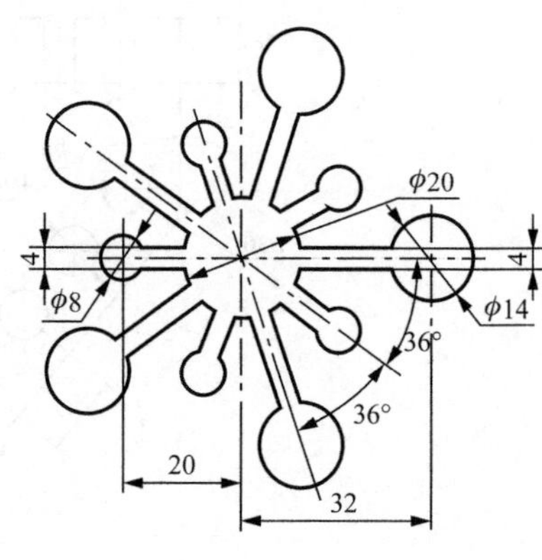

图 1-104

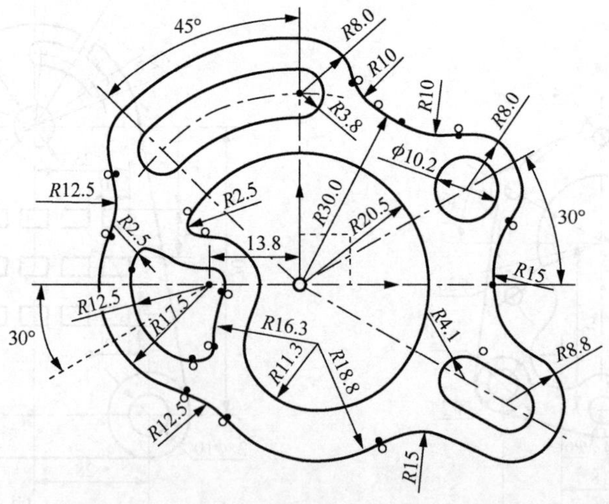

图 1-105

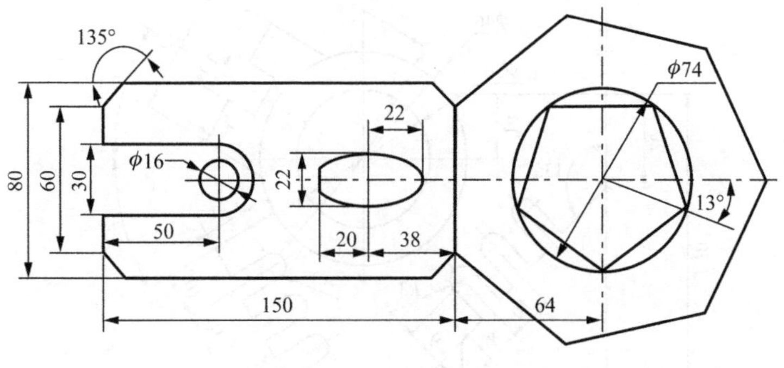

图 1-106

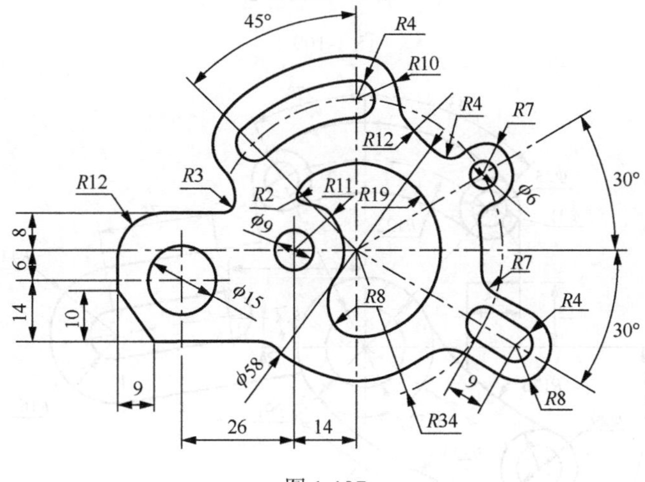

图 1-107

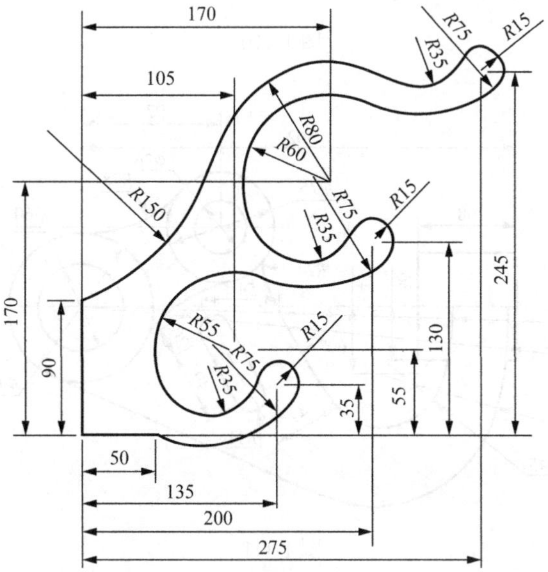

图 1-108

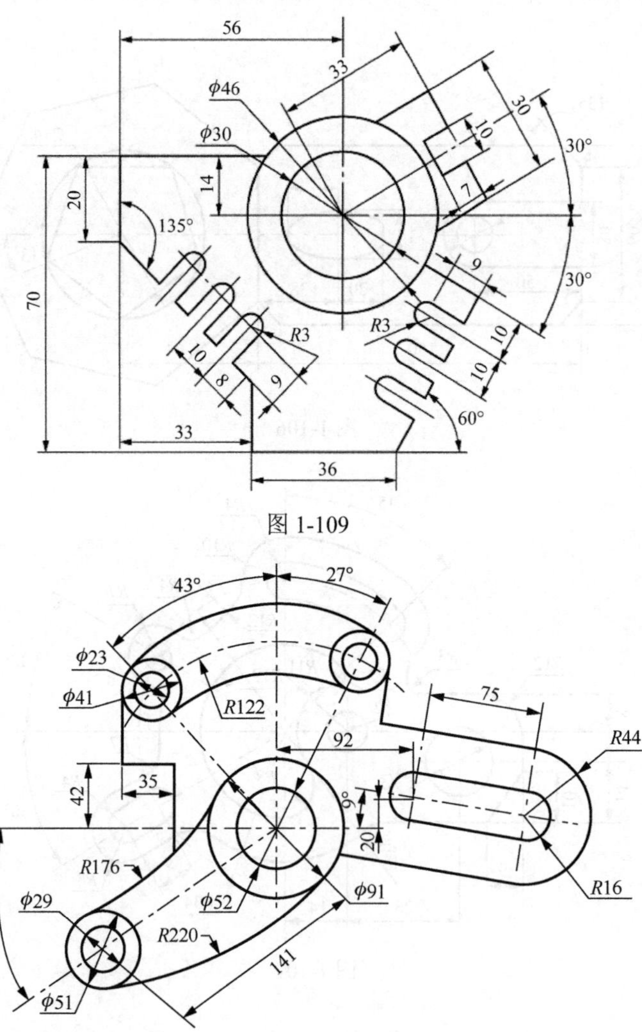

图 1-109

图 1-110

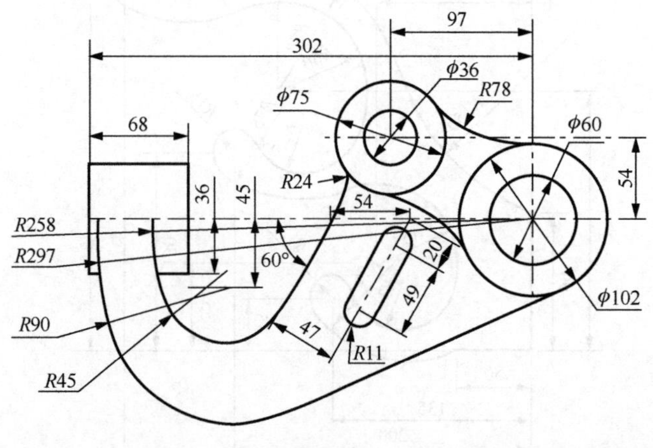

图 1-111

第二章　三维实体建模练习

三维建模是构造三维实体，把设计者的抽象思维变成具体的、形象的、可视的一个过程，也是三维设计软件使用者的终极目的。本章主要介绍机械零部件的三维实体建模练习实例，实例编排顺序主要按照由易到难，兼顾同类型零部件一起编写的原则。本章所涉及的软件功能模块主要有草图和建模两个，其中三维建模方法主要有草图建模、实体建模、特征建模、曲面建模、直接建模、装配建模等，涉及的命令主要有实体特征（长方体、圆柱体、球、圆锥）、组合体（并集、差集、交集）、拉伸、旋转、添料命令（圆台、凸块、加强筋）、去料命令（孔、腔体、键槽、沟槽、螺纹）、复制（镜像体、引用几何体）、修剪命令（拆分体、修剪体、分割面）、抽壳、局部修改（圆角、倒角、拔模）、辅助特征（基准面、基准点、基准轴、动态坐标系、分层、隐藏）、编辑等。

本章要求读者按照书上给出的三视图或立体图实例，在三维造型软件中按照图纸尺寸和形状要求绘制出准确的三维立体图形。本章通过绘制和练习三维图实例，培养初学者的三维看图能力、三维构图的思维和培养三维建模能力。

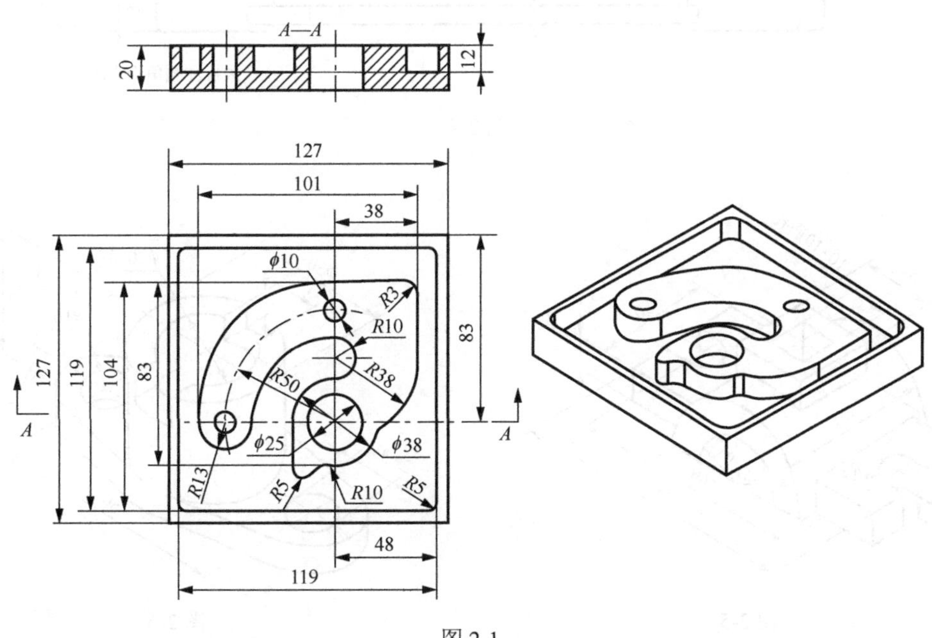

图 2-1

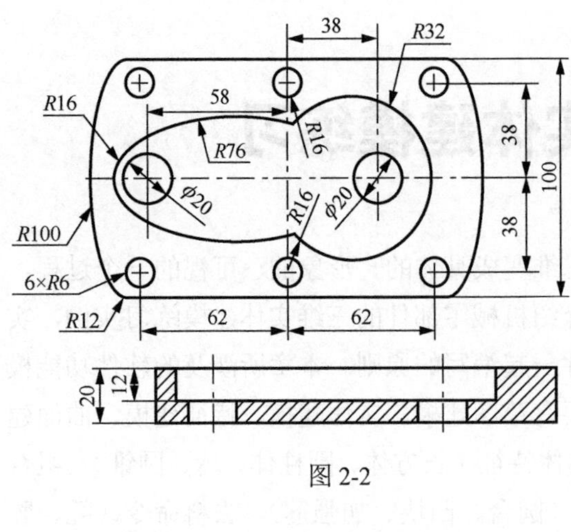

图 2-2

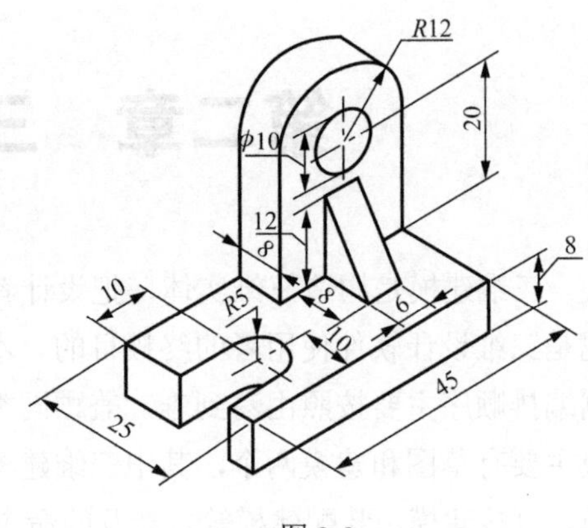

图 2-3

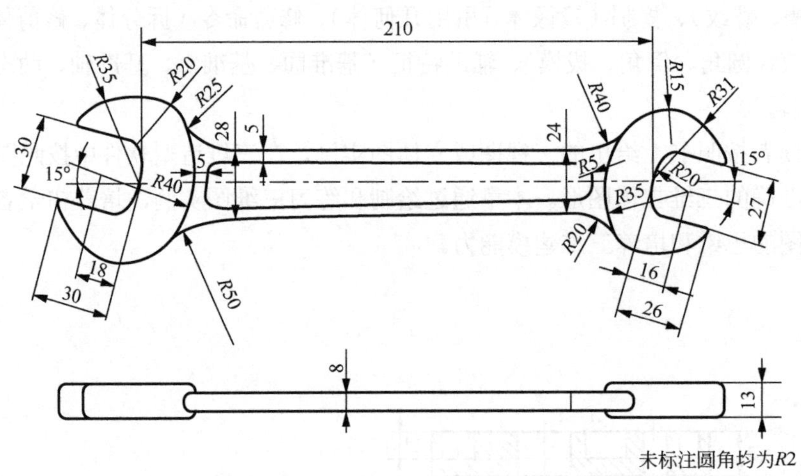

图 2-4

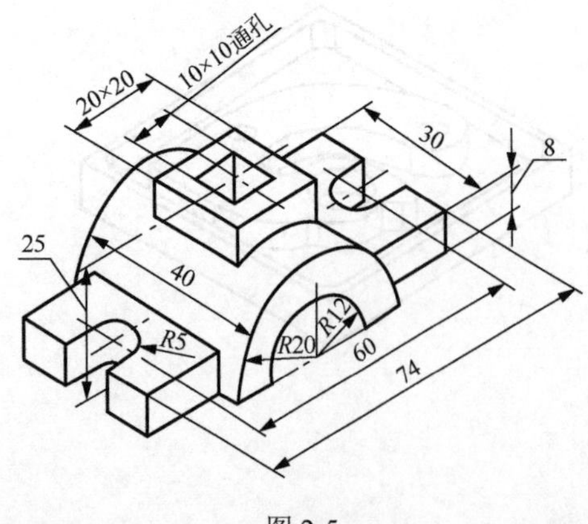

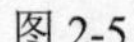
图 2-5

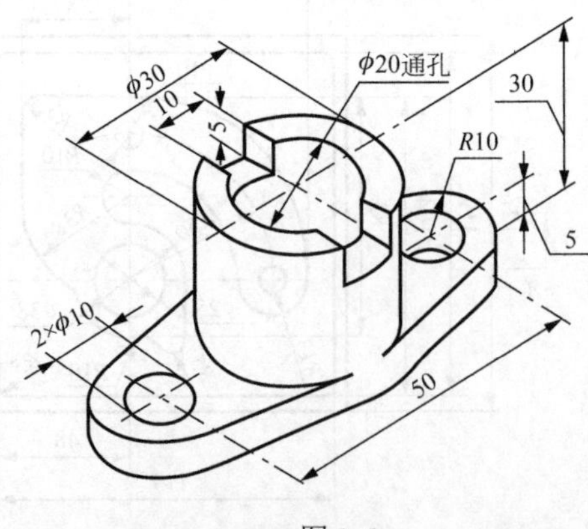

图 2-6

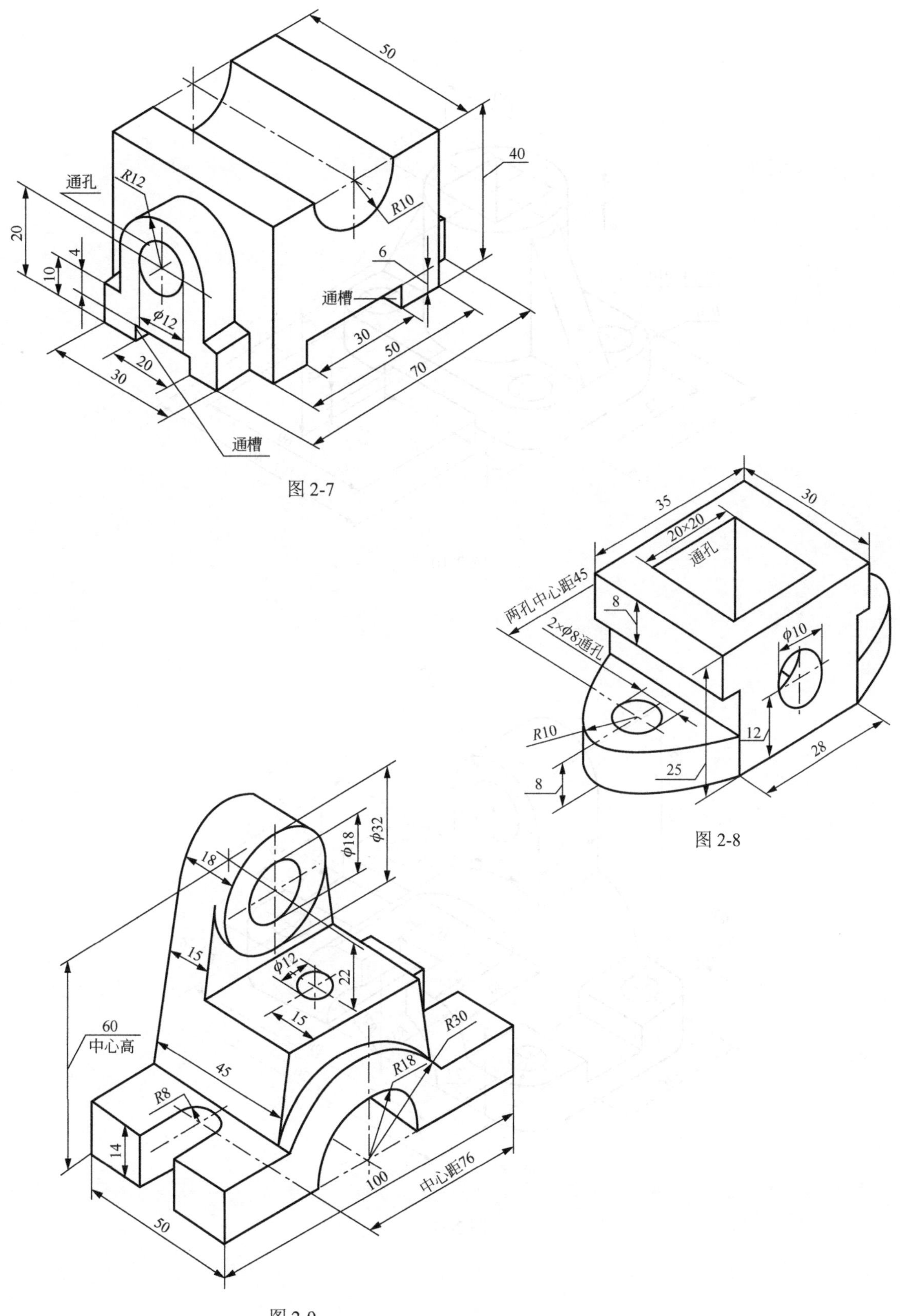
50
40
通孔
R12
R10
20
4
10
6
通槽
φ12
30
50
70
20
30
通槽
35
30
20×20
通孔
两孔中心距45
8
2×φ8通孔
φ10
R10
12
25
28
8
φ18
φ32
18
15
φ12
22
15
60
中心高
R30
45
R18
R8
14
100
中心距76
50

图 2-7

图 2-8

图 2-9

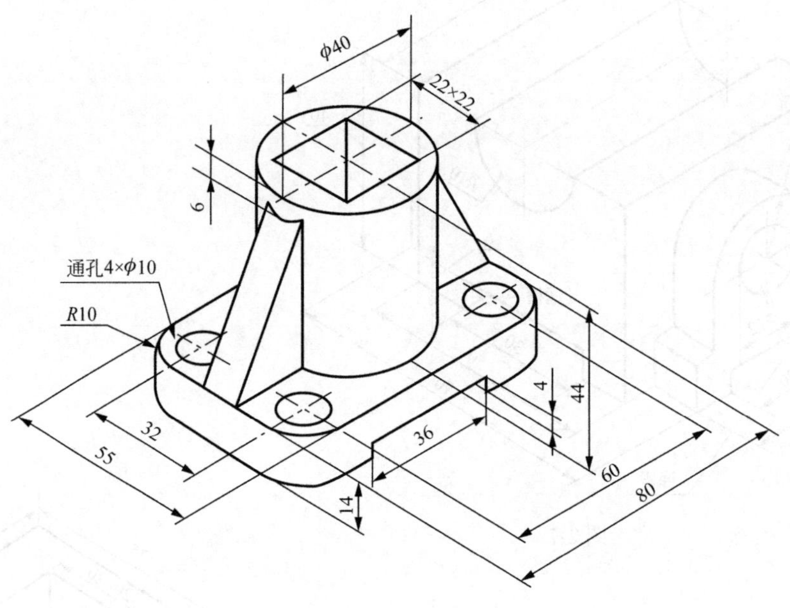
ϕ40
22×22
6
通孔4×ϕ10
R10
4
44
32
36
55
14
60
80

图 2-10

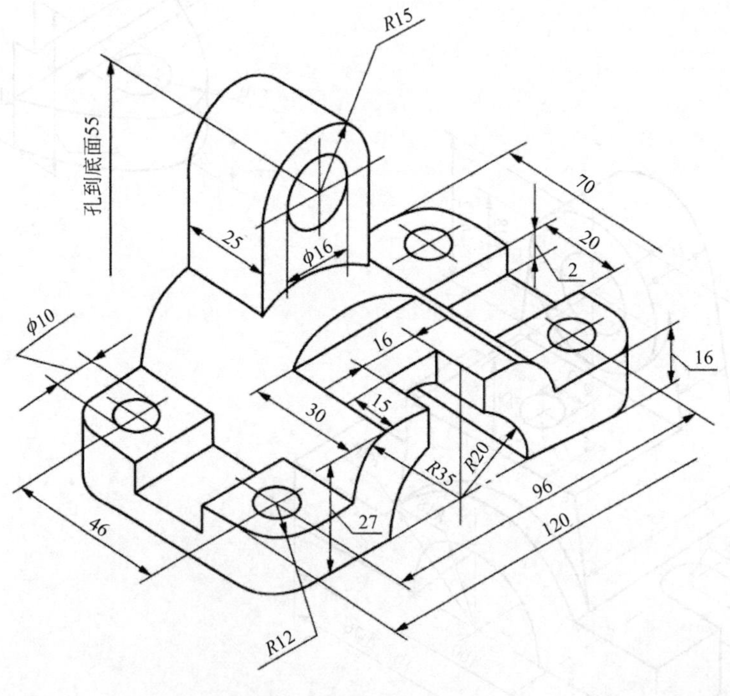
R15
孔到底面55
70
20
2
25
ϕ16
ϕ10
16
16
30
15
R35
R20
96
27
46
120
R12

图 2-11

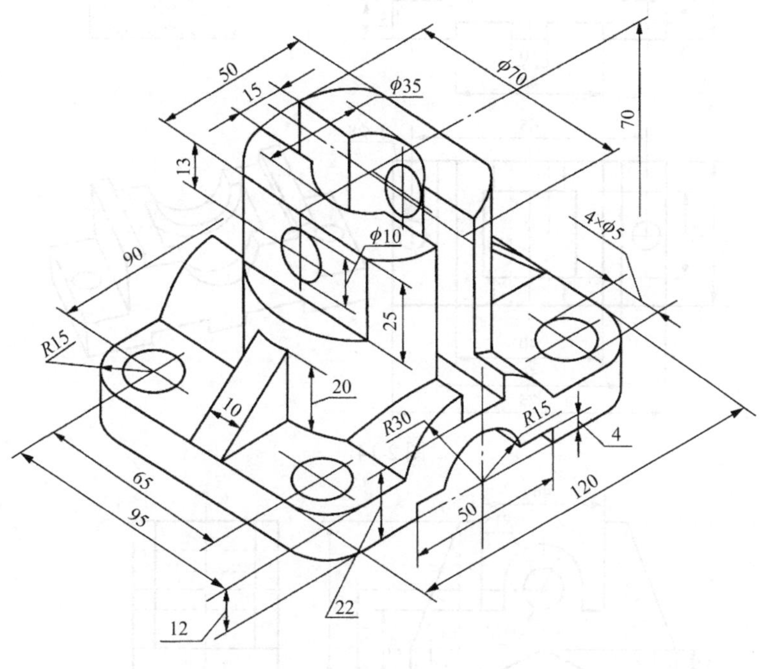
50
15
ϕ35
ϕ70
70
13
90
ϕ10
4×ϕ5
25
R15
20
10
R30
R15
4
65
95
50
120
12
22

图 2-12

图 2-13

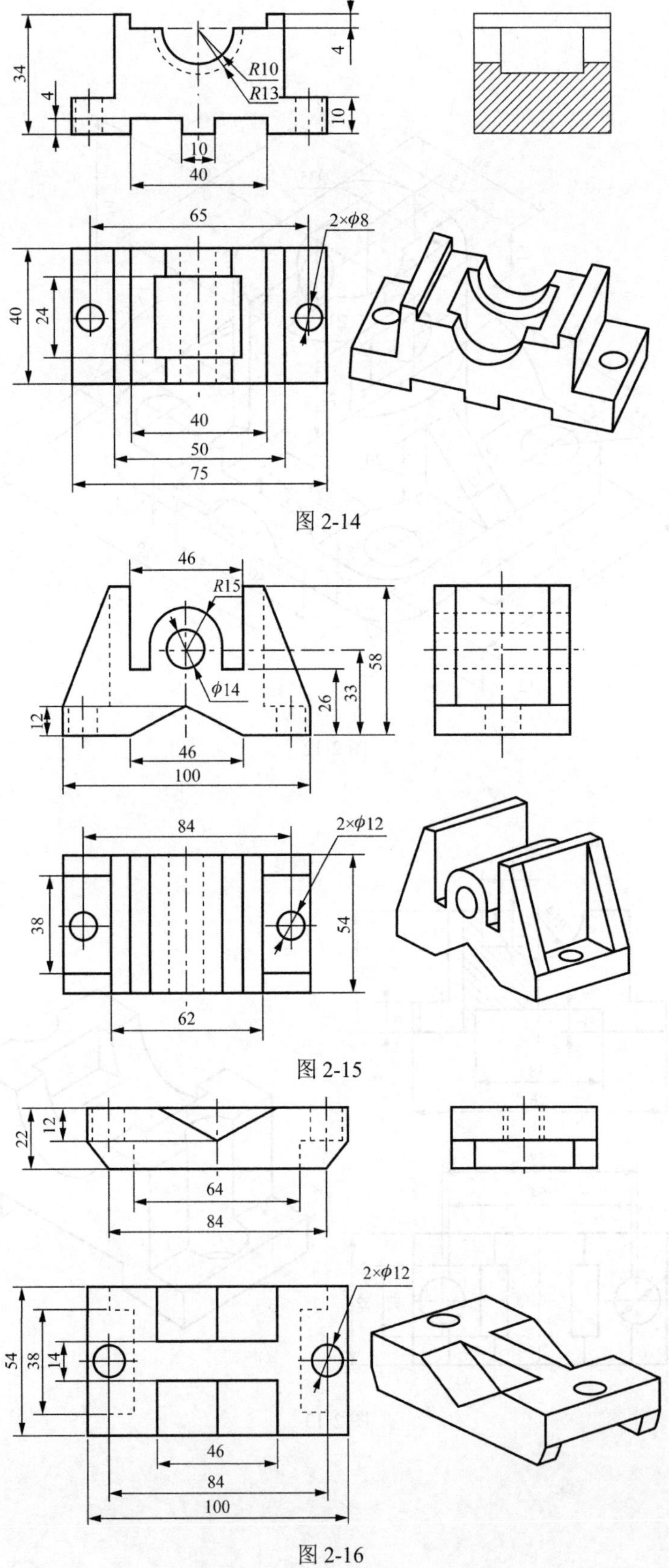

图 2-14

图 2-15

图 2-16

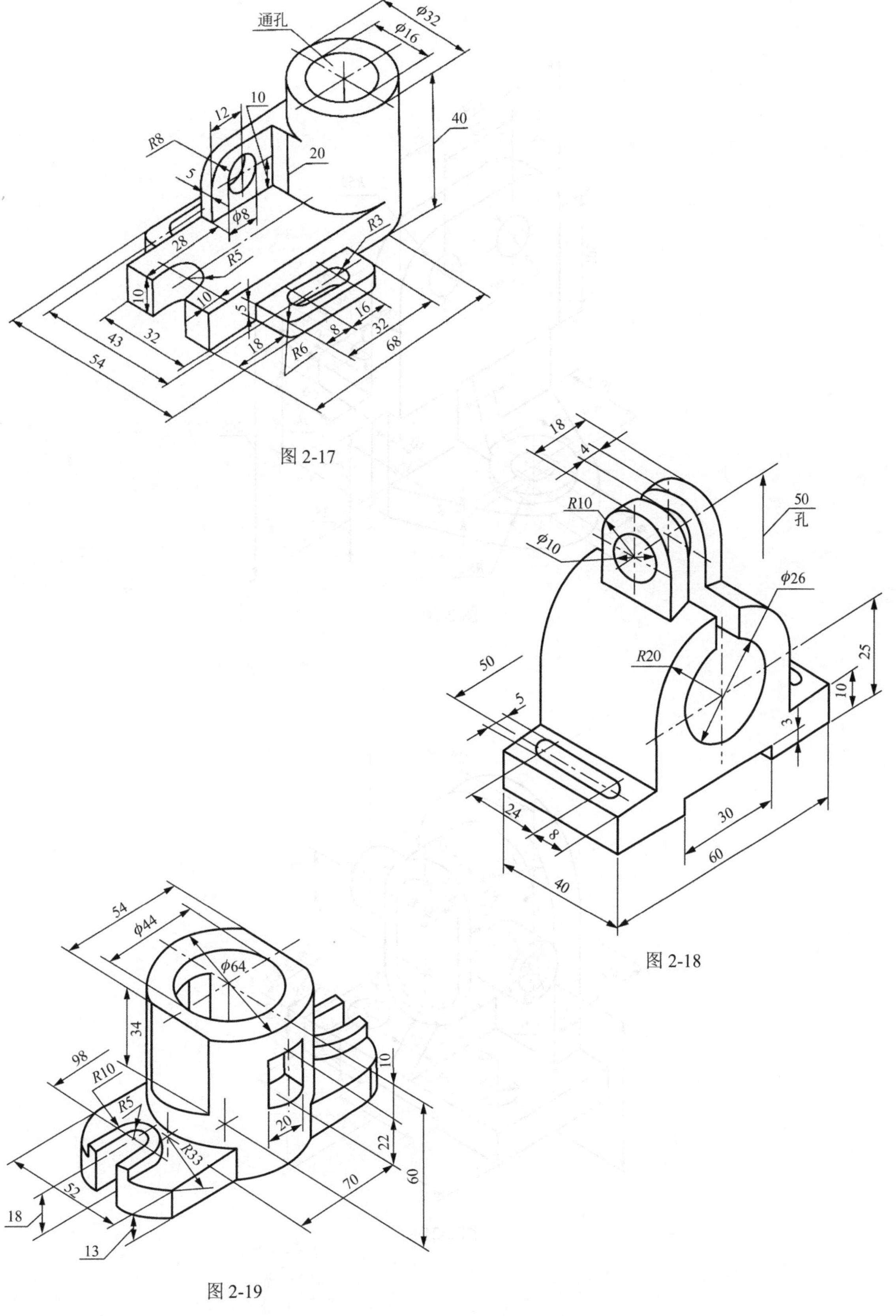

图 2-17

图 2-18

图 2-19

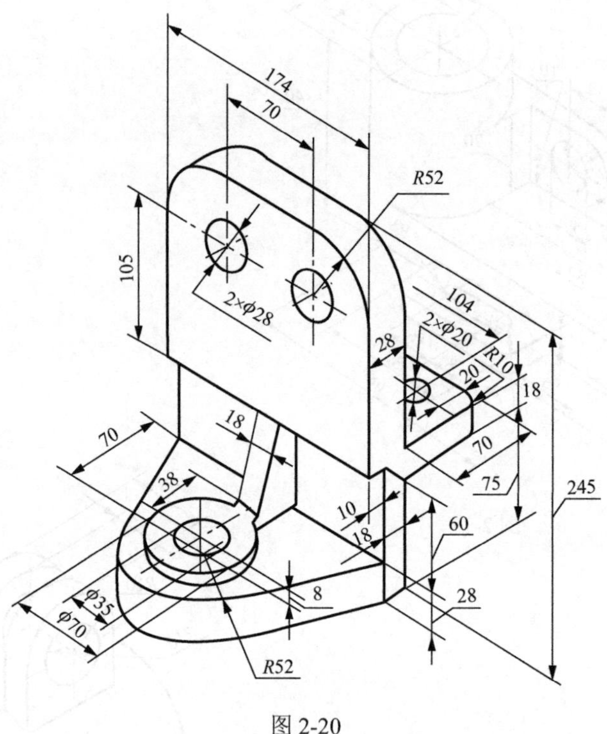
174
70
R52
105
2×φ28
104
2×φ20
R10
20
28
18
70
75
245
18
70
38
10
18
60
28
φ35
φ70
8
R52

图 2-20

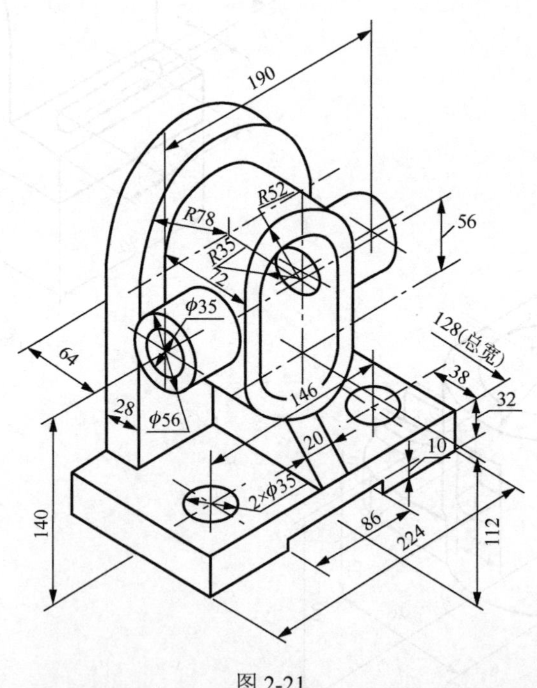
190
R52
56
R78
R35
72
φ35
64
128(总宽)
38
32
146
28
φ56
20
10
2×φ35
140
86
224
112

图 2-21

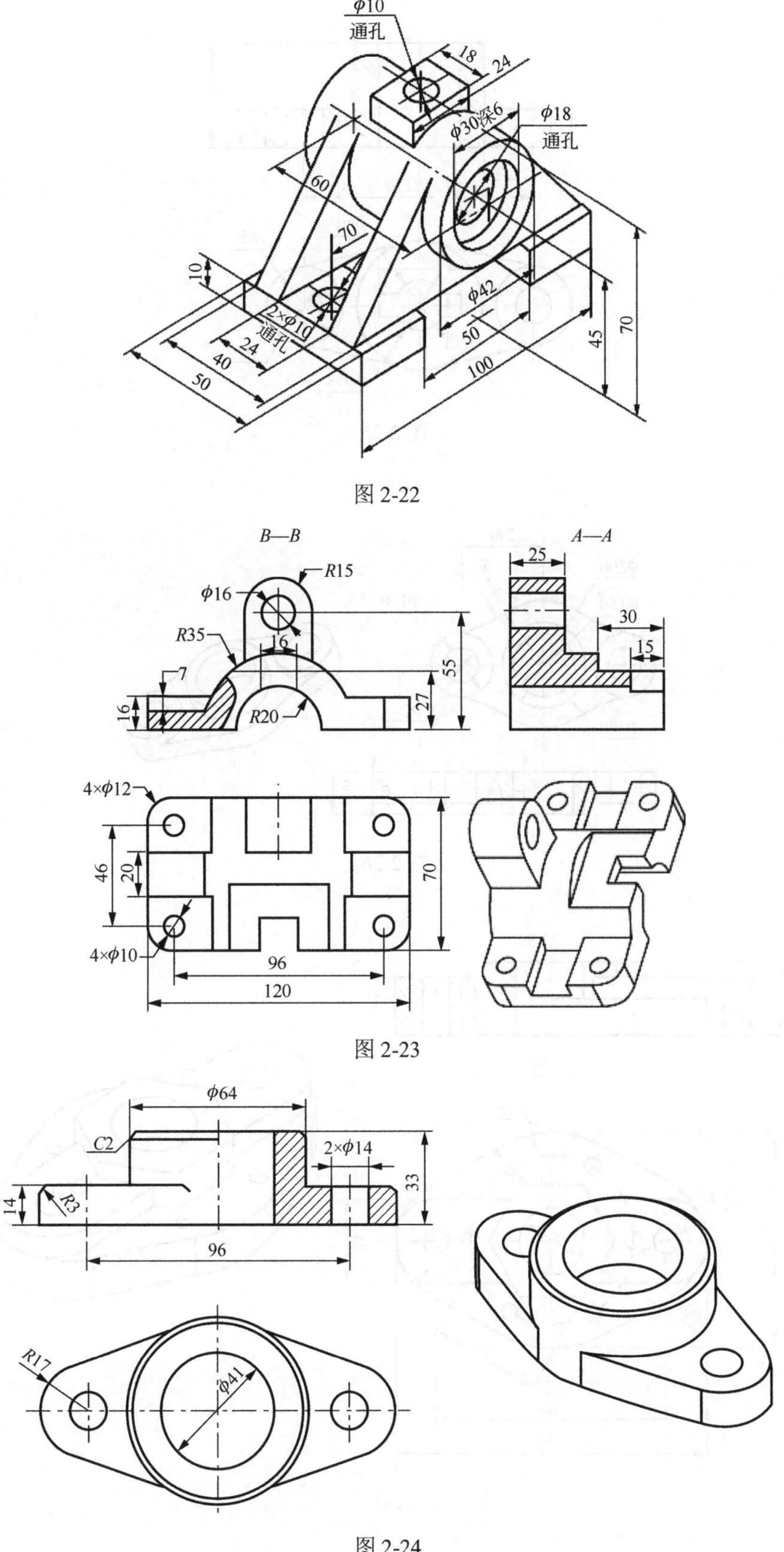

图 2-22

图 2-23

图 2-24

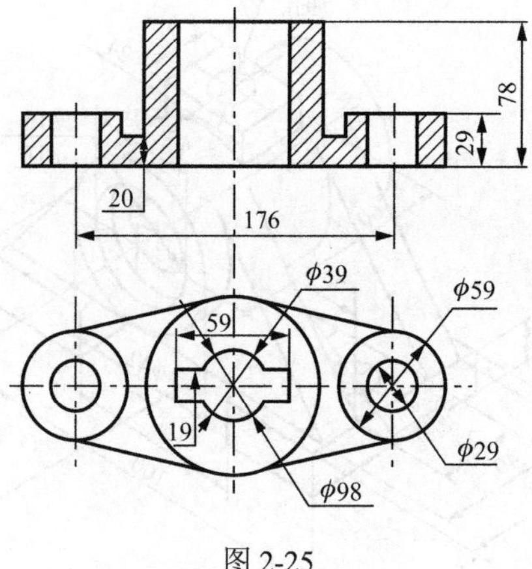

图 2-25

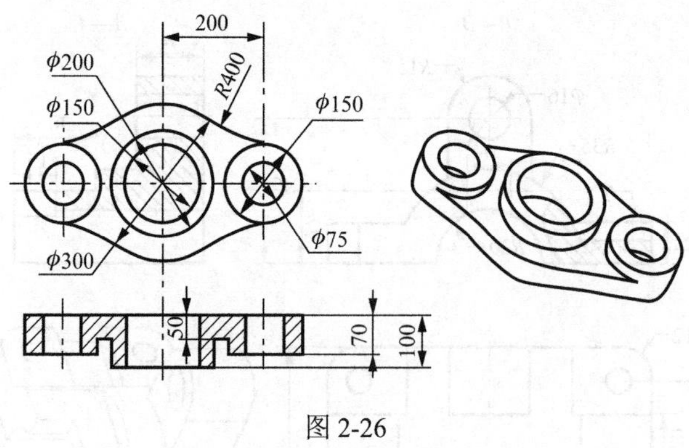

图 2-26

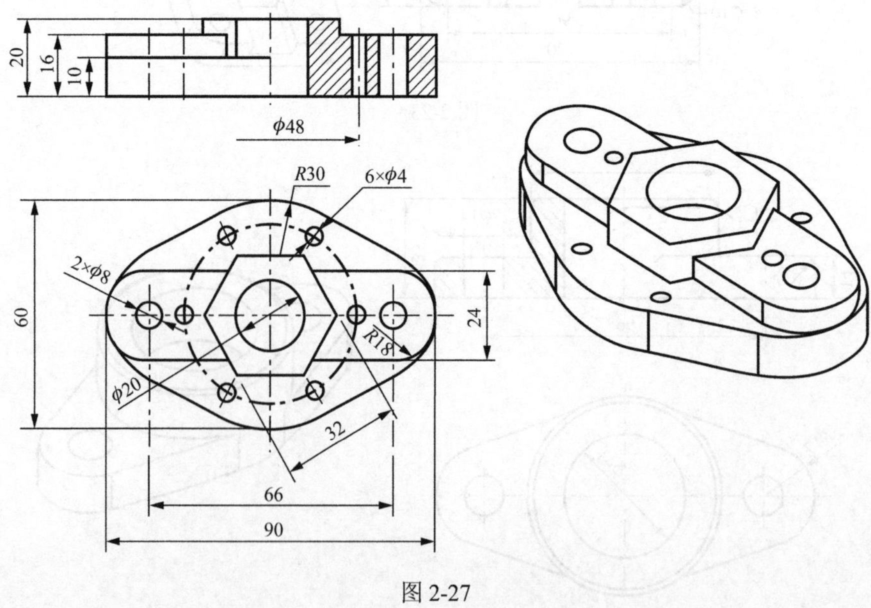

图 2-27

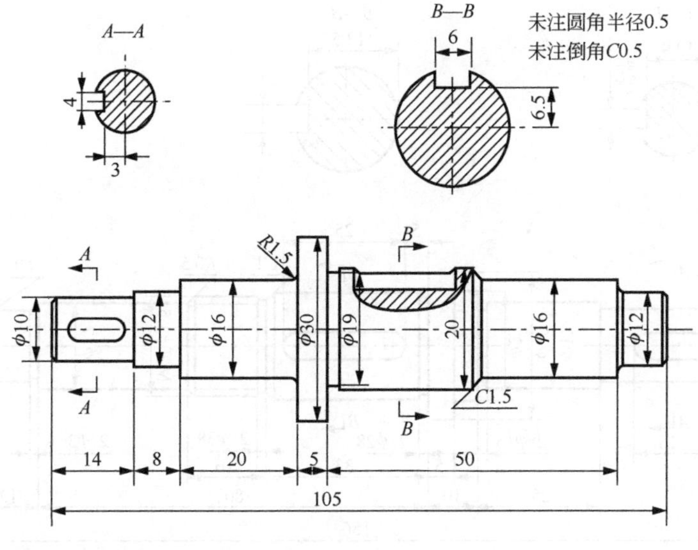

图 2-28

图 2-29

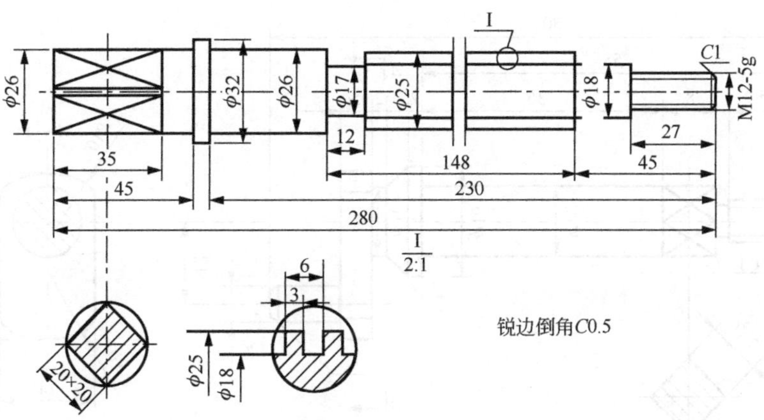

图 2-30

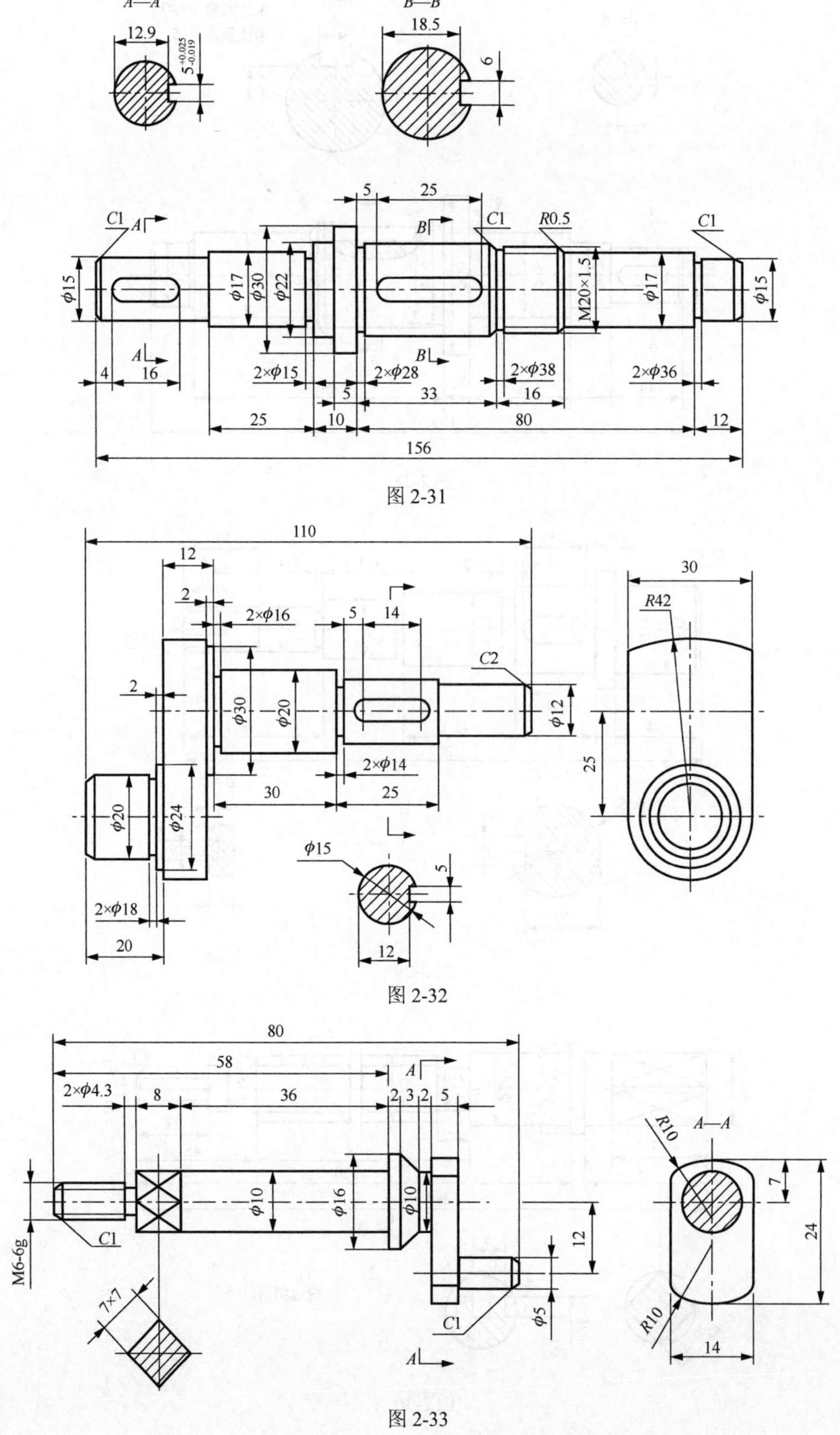

图 2-31

图 2-32

图 2-33

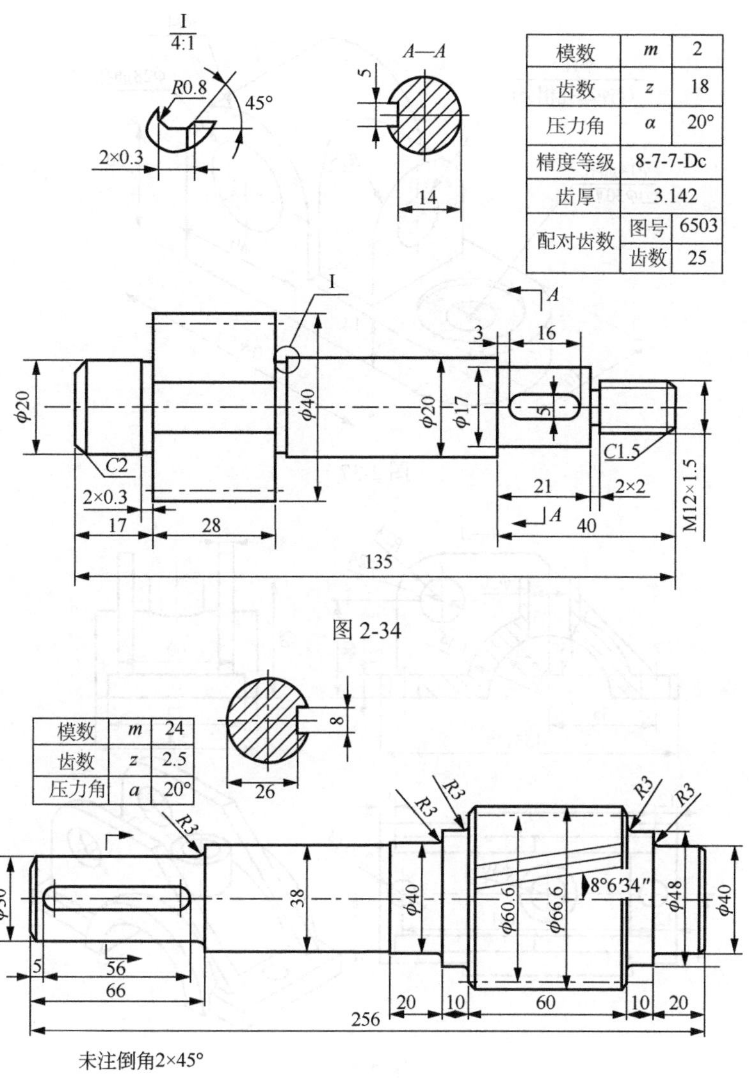

模数	m	2
齿数	z	18
压力角	α	20°
精度等级	8-7-7-Dc	
齿厚	3.142	
配对齿数	图号	6503
	齿数	25

图 2-34

模数	m	24
齿数	z	2.5
压力角	a	20°

未注倒角2×45°

图 2-35

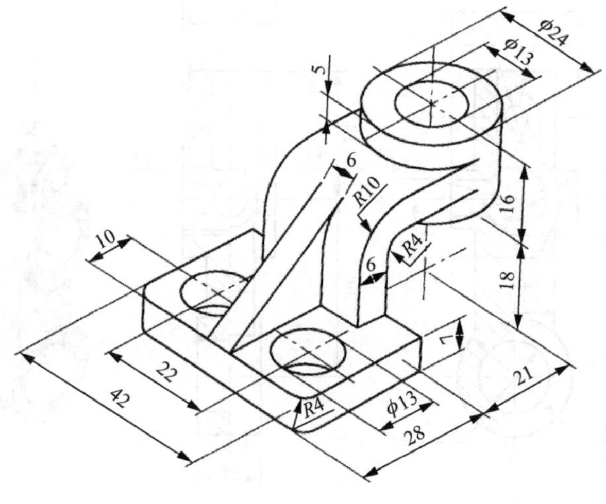

图 2-36

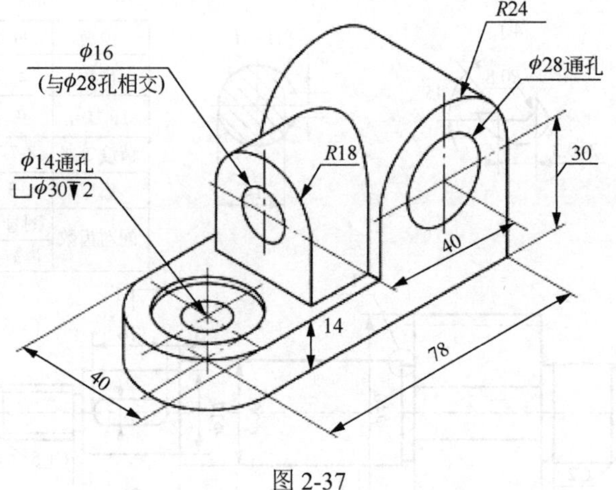

图 2-37

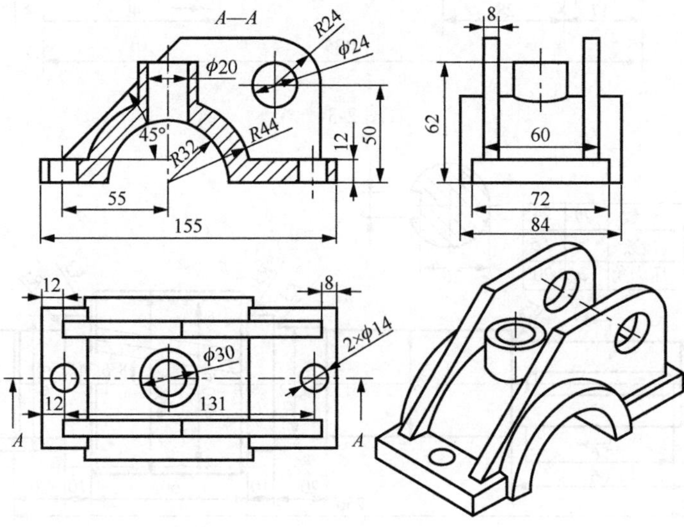

图 2-38

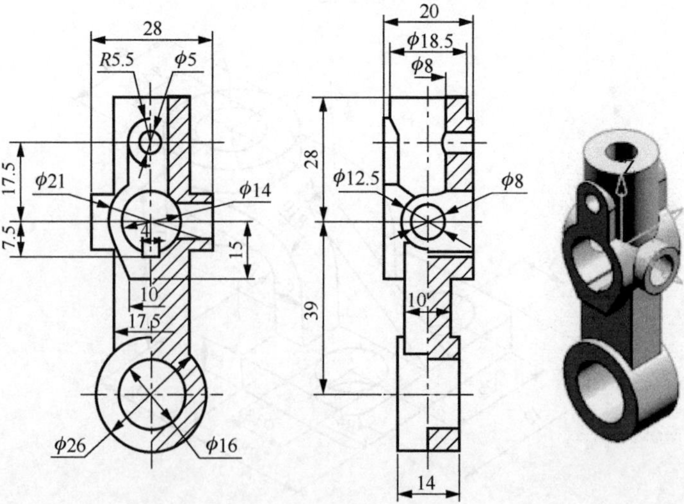

图 2-39

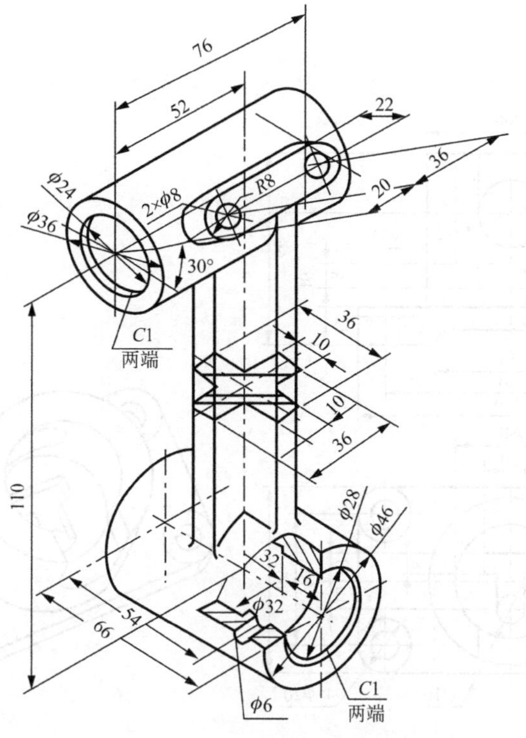
76
52
22
36
20
R8
2×φ8
φ24
φ36
30°
C1
两端
36
10
10
36
110
φ28
φ46
32
16
φ32
54
66
φ6
C1
两端

图 2-40

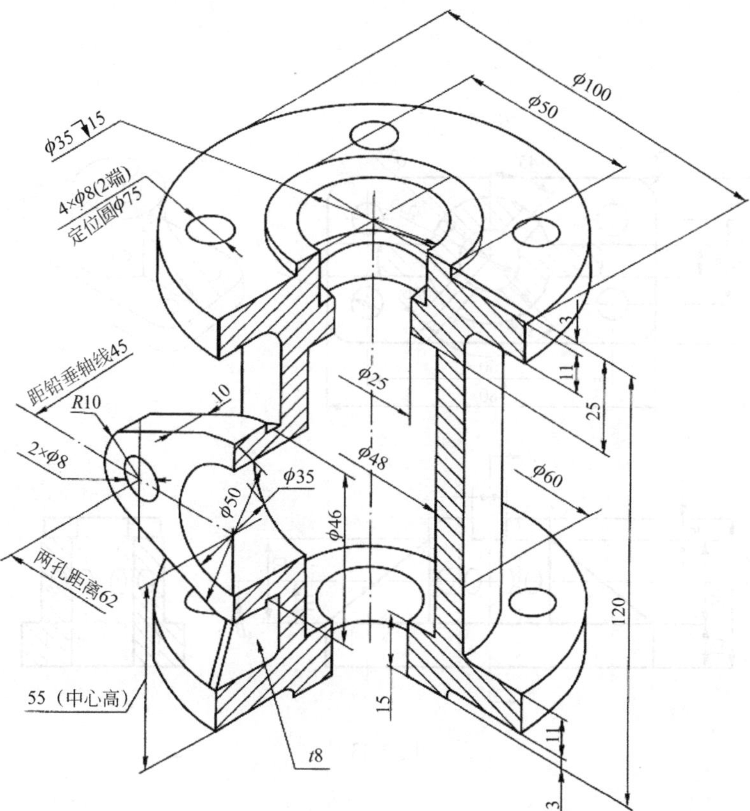
φ100
φ50
φ35 15
4×φ8(2端)
定位圆φ75
3
11
25
φ25
距铅垂轴线45
R10
10
2×φ8
φ48
φ35
φ50
φ46
φ60
两孔距离62
120
55（中心高）
15
11
t8
3

图 2-41

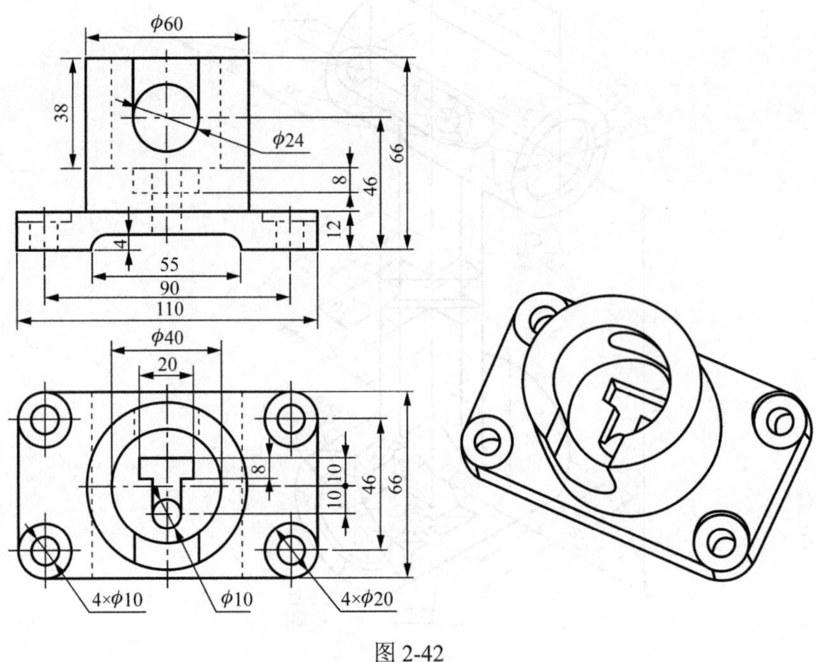

φ60
38
φ24
66
8
46
12
4
55
90
110
φ40
20
8
10
10
46
66
4×φ10
φ10
4×φ20

图 2-42

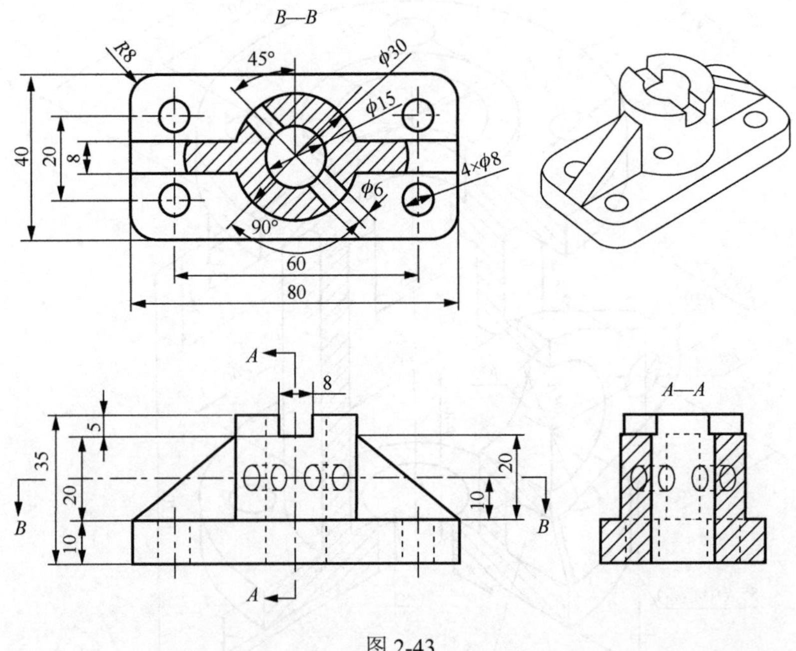

B—B
R8
45°
φ30
φ15
40
20
8
4×φ8
φ6
90°
60
80
A
8
5
35
20
10
20
10
B
B
A
A—A

图 2-43

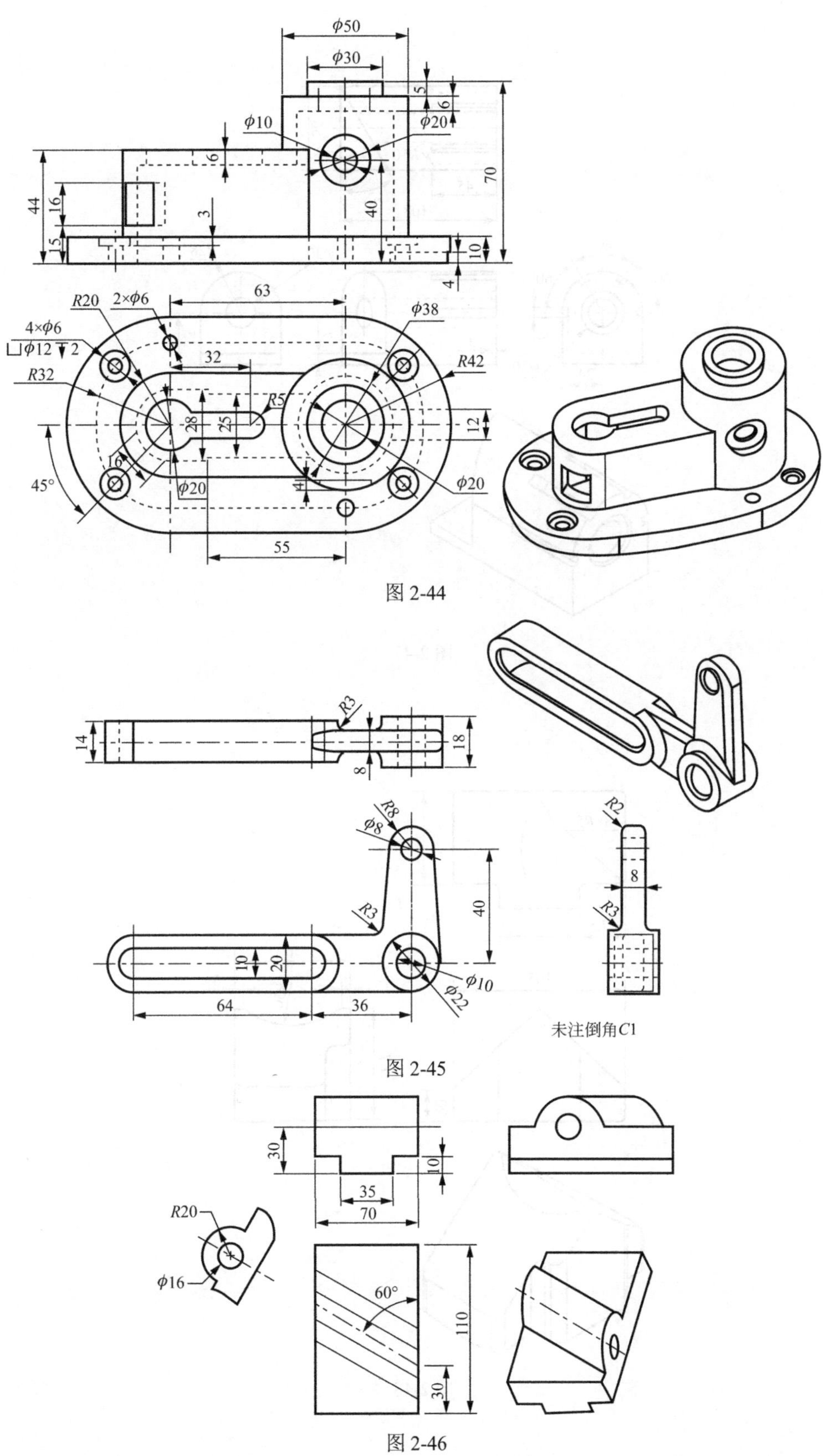

图 2-44

图 2-45

图 2-46

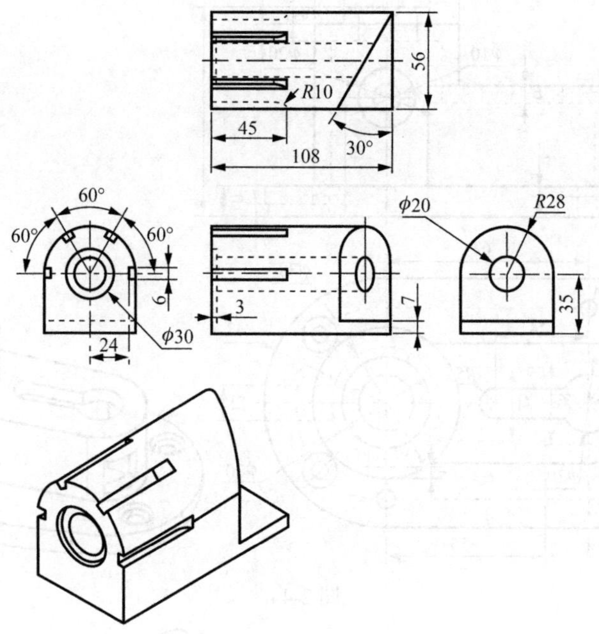
56
R10
45
108
30°
60°
60°
60°
6
24
φ30
3
7
φ20
R28
35

图 2-47

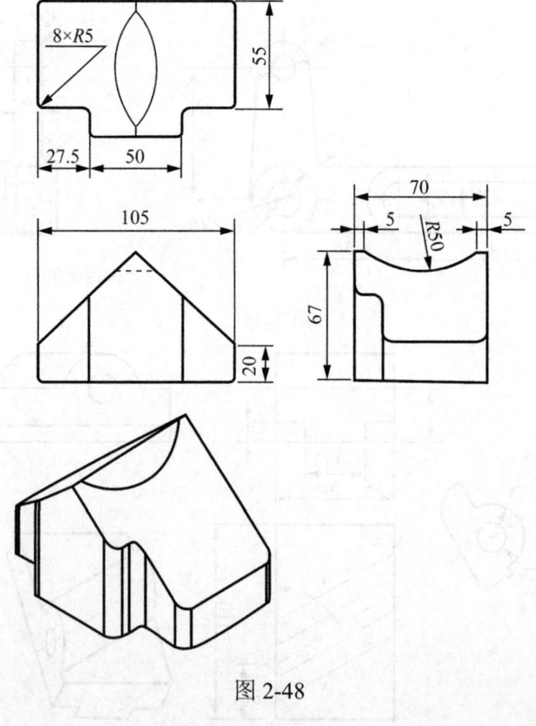
8×R5
55
27.5
50
105
20
70
5
R50
5
67

图 2-48

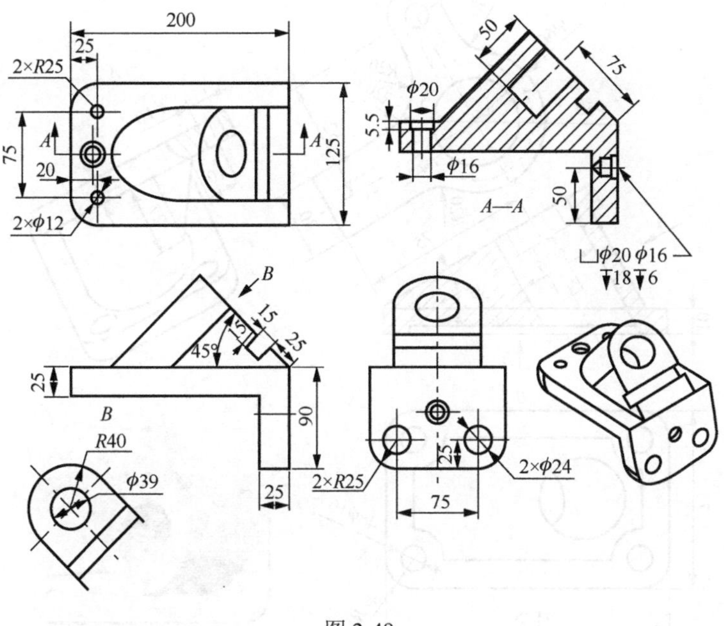
200
25
2×R25
75
A
20
2×φ12
A
125
φ20
5.5
φ16
50
75
A—A
50
⌴φ20 φ16
↧18 ↧6
B
15
15
25
45°
25
90
B
R40
φ39
25
2×R25
25
2×φ24
75

图 2-49

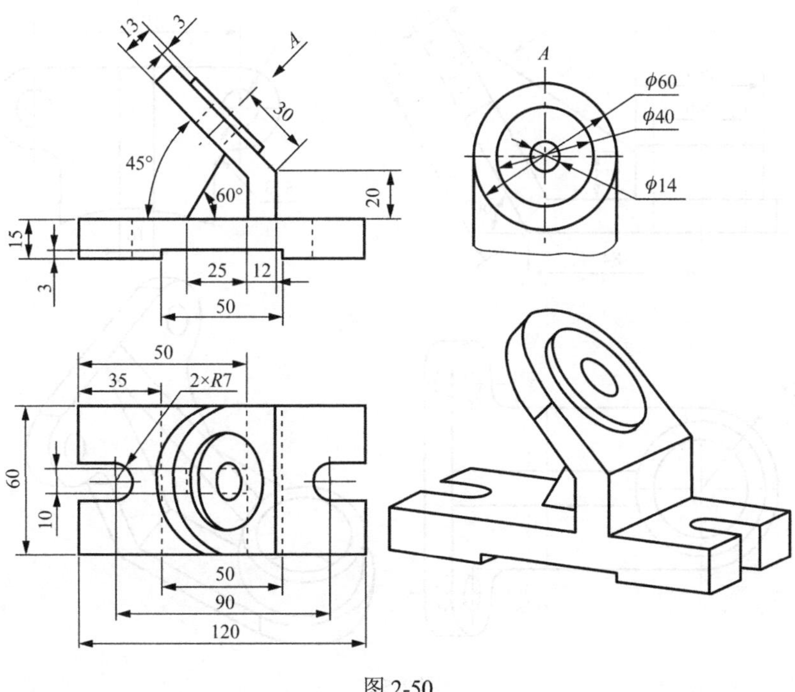
13
3
A
30
45°
60°
20
15
3
25
12
50
A
φ60
φ40
φ14
50
35
2×R7
60
10
50
90
120

图 2-50

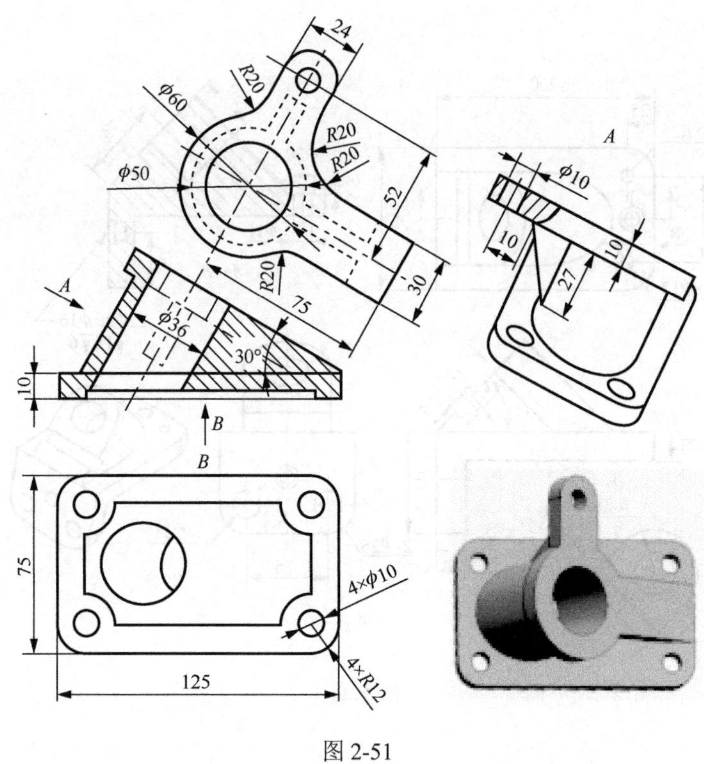
24
R20
φ60
R20
R20
φ50
52
R20
30
75
A
φ36
30°
10
B
B
A
φ10
10
10
27
75
4×φ10
4×R12
125

图 2-51

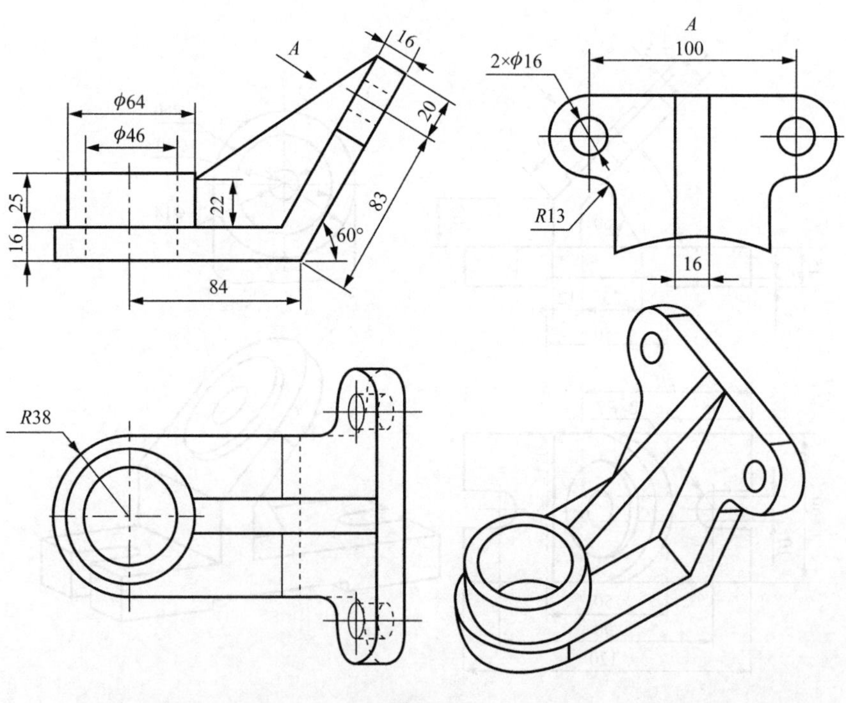
A
16
φ64
φ46
20
25
22
16
60°
83
84
A
100
2×φ16
R13
16
R38

图 2-52

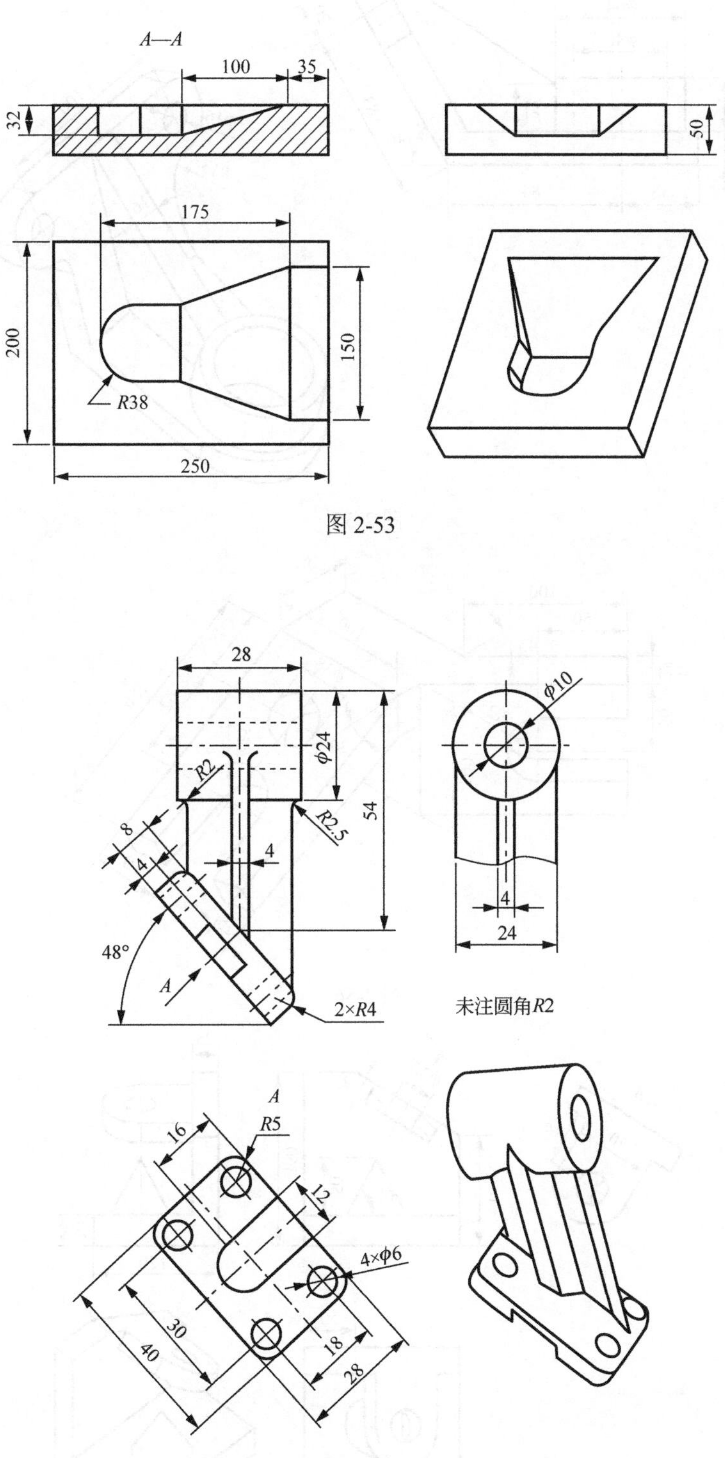

A—A
100
35
32
50
175
200
150
R38
250
28
φ10
φ24
R2
R2.5
54
8
4
4
48°
A
2×R4
未注圆角R2
4
24
A
R5
16
12
4×φ6
30
40
18
28

图 2-53

图 2-54

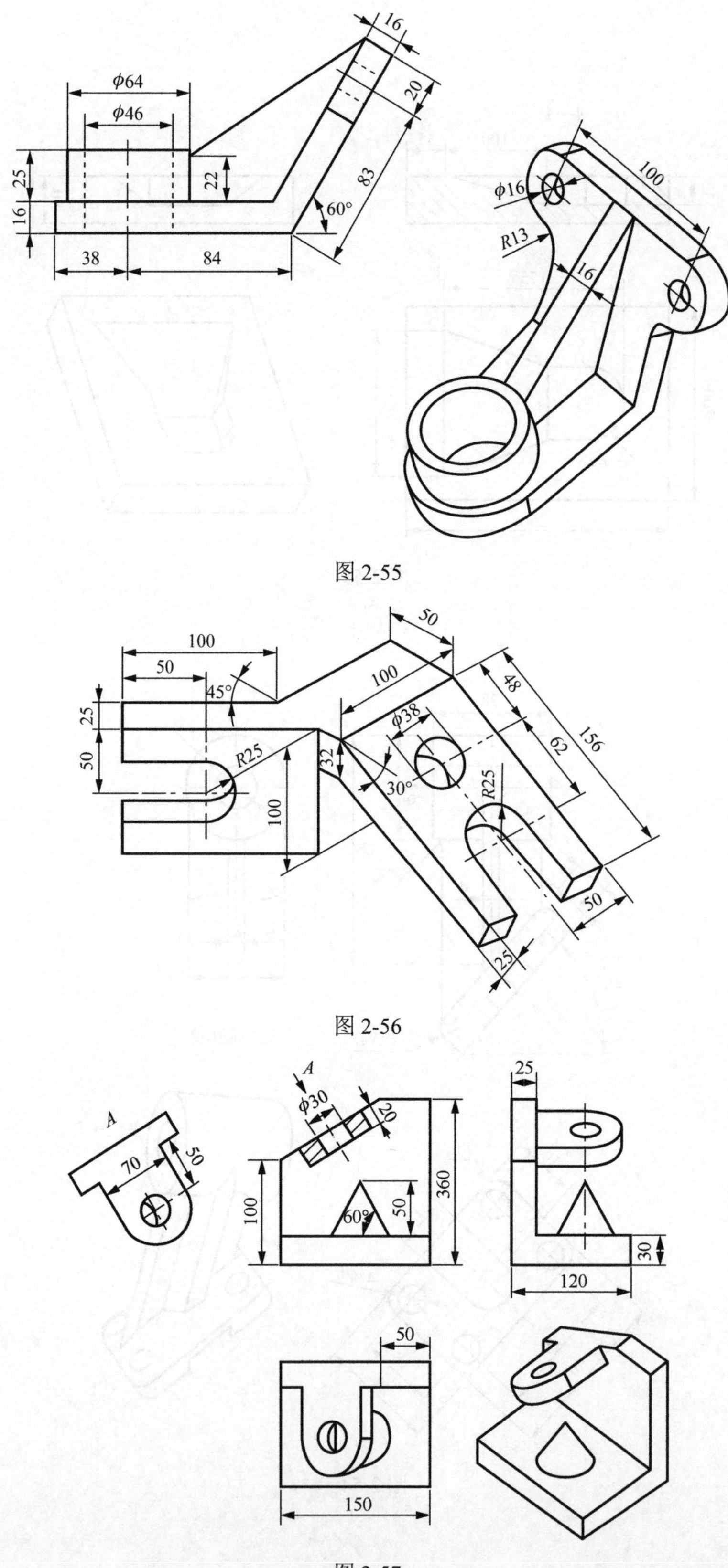

图 2-55

图 2-56

图 2-57

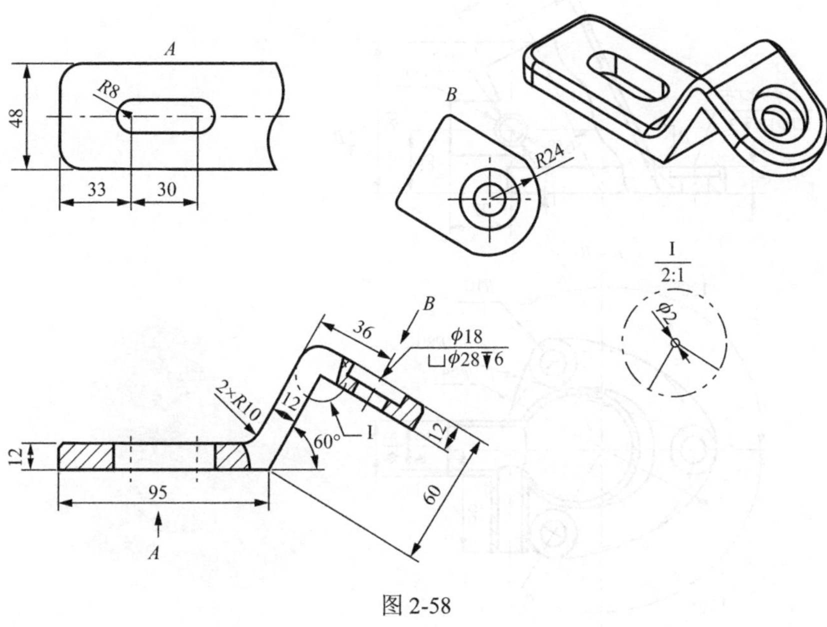
A
R8
48
33
30
B
R24
I
2:1
φ2
B
36
φ18
⌴φ28↧6
2×R10
12
60°
I
12
12
95
60
A

图 2-58

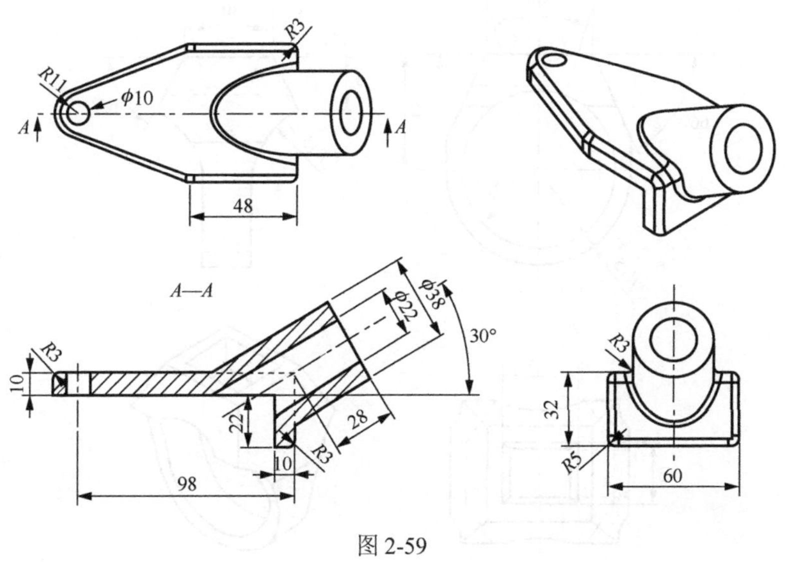
R3
R11
φ10
A
A
48
A—A
φ22
φ38
30°
R3
10
22
28
R3
10
98
R3
32
R5
60

图 2-59

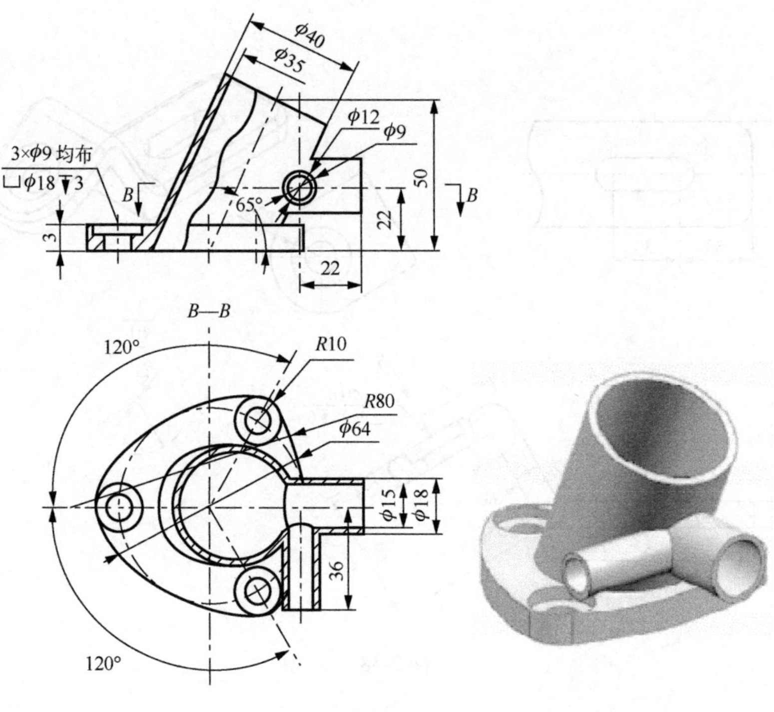
φ40
φ35
φ12
φ9
3×φ9 均布
⌴φ18 ↧3
B
65°
50
22
22
3
B—B
120°
R10
R80
φ64
φ15
φ18
36
120°

图 2-60

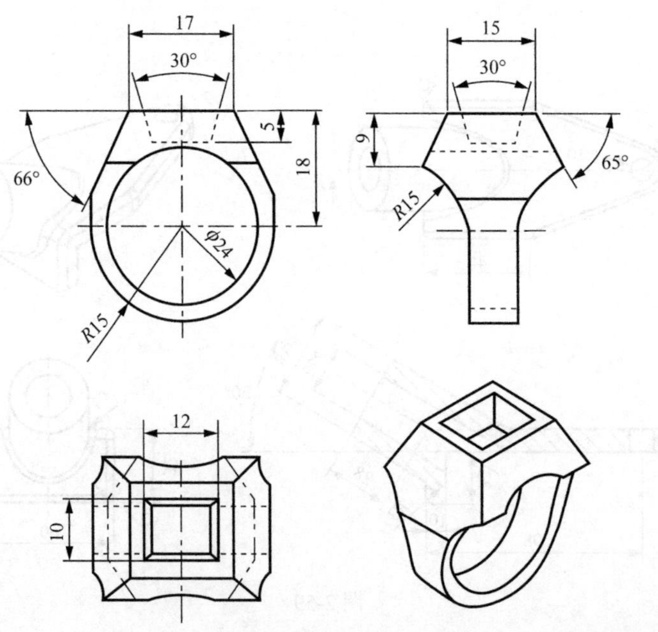
17
30°
5
18
66°
φ24
R15
15
30°
9
65°
R15
12
10

图 2-61

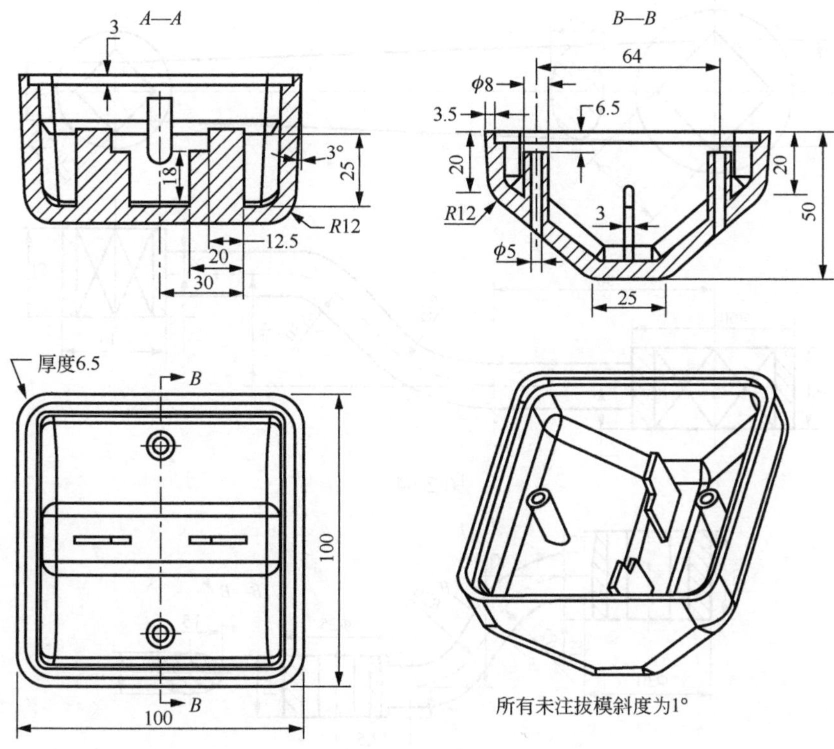

图 2-62

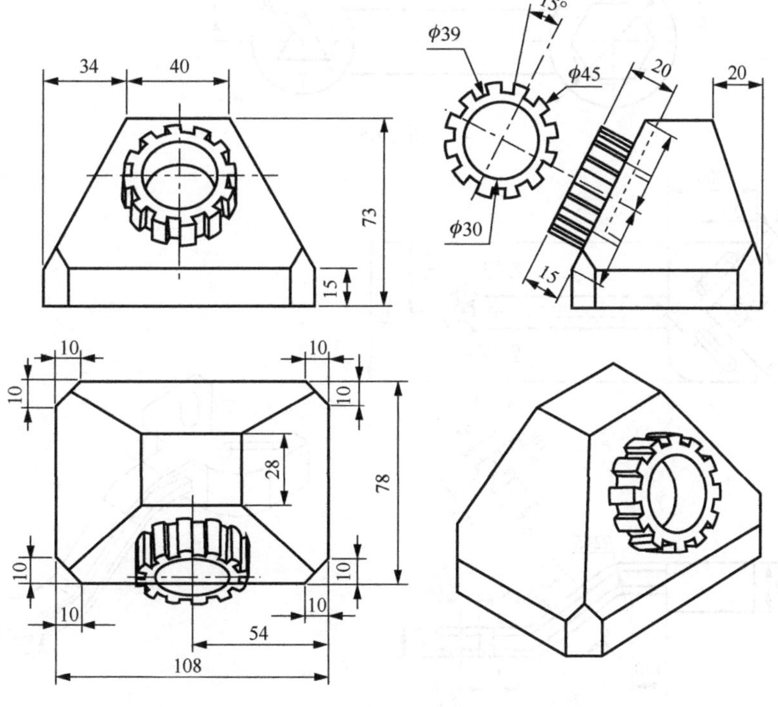

图 2-63

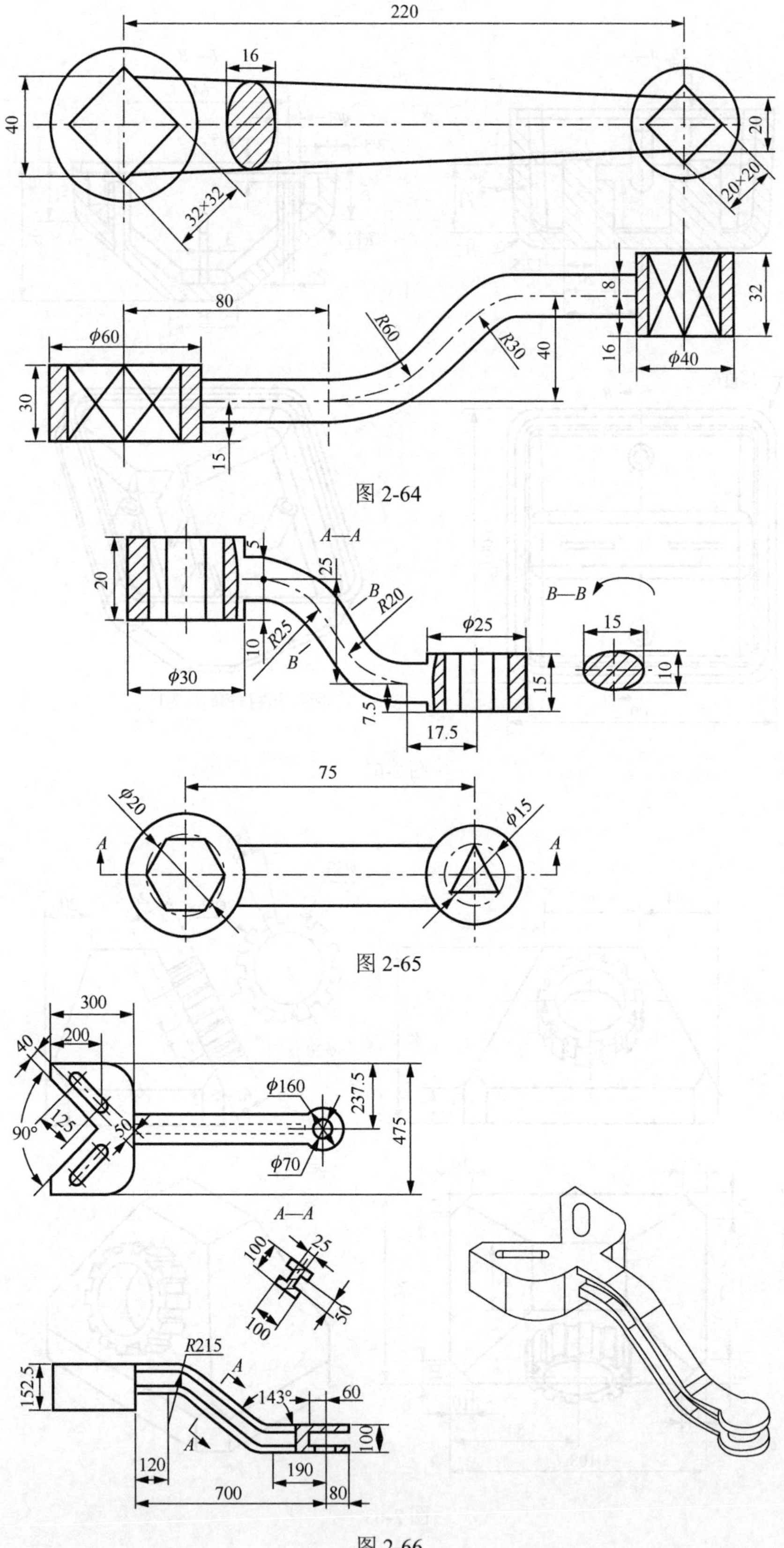

图 2-64

图 2-65

图 2-66

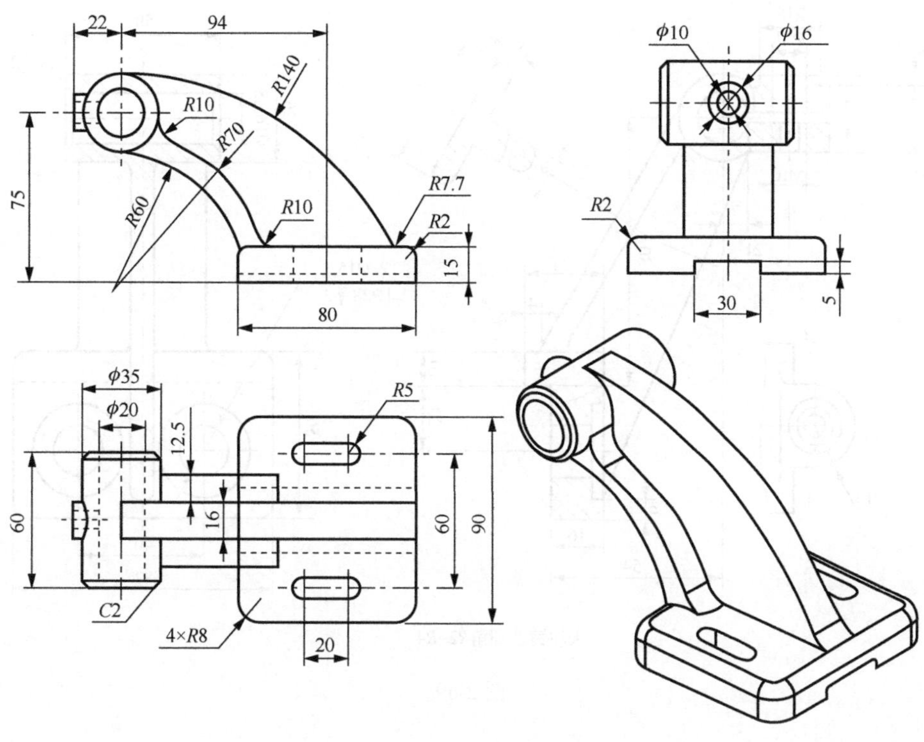

图 2-67

锥销孔φ3
配作

孔▼10

未注圆角R2

图 2-68

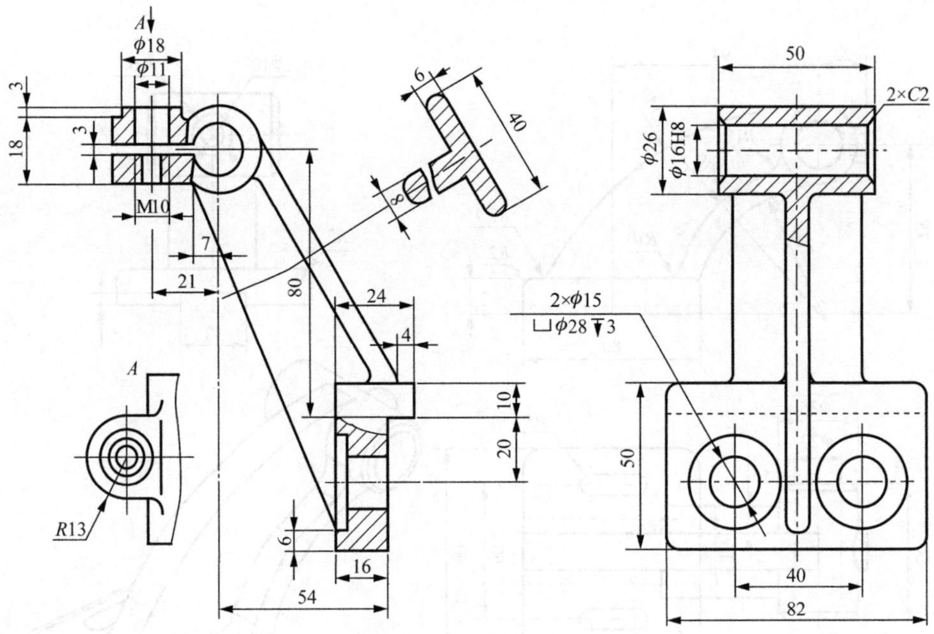

未注铸造圆角R2~R4

图 2-69

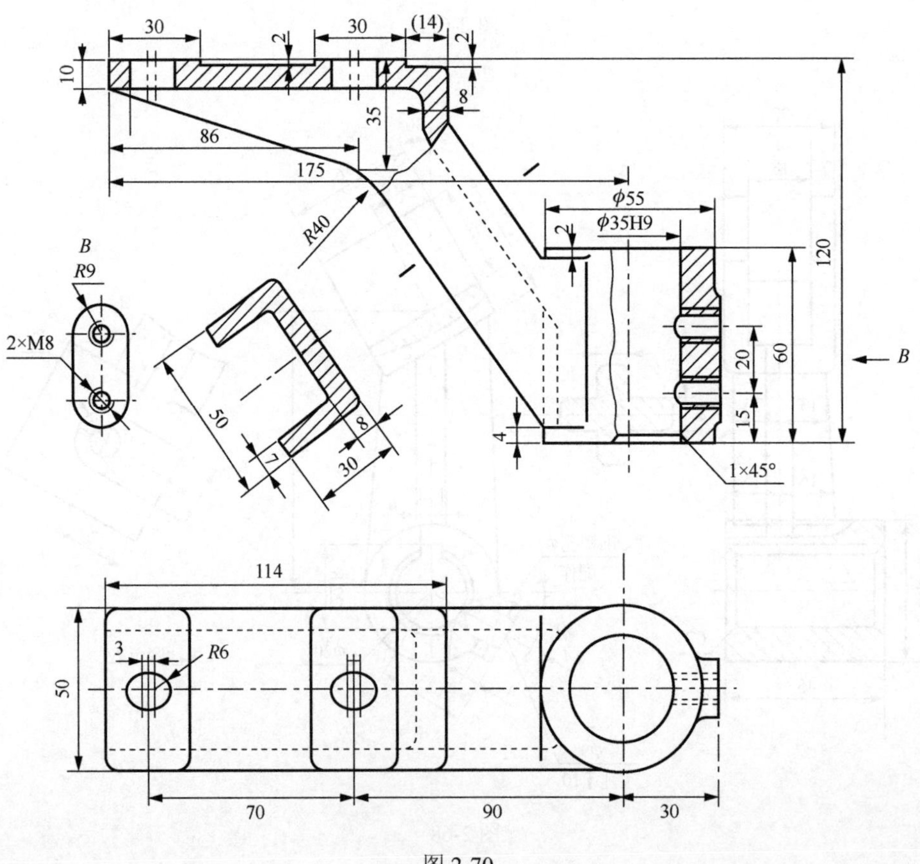

图 2-70

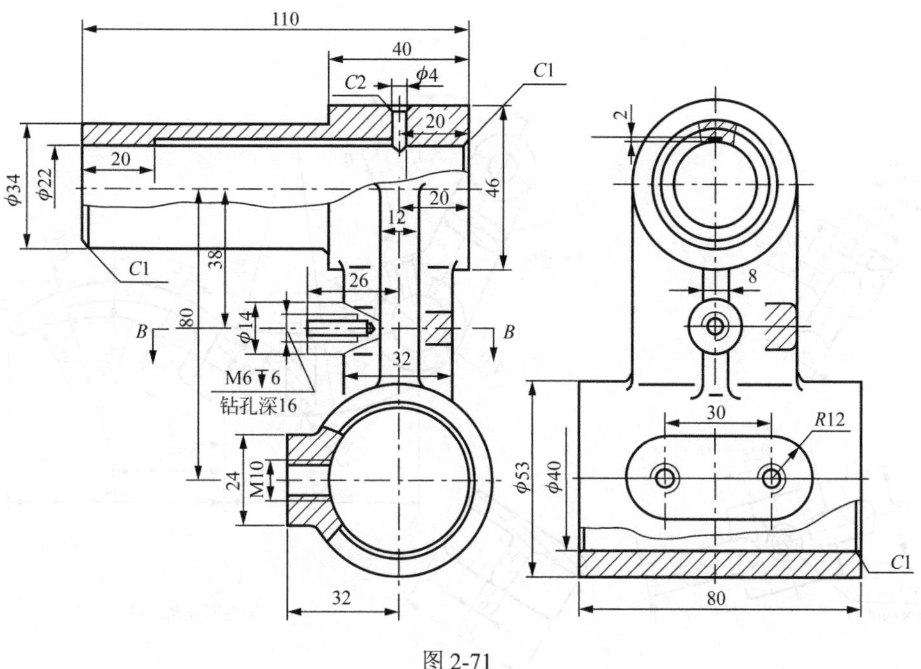
110
40
C2
φ4
C1
20
2
φ34
φ22
20
46
20
12
C1
38
26
8
B
80
φ14
B
32
M6 ▼6
钻孔深16
30
R12
24
M10
φ53
φ40
C1
32
80

图 2-71

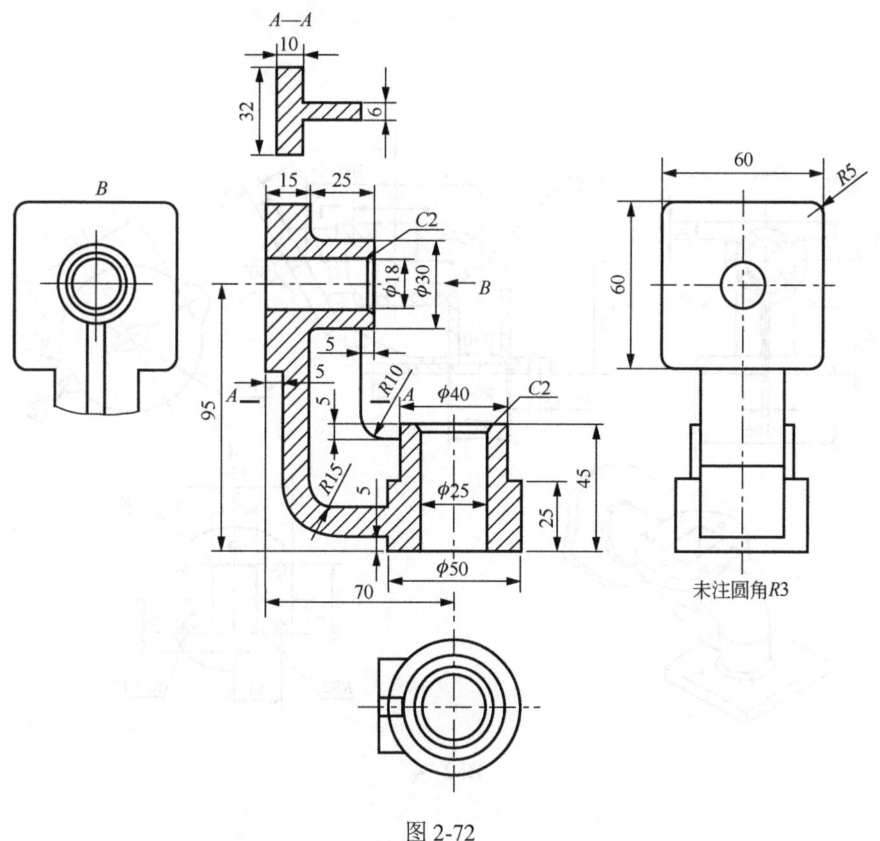
A—A
10
32
6
15
25
60
B
C2
R5
φ18
φ30
B
60
5
5
R10
A
φ40
C2
A
5
95
R15
φ25
5
45
25
φ50
70
未注圆角R3

图 2-72

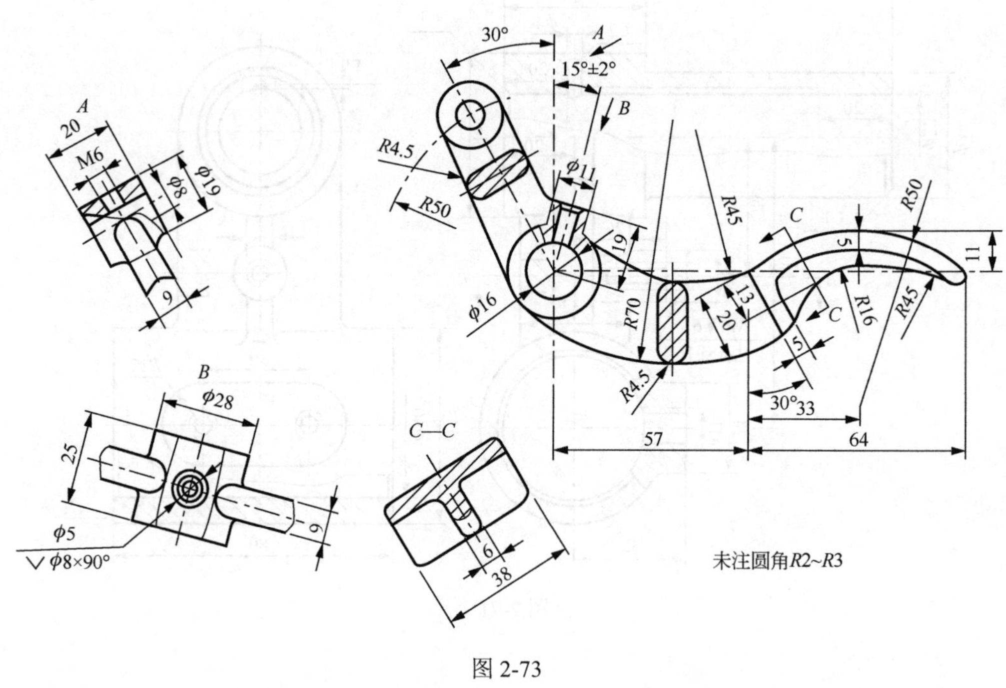
30°
A
15°±2°
B
A
20
M6
φ8
φ19
9
R4.5
R50
φ11
19
φ16
R45
R70
C
5
11
R50
R16
R45
13
20
5
R4.5
30°
33
57
64
B
φ28
25
φ5
⌵φ8×90°
9
C—C
6
38
未注圆角R2~R3

图 2-73

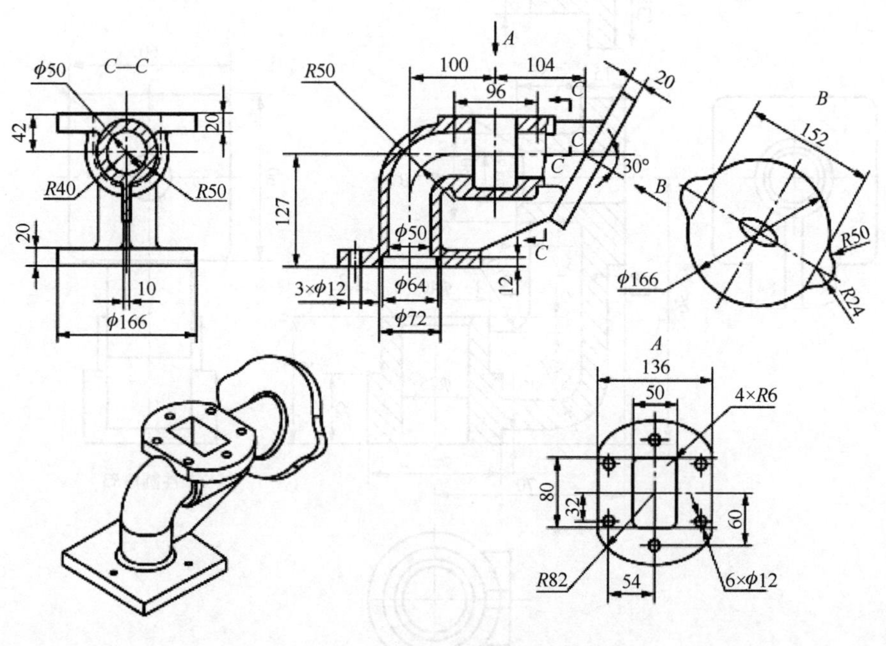
φ50
C—C
42
20
R40
R50
20
10
φ166
R50
A
100
104
96
20
30°
B
127
φ50
φ64
φ72
3×φ12
12
B
152
R50
φ166
R24
A
136
50
4×R6
80
32
60
R82
54
6×φ12

图 2-74

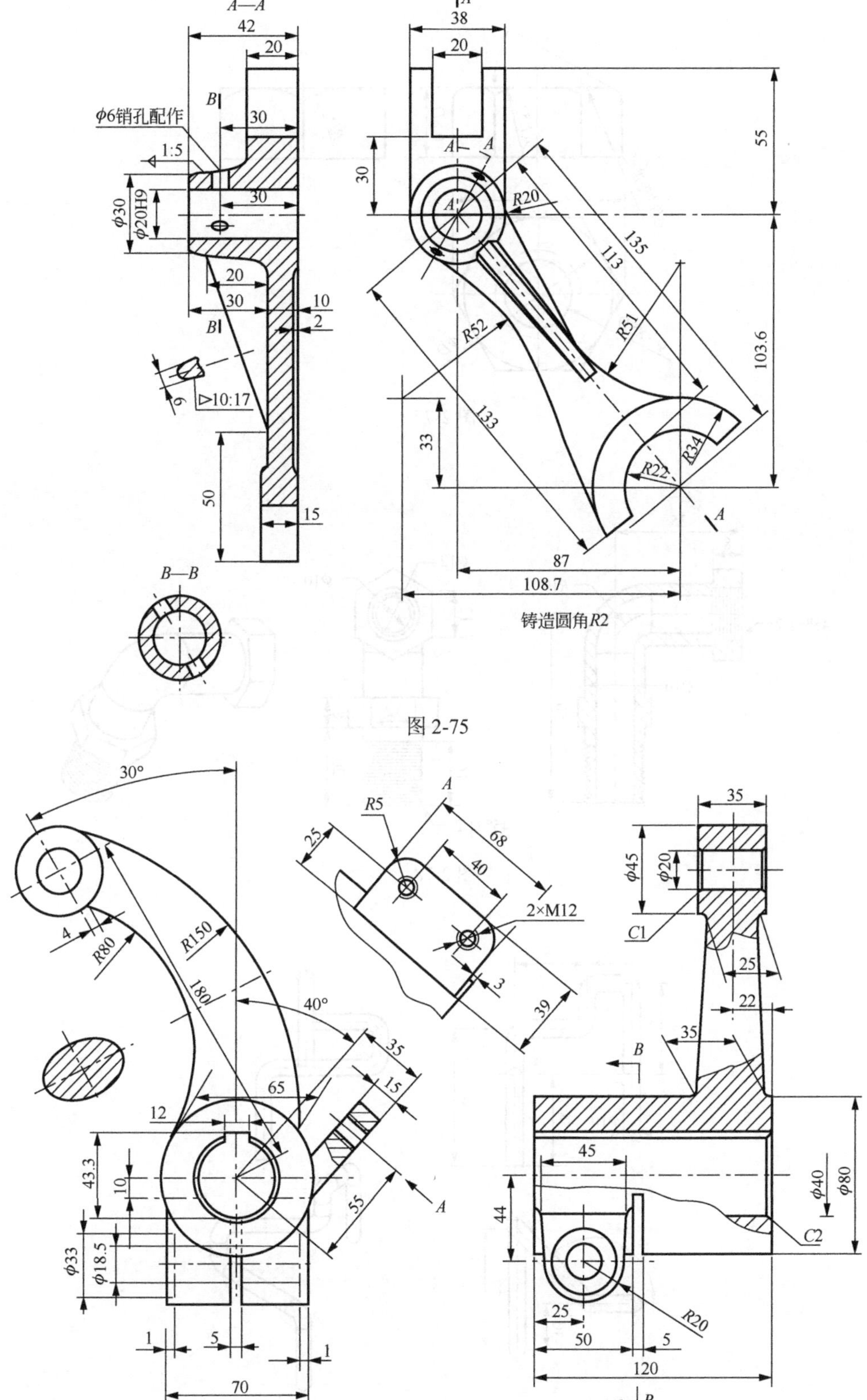
A—A
42
20
B
φ6销孔配作
30
1:5
φ30
φ20H9
30
20
30
10
2
B
9
⊳10:17
50
15
B—B
A
38
20
55
30
A
A
A'
R20
135
113
R52
R51
103.6
133
33
R34
R22
A
87
108.7
铸造圆角R2

图 2-75

30°
4
R80
R150
180
40°
65
12
35
15
43.3
10
55
A
φ33
φ18.5
1
5
1
70
A
R5
25
68
40
2×M12
3
39
35
φ45
φ20
C1
25
22
35
B
45
44
φ40
φ80
C2
25
R20
50
5
120
B

图 2-76

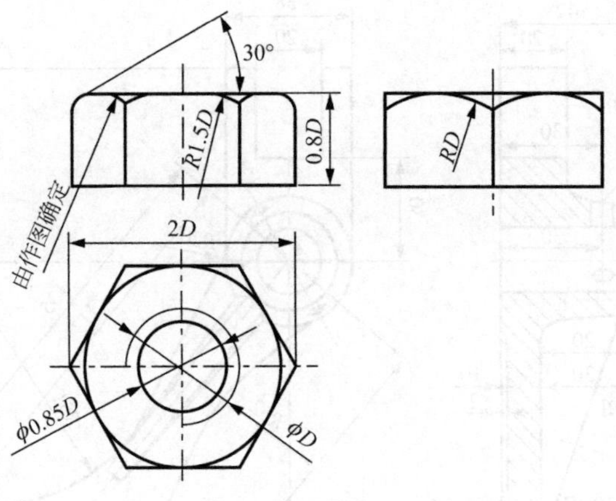

图 2-77

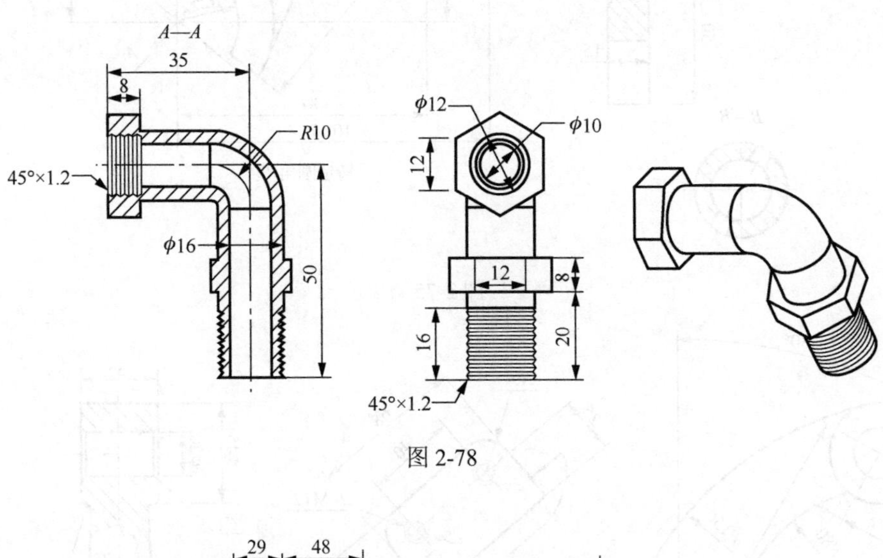

图 2-78

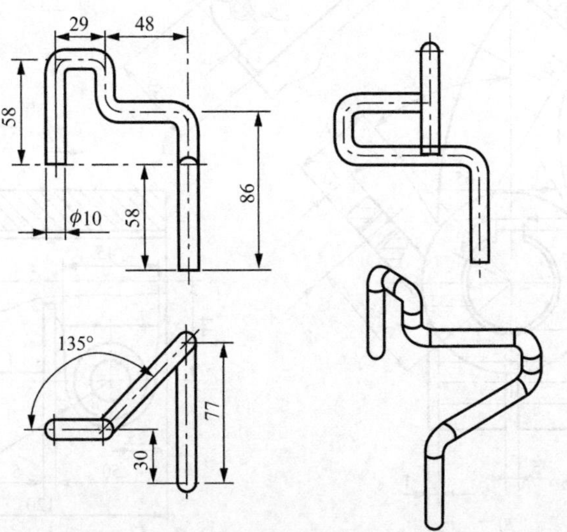

图 2-79

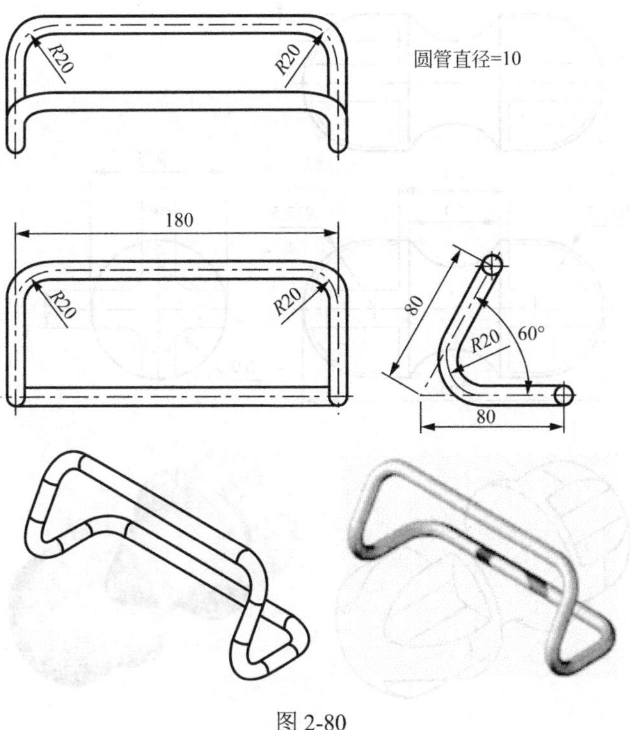
R20
R20
圆管直径=10
180
R20
R20
80
R20
60°
80

图 2-80

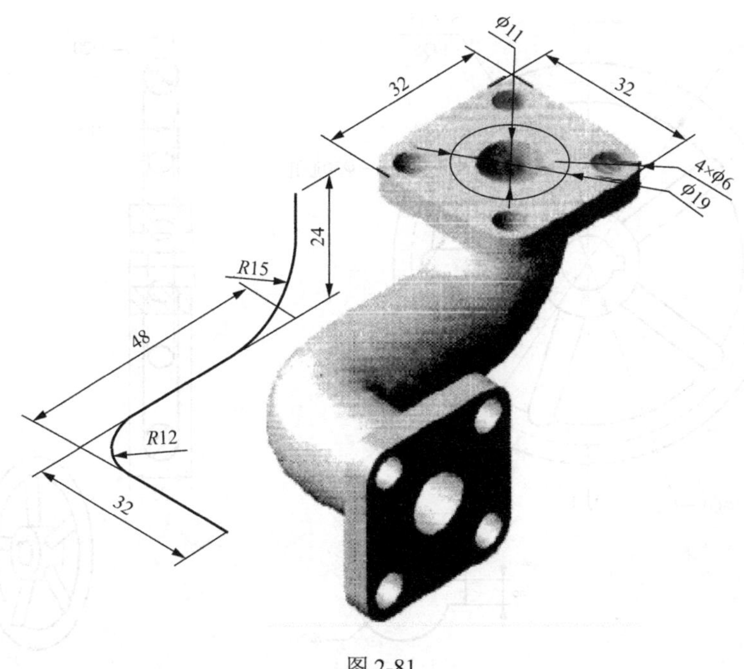
φ11
32
32
4×φ6
φ19
24
R15
48
R12
32

图 2-81

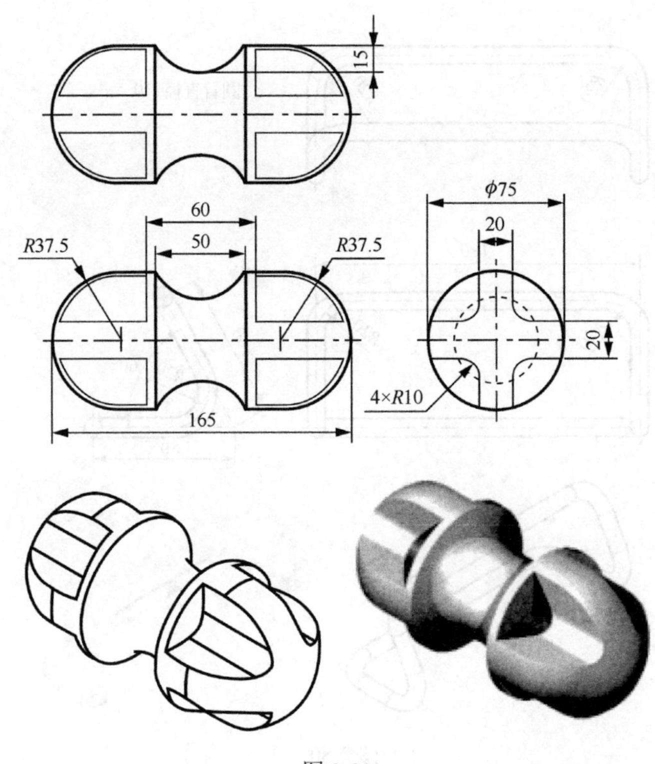
15
ϕ75
60
20
50
R37.5
R37.5
20
4×R10
165

图 2-82

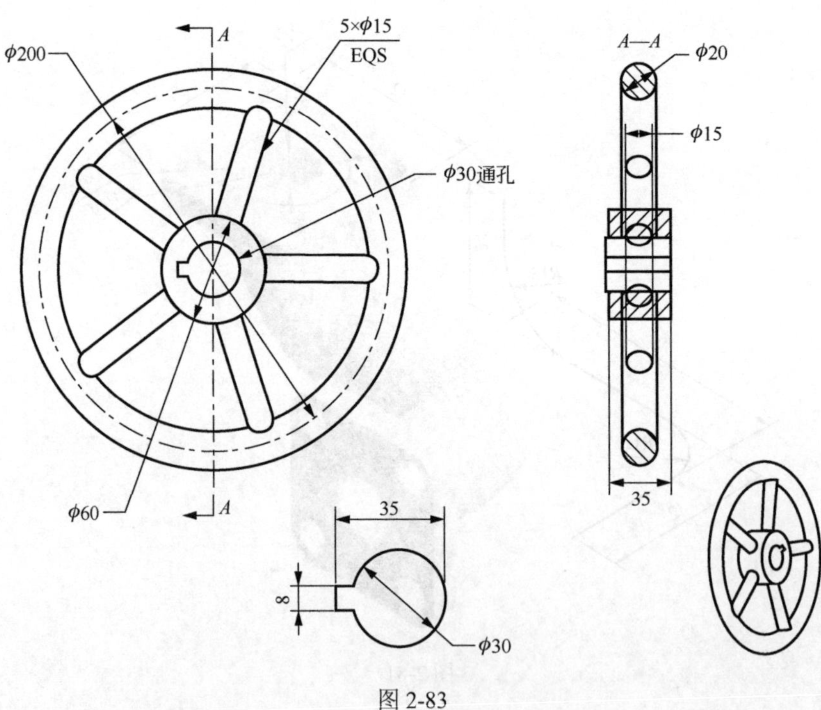
A
5×ϕ15
EQS
ϕ200
A—A
ϕ20
ϕ15
ϕ30通孔
ϕ60
A
35
35
8
ϕ30

图 2-83

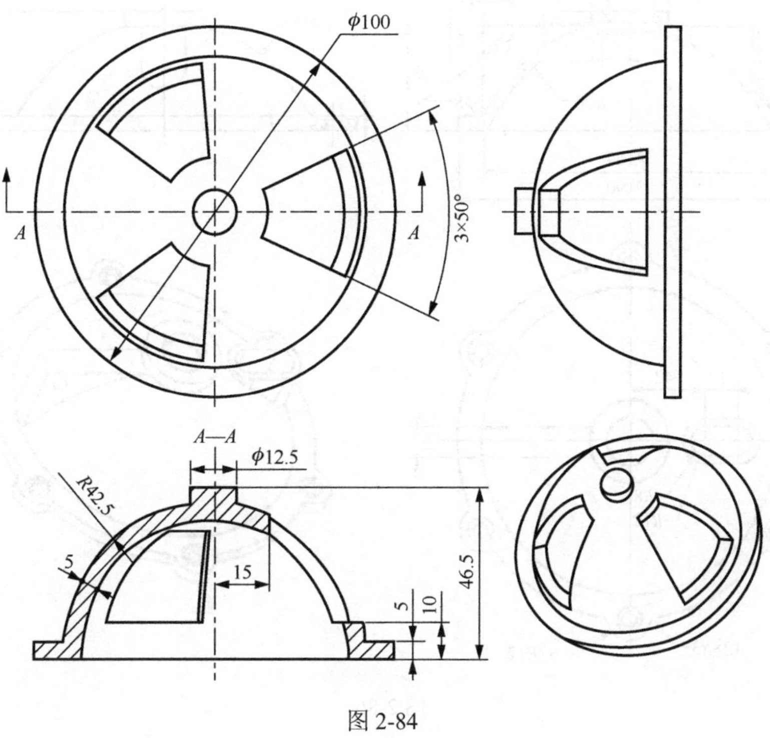
ϕ100
A
A
3×50°
A—A
ϕ12.5
R42.5
5
15
5
10
46.5

图 2-84

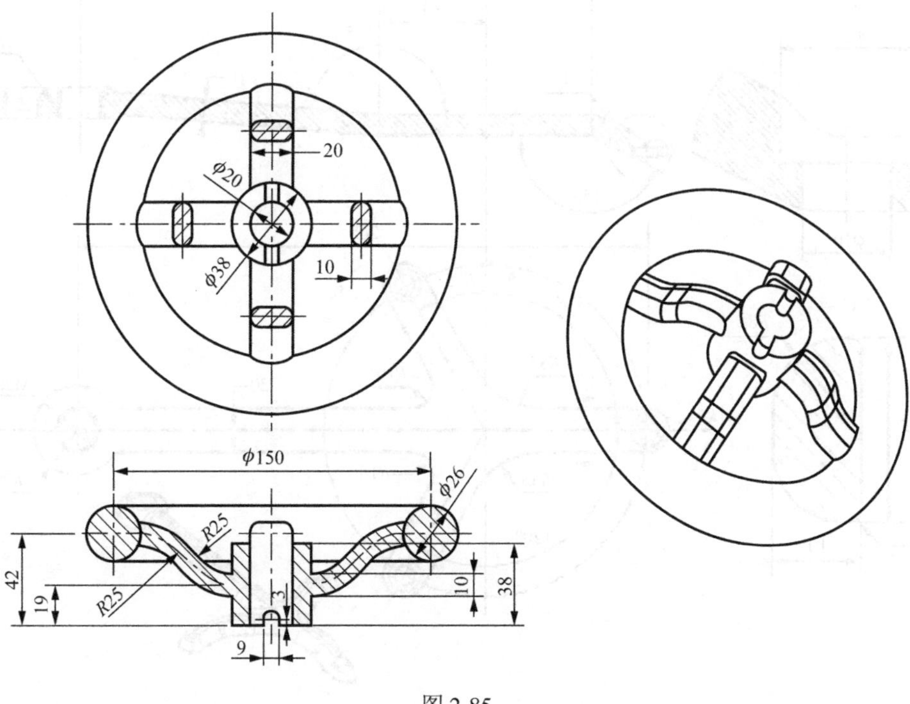
20
ϕ20
ϕ38
10
ϕ150
ϕ26
R25
R25
42
19
3
9
10
38

图 2-85

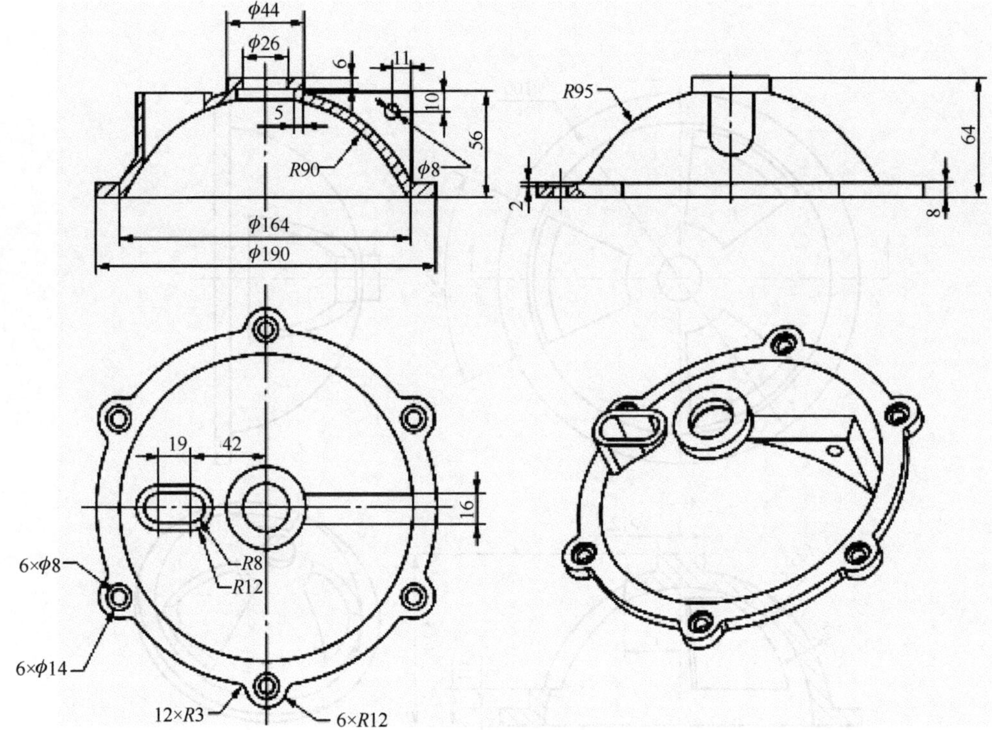

ϕ44
ϕ26
6
11
10
5
56
R90
ϕ8
ϕ164
ϕ190
R95
64
2
8
19
42
16
R8
R12
6×ϕ8
6×ϕ14
12×R3
6×R12

图 2-86

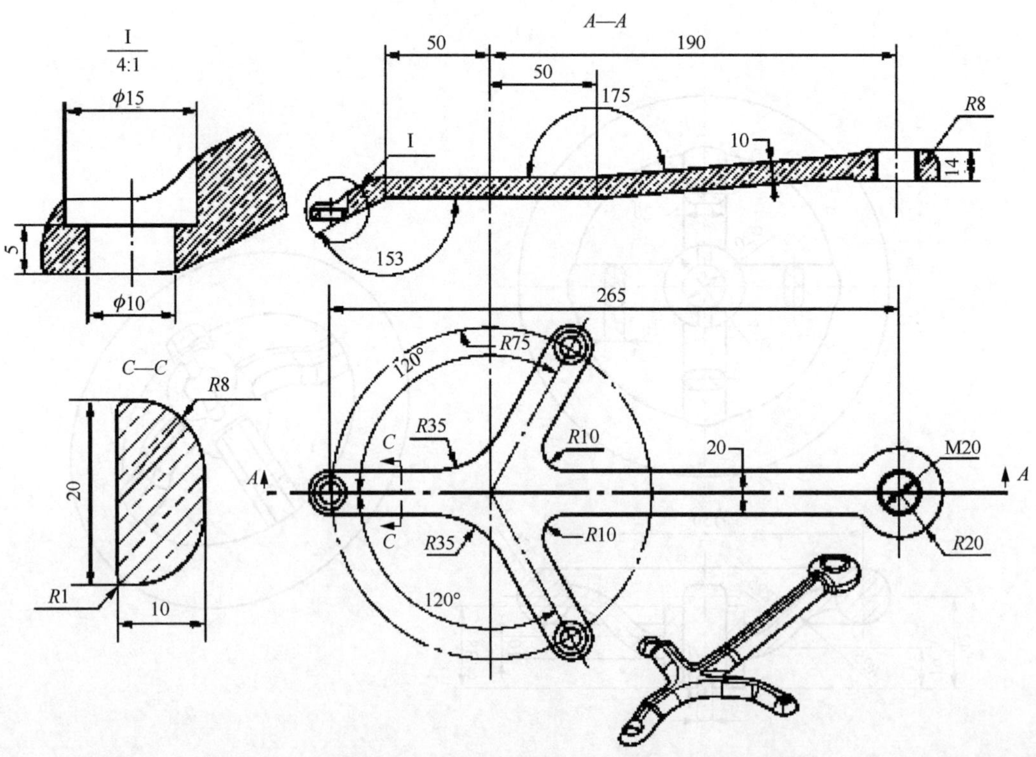

I
4:1
ϕ15
5
ϕ10
A—A
50
190
50
175
I
10
R8
14
153
265
R75
120°
C—C
R8
20
R1
10
R35
C
R10
20
M20
A
A
C
R35
R10
R20
120°

图 2-87

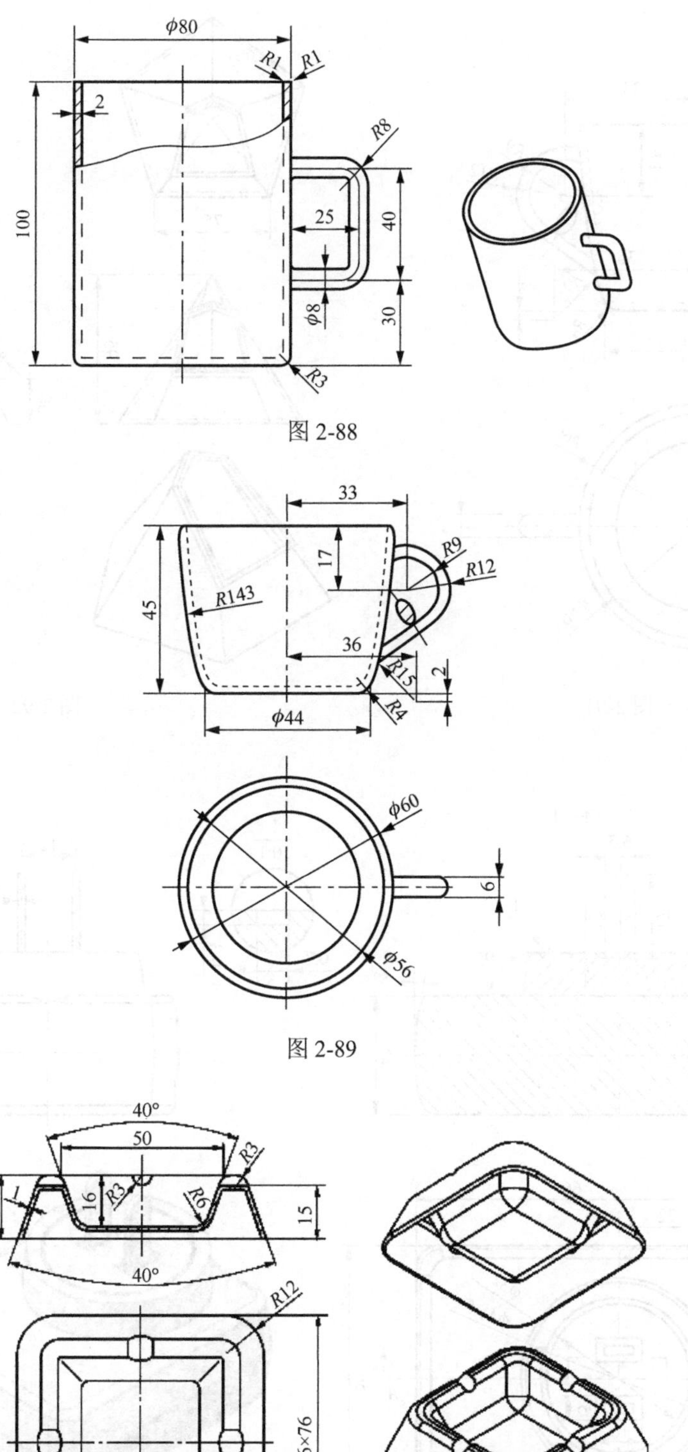

图 2-88

图 2-89

图 2-90

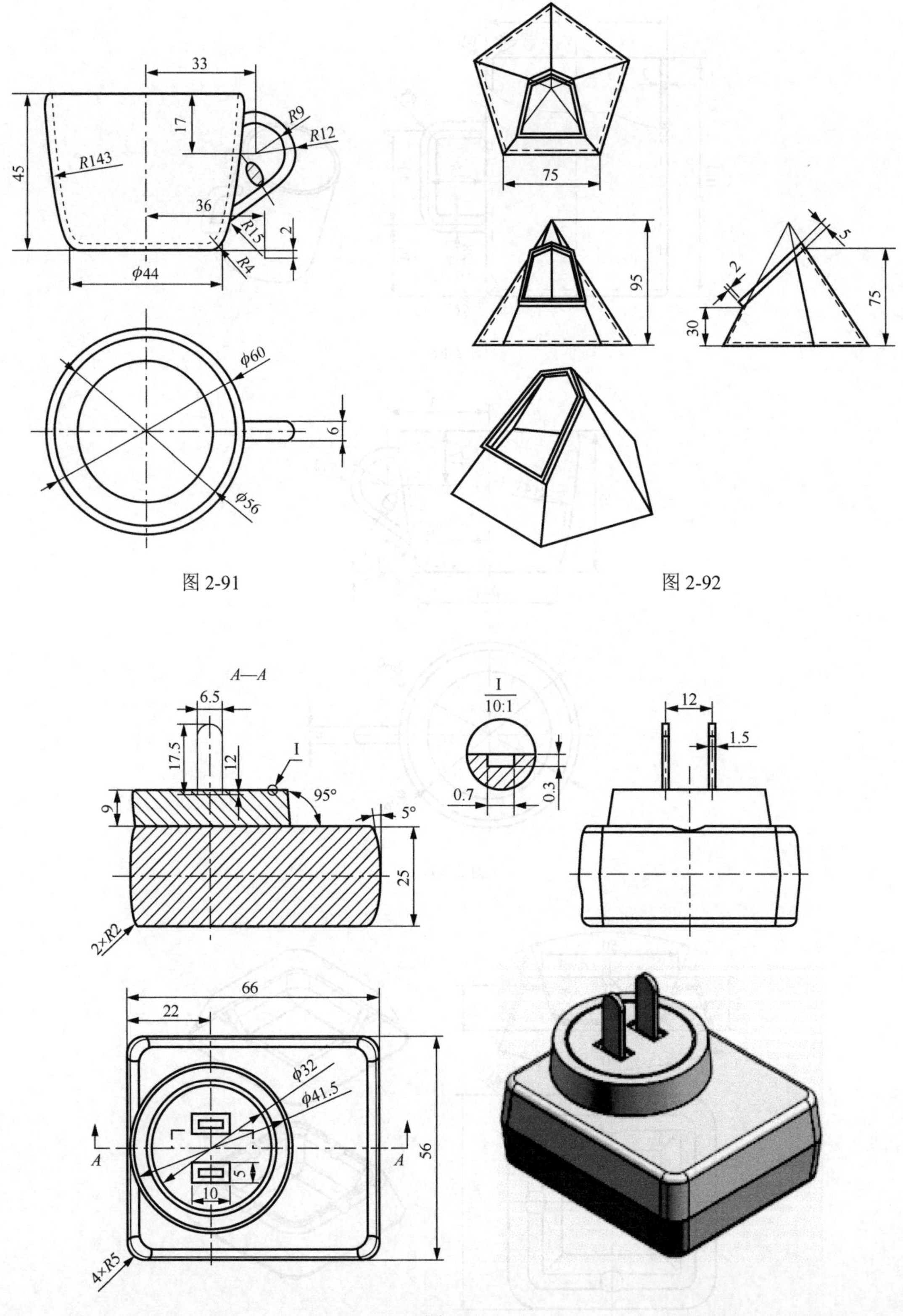

图 2-91

图 2-92

图 2-93

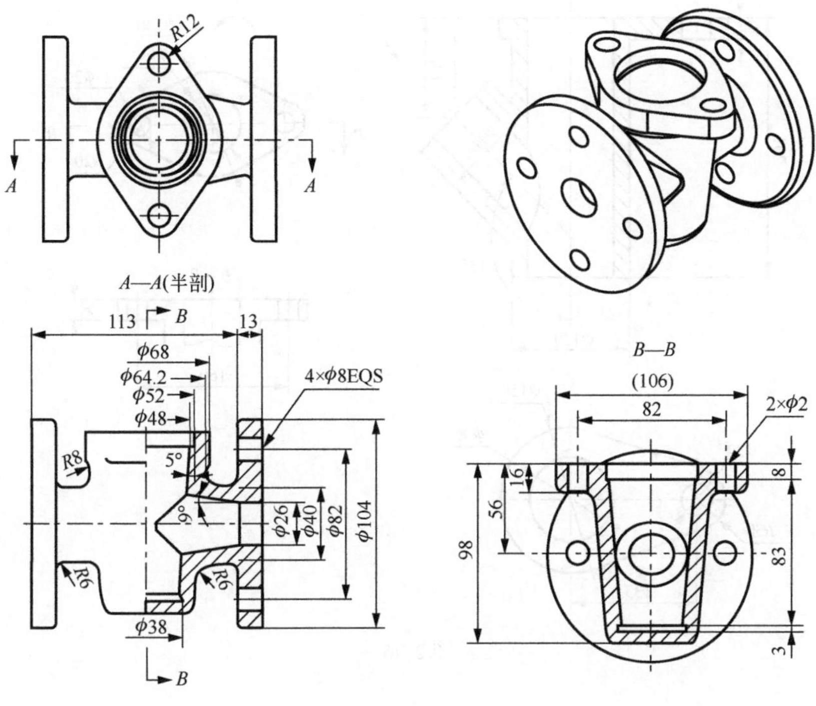
R12
A
A
A—A(半剖)
113
B
13
φ68
φ64.2
φ52
φ48
4×φ8EQS
R8
5°
9°
φ26
φ40
φ82
φ104
R6
R6
φ38
B
B—B
(106)
82
2×φ2
16
56
98
8
83
3

图 2-94

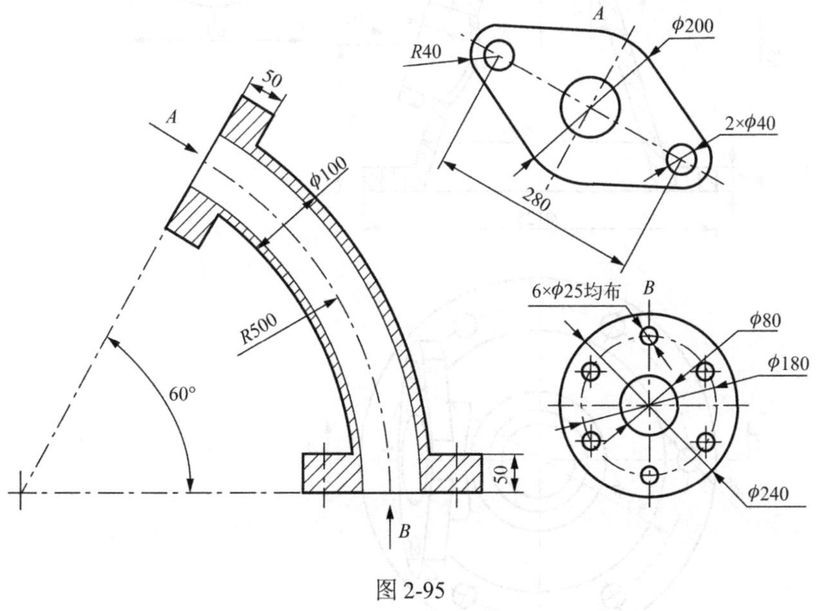
50
A
φ100
R500
60°
50
B
A
φ200
R40
2×φ40
280
6×φ25均布
B
φ80
φ180
φ240

图 2-95

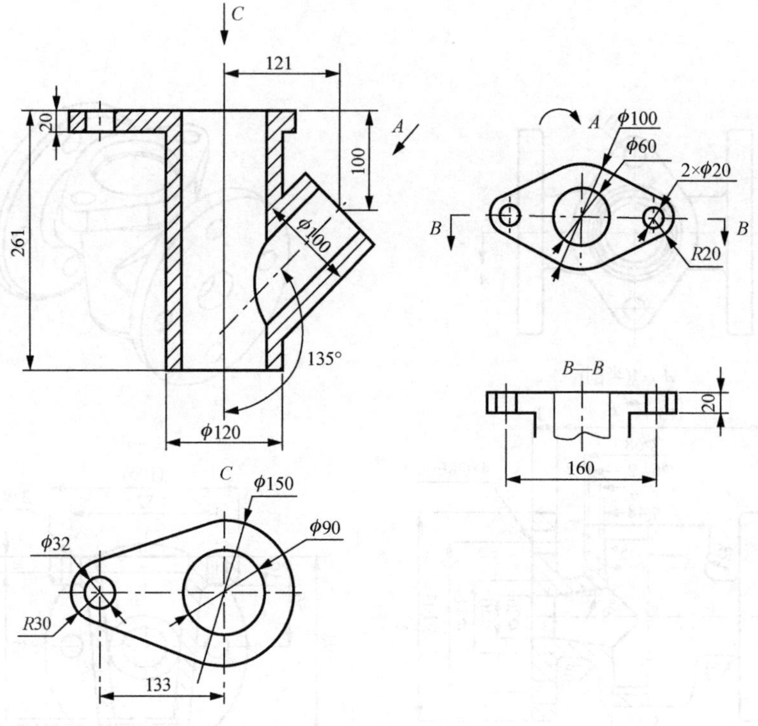
C
121
20
100
A
261
φ100
135°
φ120
A
φ100
φ60
2×φ20
B
B
R20
B—B
20
160
C
φ150
φ32
φ90
R30
133

图 2-96

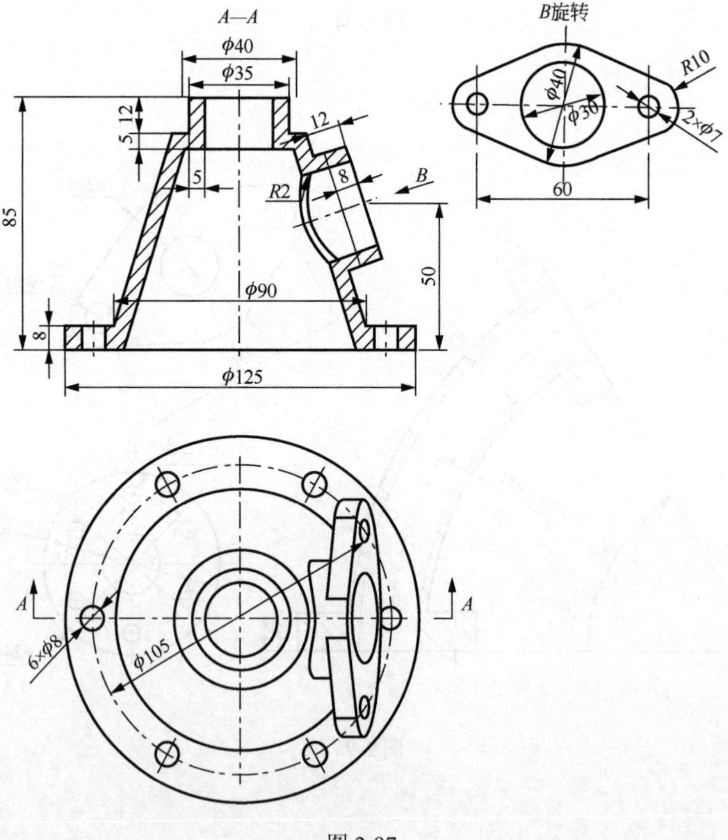
A—A
φ40
φ35
12
5
12
5
8
R2
B
85
50
φ90
8
φ125
B旋转
R10
φ40
φ30
2×φ7
60
A
A
6×φ8
φ105

图 2-97

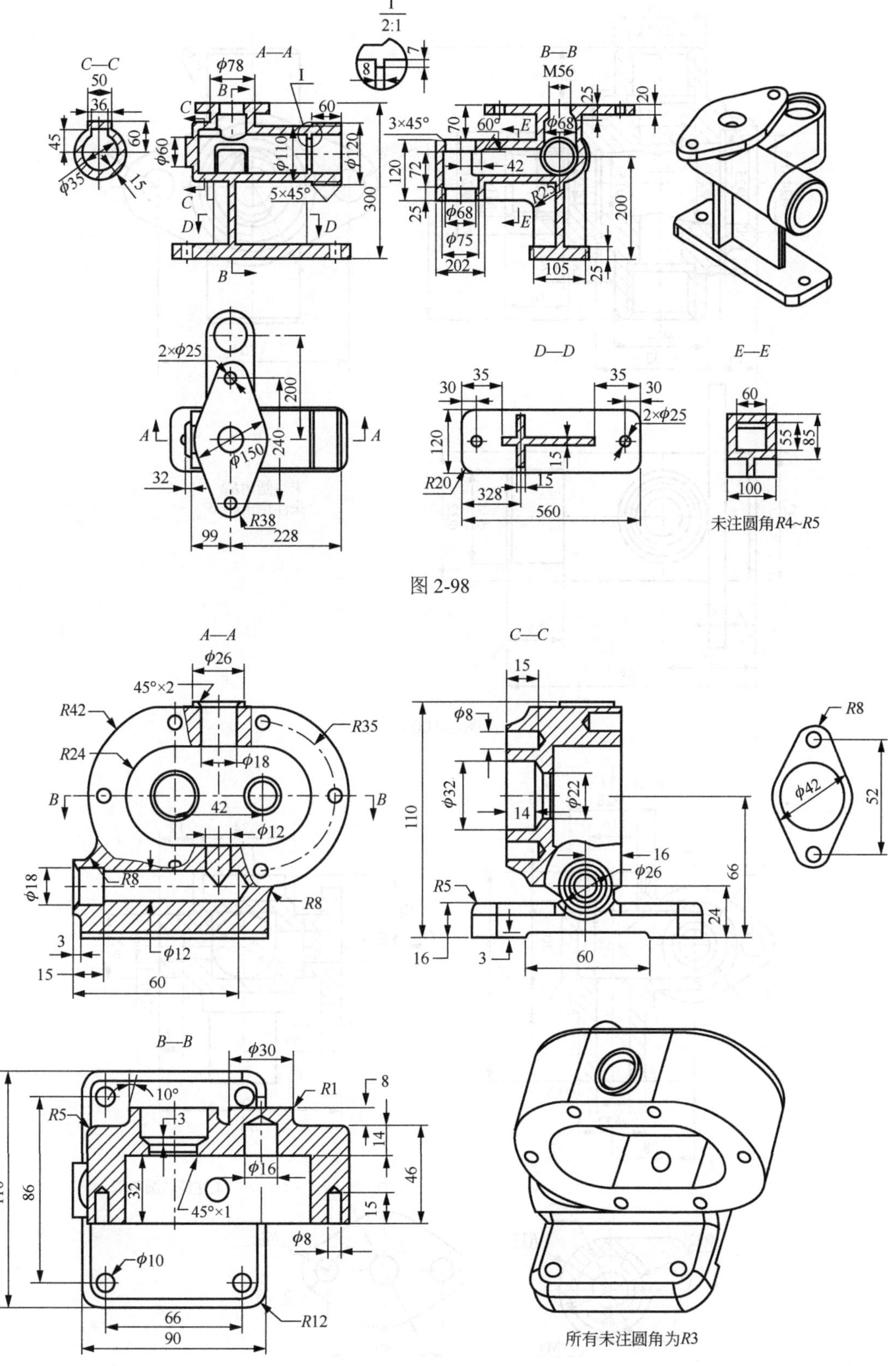

图 2-98

图 2-99

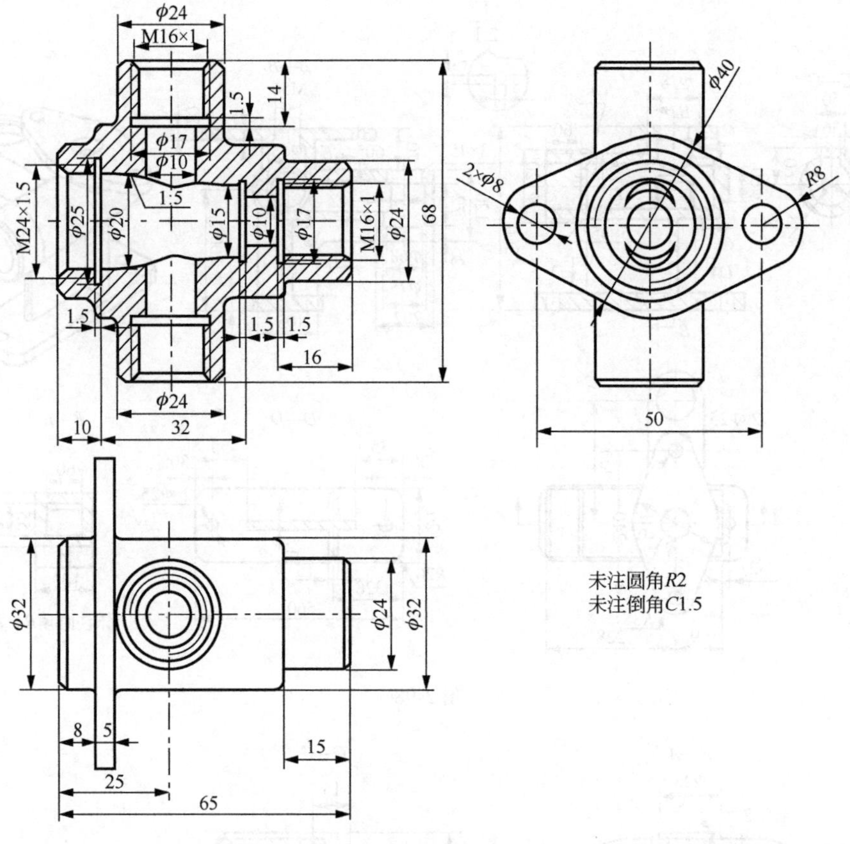
φ24
M16×1
1.5
14
φ17
φ10
1:5
M24×1.5
φ25
φ20
φ15
φ10
φ17
M16×1
φ24
68
1.5
1.5
1.5
16
φ24
10
32
φ40
2×φ8
R8
50
φ32
φ24
φ32
8
5
15
25
65
未注圆角R2
未注倒角C1.5

图 2-100

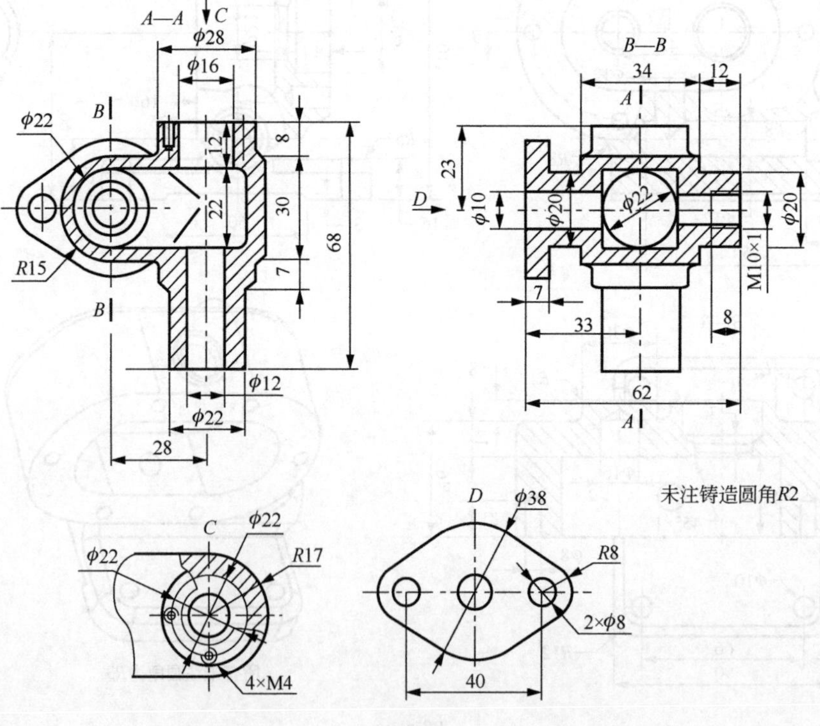
A—A
C
φ28
φ16
φ22
B
12
8
22
30
68
7
R15
B
φ12
φ22
28
B—B
34
12
A
23
D
φ10
φ20
φ22
φ20
M10×1
7
33
8
62
A
未注铸造圆角R2
D
φ38
C
φ22
φ22
R17
R8
2×φ8
4×M4
40

图 2-101

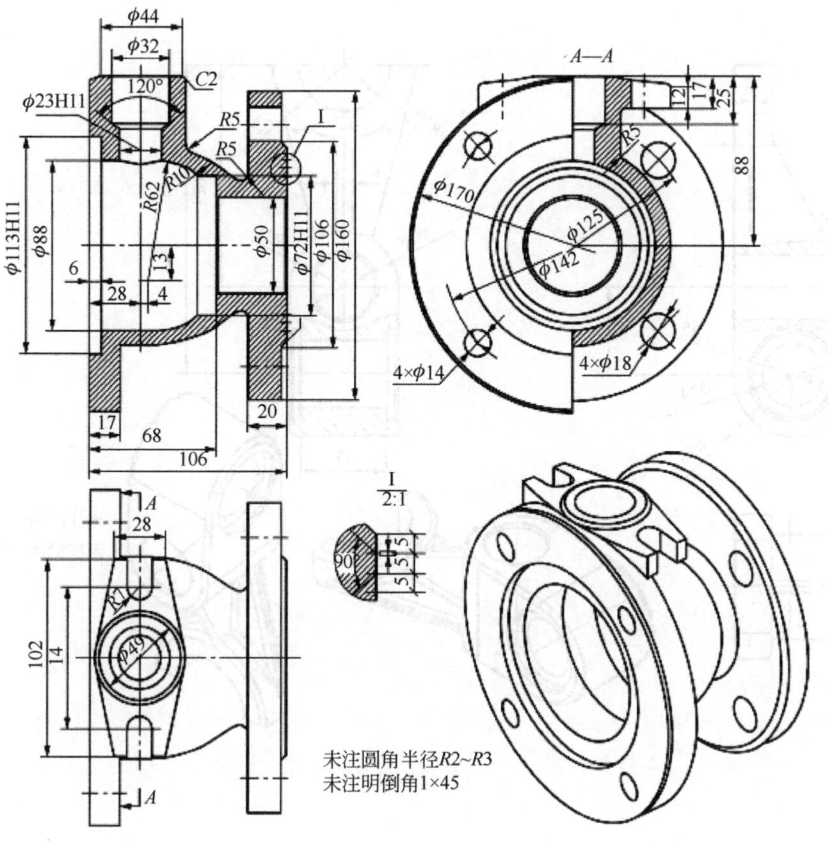

图 2-102

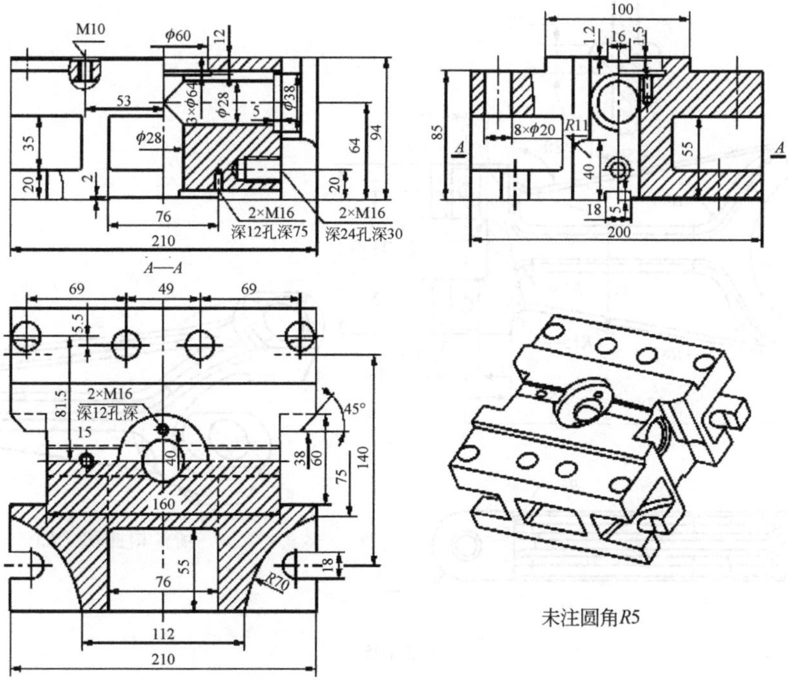

图 2-103

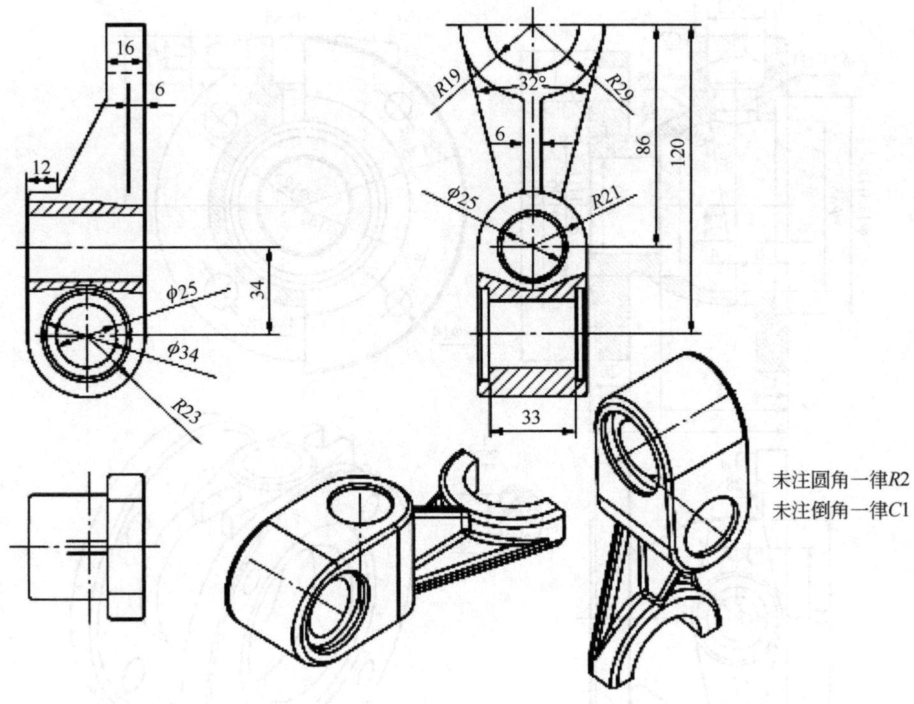
16
6
12
34
φ25
φ34
R23
R19
32°
R29
6
86
120
φ25
R21
33
未注圆角一律R2
未注倒角一律C1

图 2-104

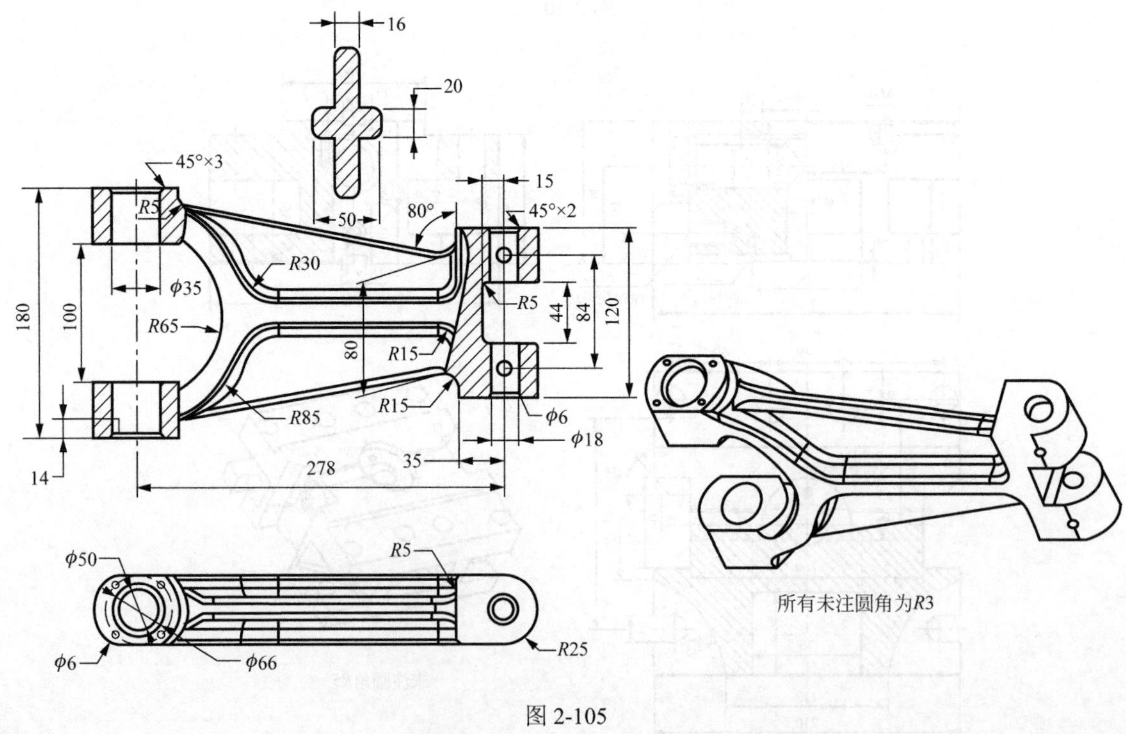
16
20
45°×3
R5
50
80°
15
45°×2
R30
φ35
180
100
R65
80
R15
R5
44
84
120
R15
R85
φ6
φ18
14
278
35
φ50
R5
φ6
φ66
R25
所有未注圆角为R3

图 2-105

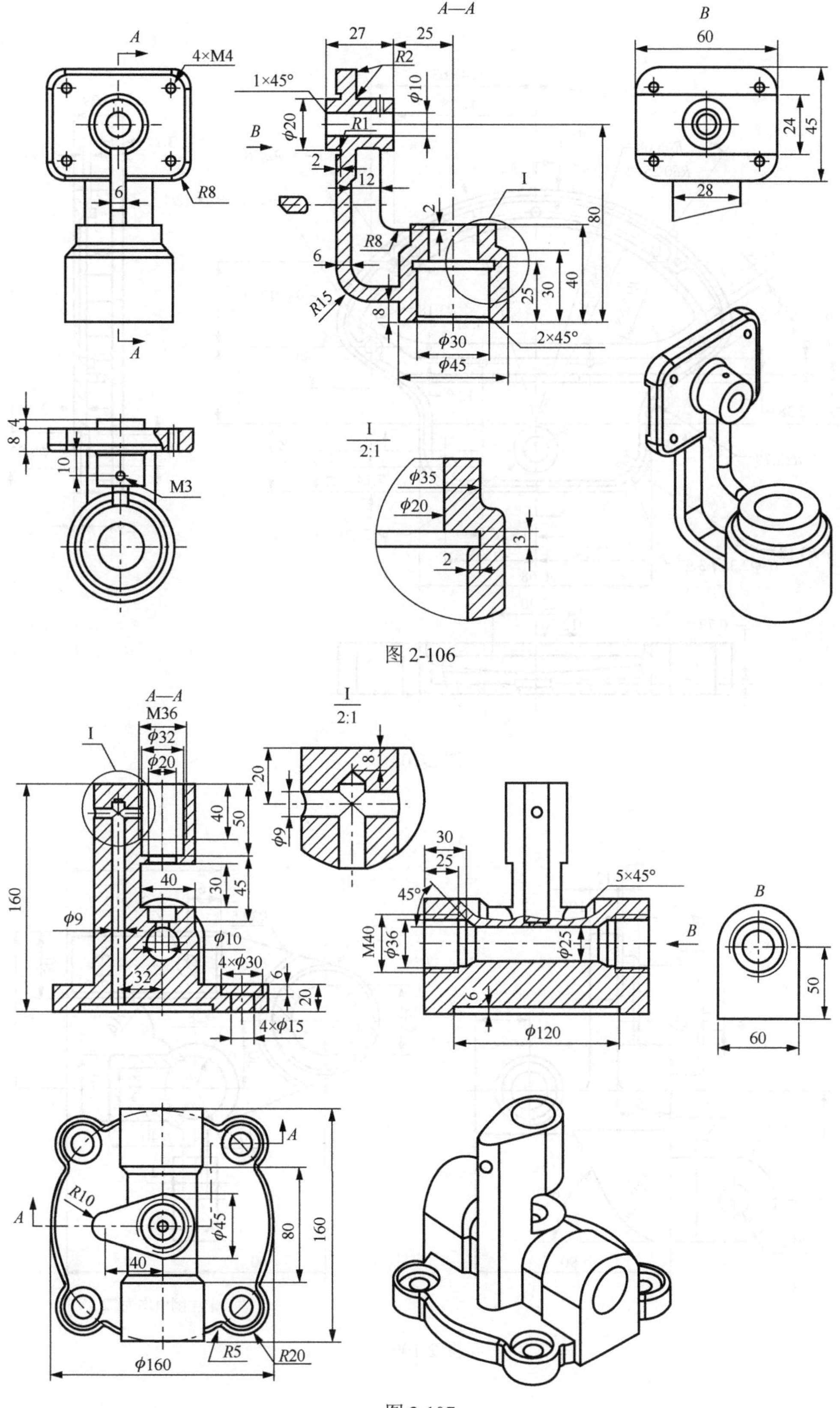

A—A
B
I
2:1
4×M4
R8
R2
1×45°
R1
R15
2×45°
φ35
φ20
φ30
φ45
M3
M36
φ32
φ9
φ10
4×φ30
4×φ15
5×45°
M40
φ36
φ25
φ120
R10
R5
R20
φ160

图 2-106

图 2-107

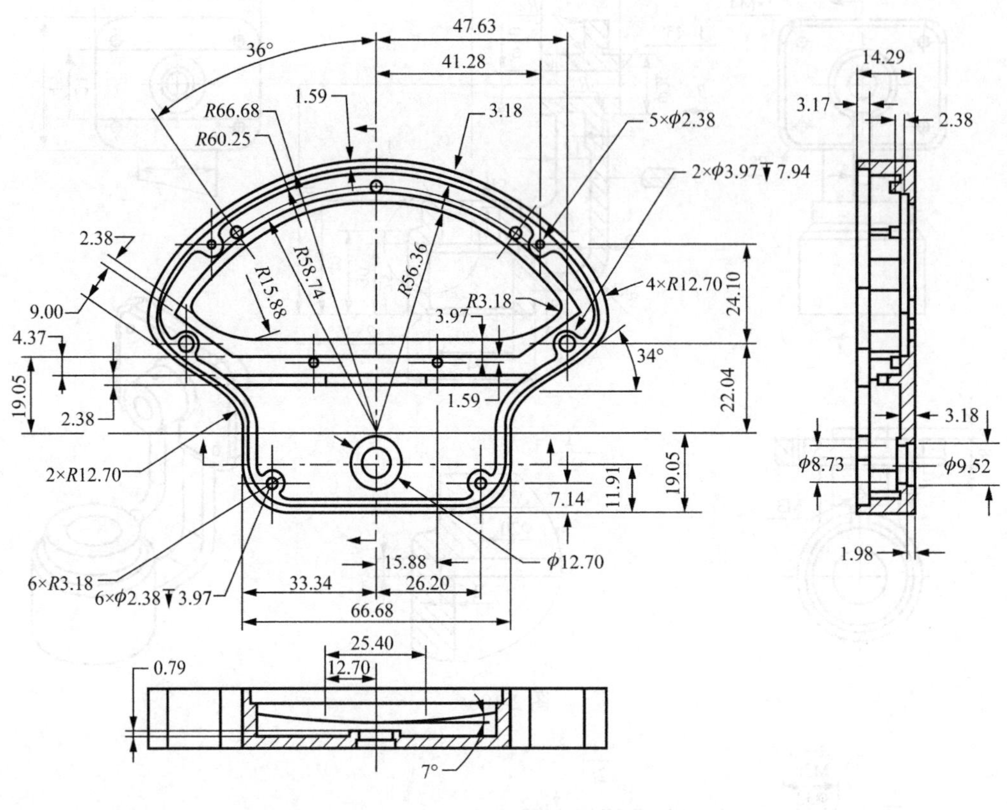

图 2-108

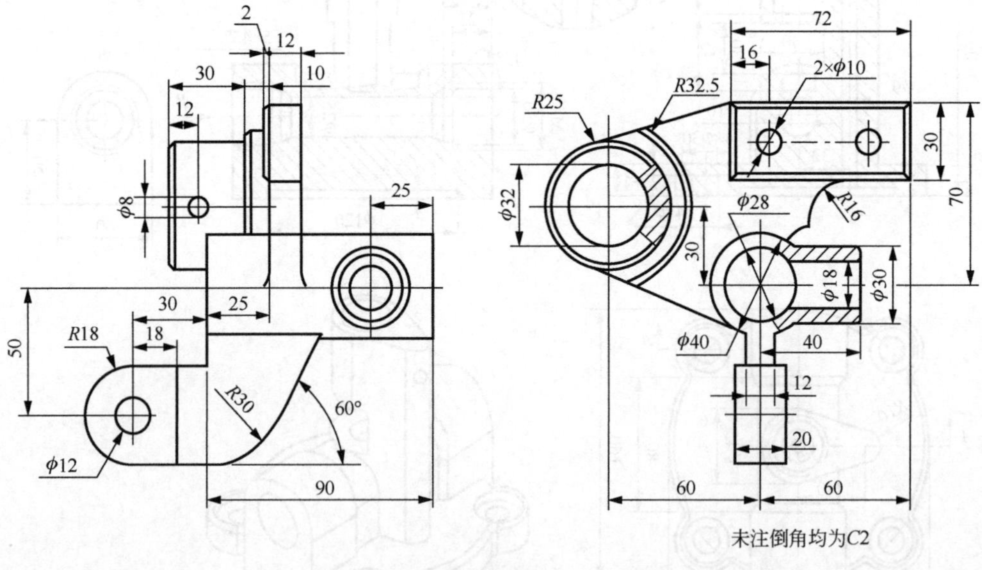

未注倒角均为C2

图 2-109

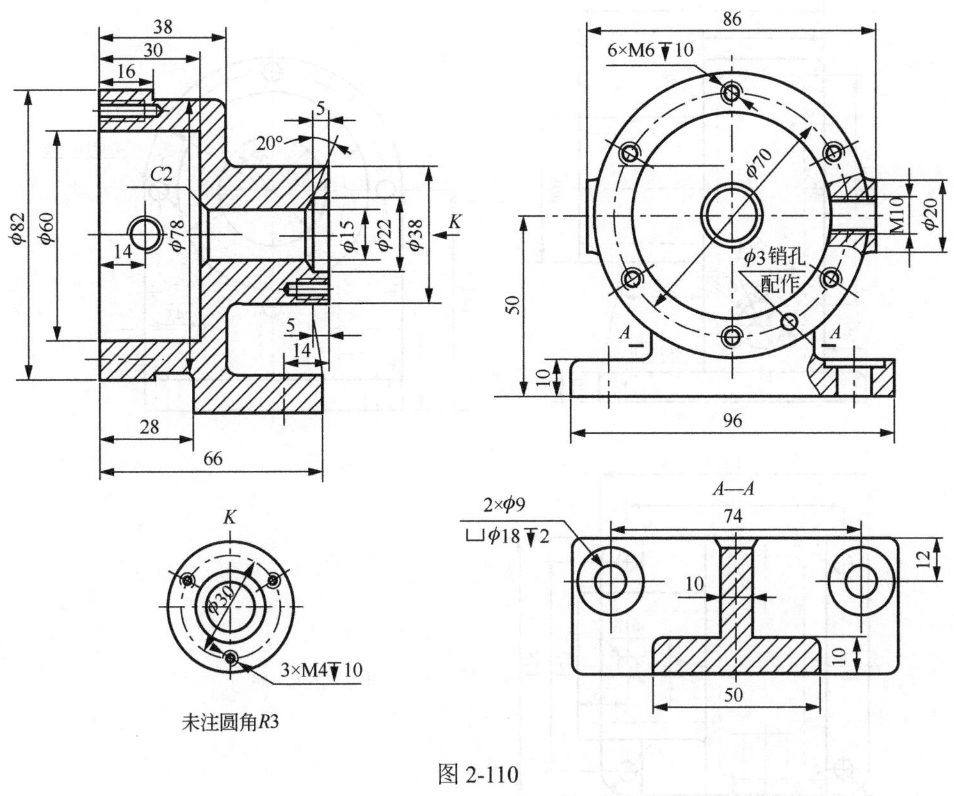
38
30
16
5
20°
C2
φ82
φ60
φ78
14
φ15
φ22
φ38
K
5
14
28
66
86
6×M6▼10
φ70
M10
φ20
φ3销孔
配作
50
10
A
A
96
K
φ30
3×M4▼10
未注圆角R3
A—A
2×φ9
⌴φ18▼2
74
12
10
10
50

图 2-110

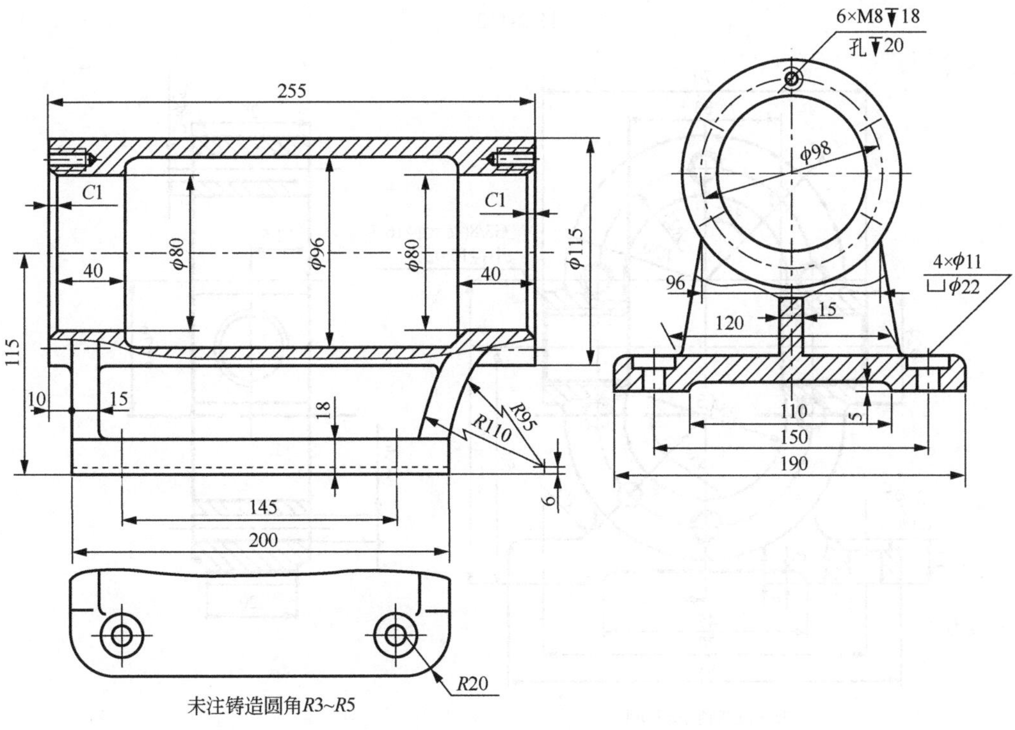
255
C1
C1
φ80
φ96
φ80
φ115
40
40
115
10
15
18
R95
R110
6
145
200
R20
未注铸造圆角R3~R5
6×M8▼18
孔▼20
φ98
4×φ11
⌴φ22
96
120
15
110
5
150
190

图 2-111

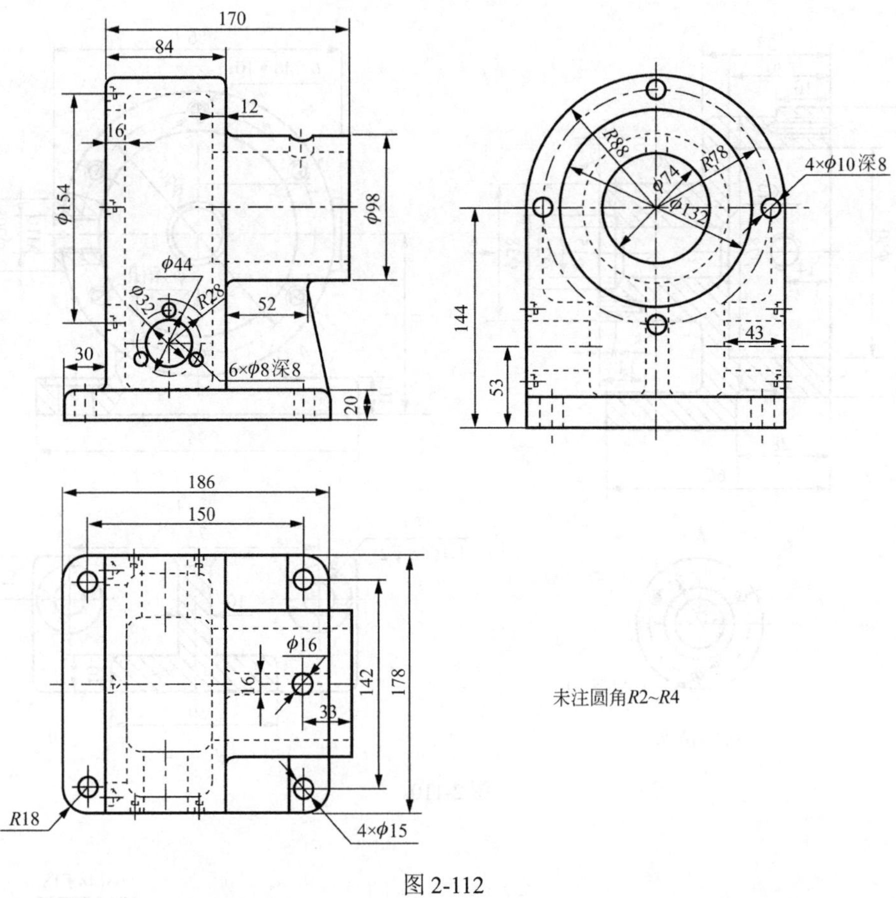
170
84
12
16
φ154
φ98
φ44
φ32
R28
52
30
6×φ8深8
20
R88
φ74
R78
4×φ10深8
φ132
144
53
43
186
150
φ16
16
142
178
33
R18
4×φ15
未注圆角R2~R4

图 2-112

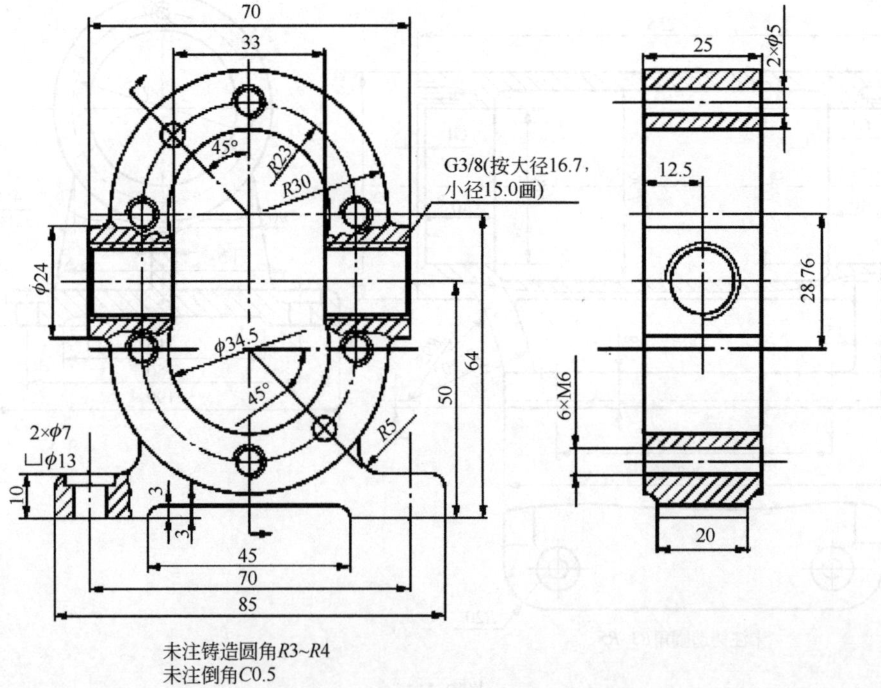
70
33
45°
R23
R30
G3/8(按大径16.7，
小径15.0画)
φ24
φ34.5
45°
R5
64
50
2×φ7
⌴φ13
10
3
3
45
70
85
25
2×φ5
12.5
28.76
6×M6
20
未注铸造圆角R3~R4
未注倒角C0.5

图 2-113

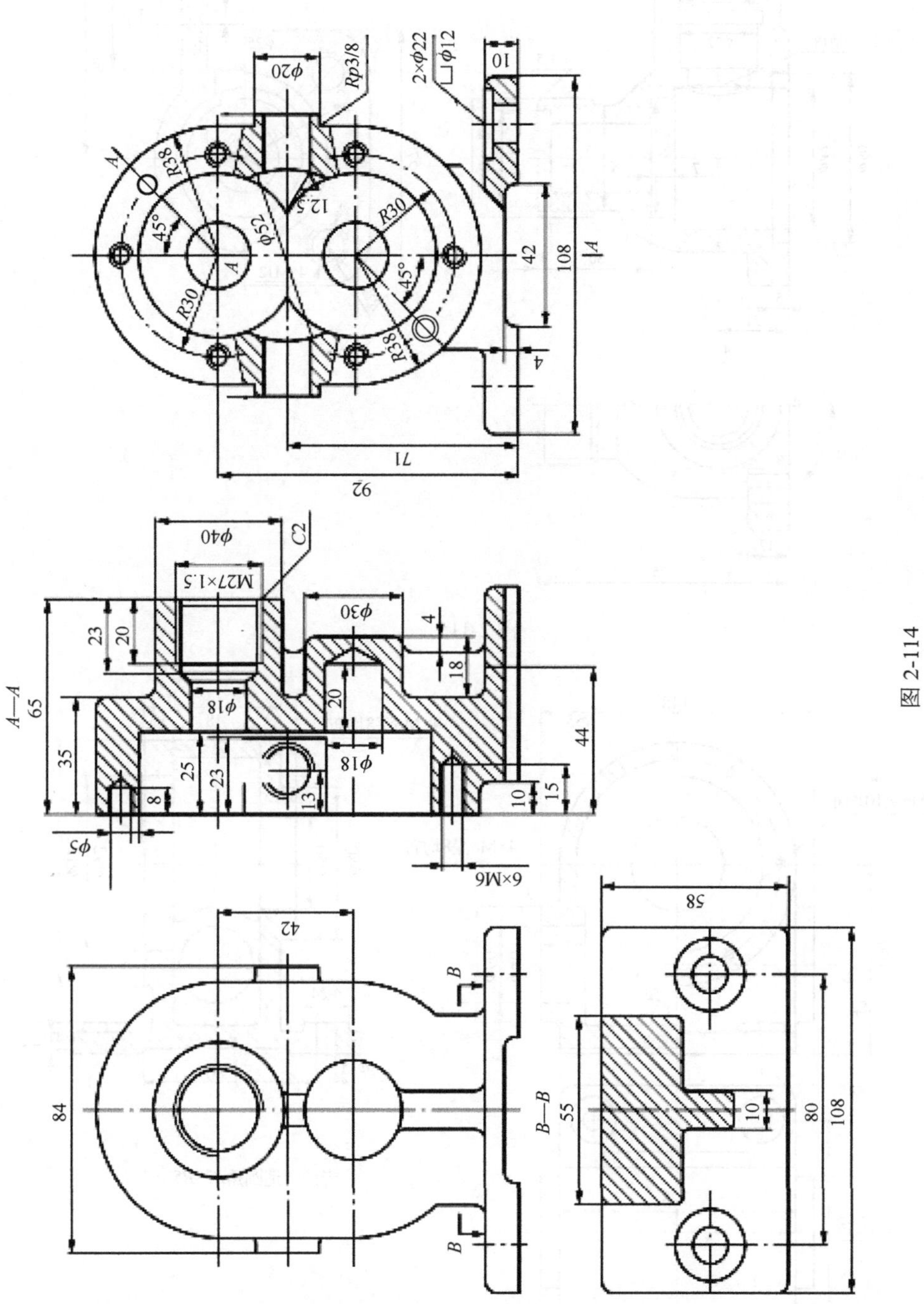
A
R38
45°
φ52
R30
12.5
A
R30
45°
R38
φ20
Rp3/8
2×φ22
⌴φ12
10
42
108
A
4
71
92
A—A
65
35
23
20
φ40
C2
M27×1.5
φ30
4
18
20
φ18
44
φ18
25
23
13
8
10
15
φ5
6×M6
42
84
B
B
B—B
58
55
10
80
108

图 2-114

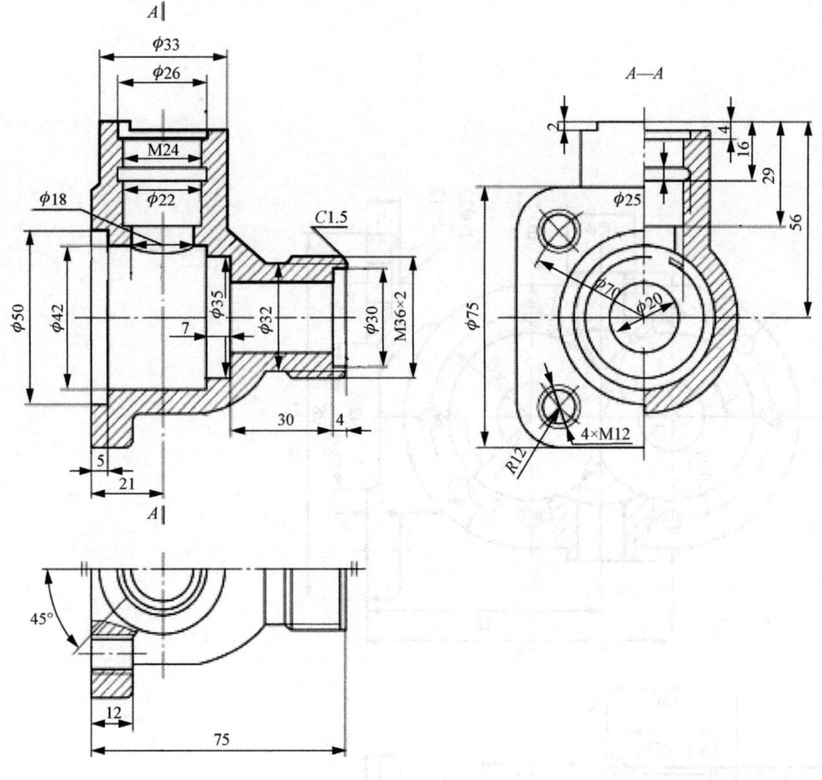
A
A—A
φ33
φ26
M24
φ22
φ18
C1.5
φ50
φ42
φ35
7
φ32
φ30
M36×2
30
4
5
21
2
4
16
29
56
φ25
φ75
φ70
φ20
4×M12
R12
45°
12
75

图 2-115

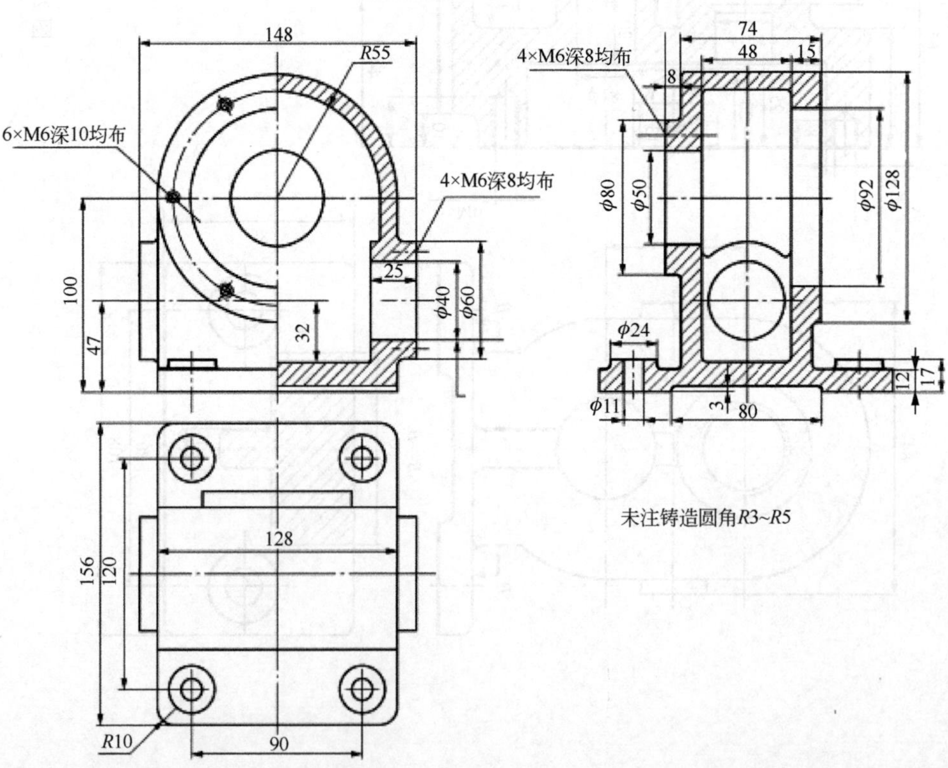
148
R55
6×M6深10均布
4×M6深8均布
100
47
32
25
φ40
φ60
156
120
128
R10
90
74
48
15
8
φ80
φ50
φ92
φ128
φ24
φ11
3
80
12
17
未注铸造圆角R3~R5

图 2-116

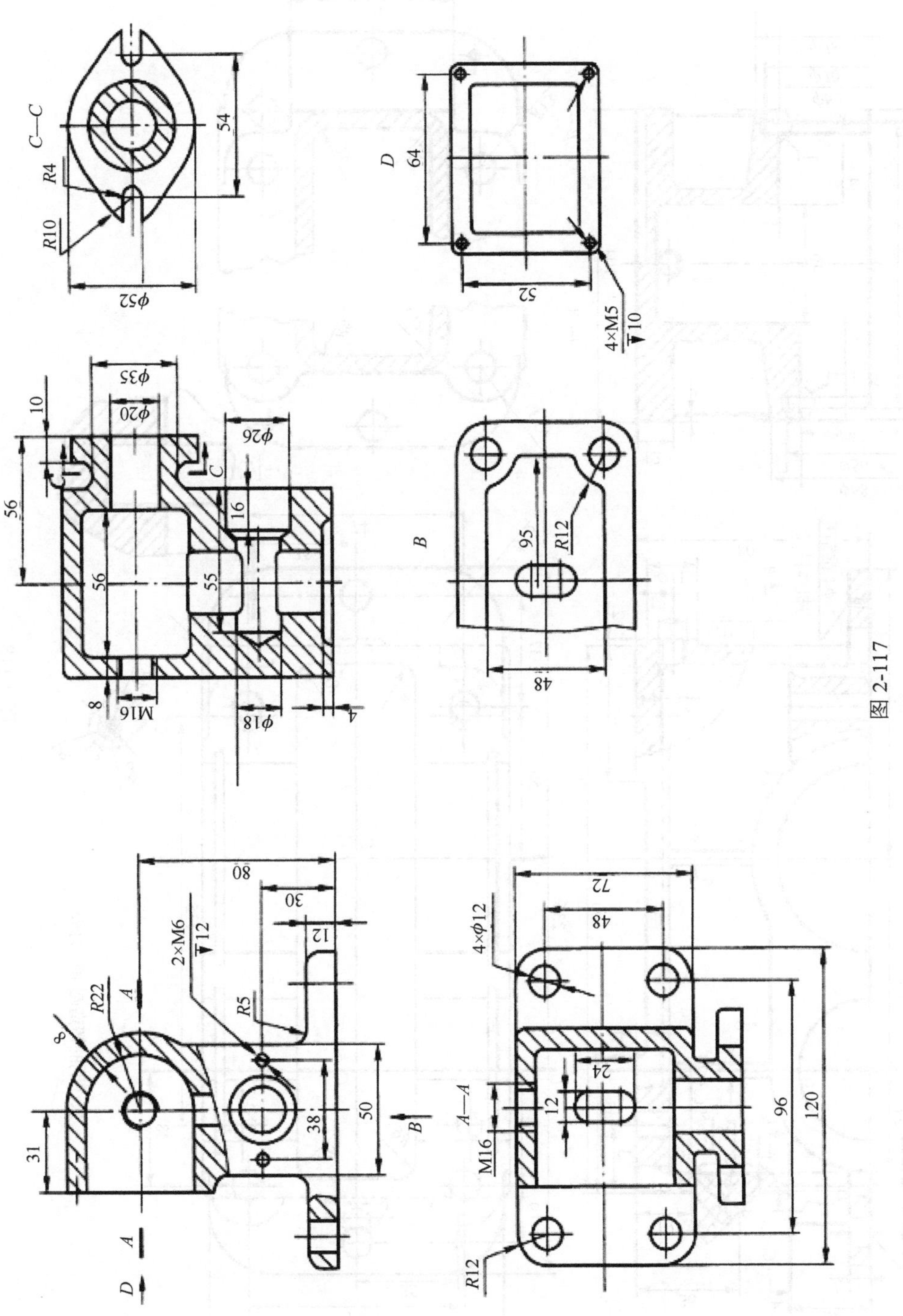

图 2-117

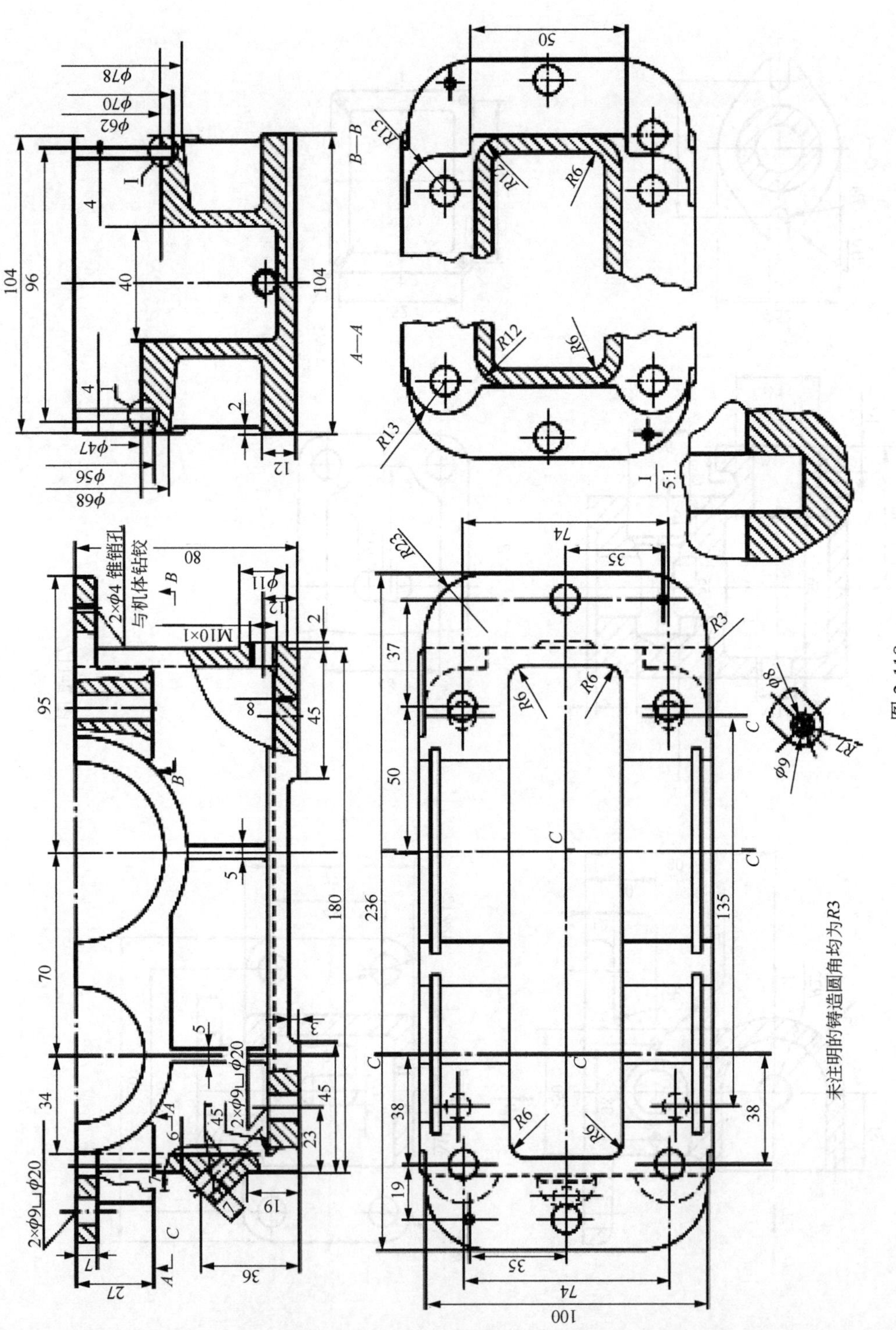

图 2-118

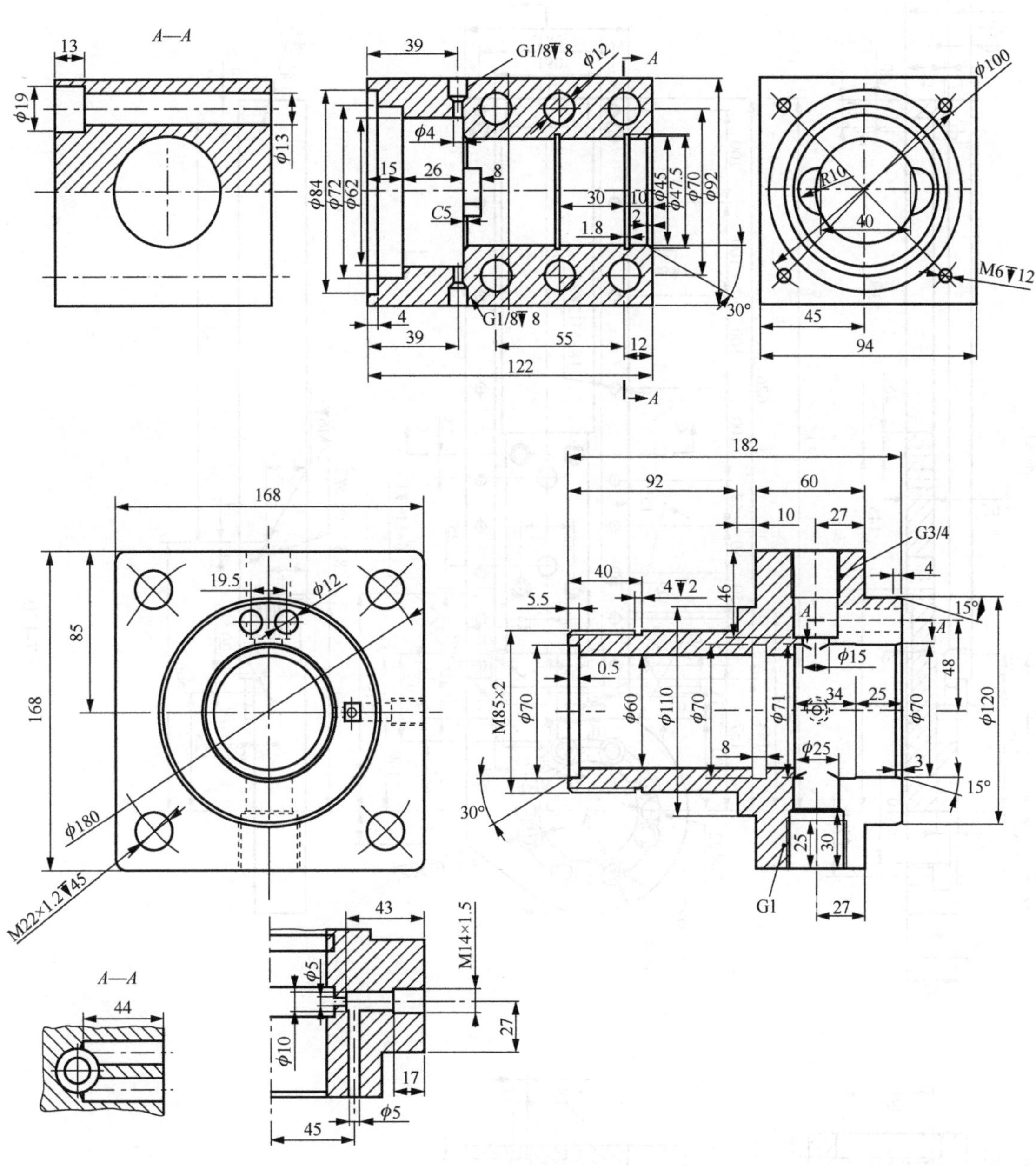
A—A
13
ϕ19
ϕ13
39
G1/8▼8
ϕ12
A
ϕ4
15
26
8
C5
30
10
2
1.8
ϕ84
ϕ72
ϕ62
ϕ45
ϕ47.5
ϕ70
ϕ92
30°
G1/8▼8
4
39
55
12
122
ϕ100
R10
40
M6▼12
45
94
182
92
60
10
27
G3/4
40
4▼2
5.5
46
4
15°
ϕ15
0.5
48
M85×2
ϕ70
ϕ60
ϕ110
ϕ70
ϕ71
34
25
ϕ70
ϕ120
8
ϕ25
3
15°
30°
25
30
G1
27
168
19.5
ϕ12
85
168
ϕ180
M22×1.2▼45
43
M14×1.5
A—A
44
ϕ5
27
ϕ10
17
ϕ5
45

图 2-119

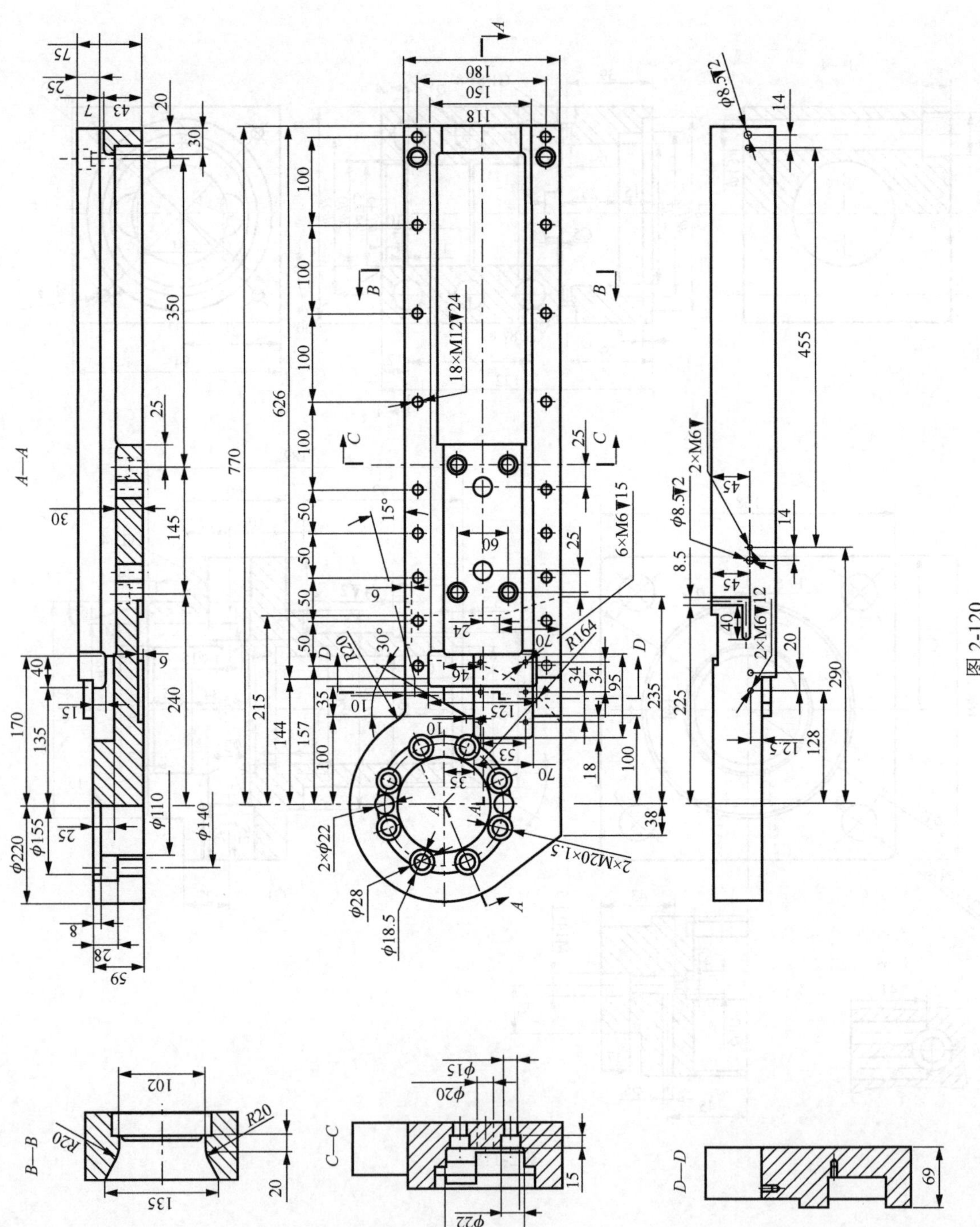

图 2-120

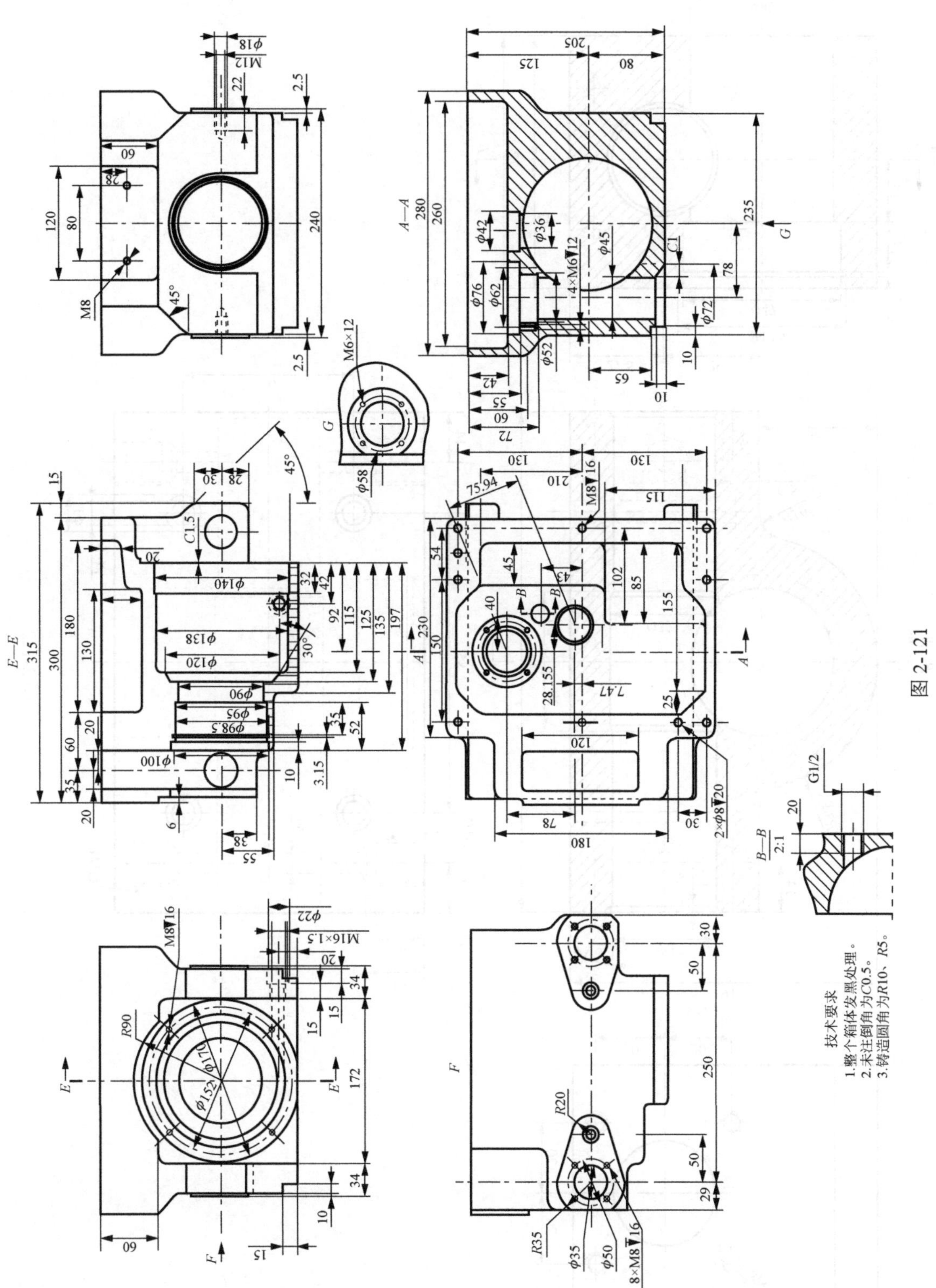

图 2-121

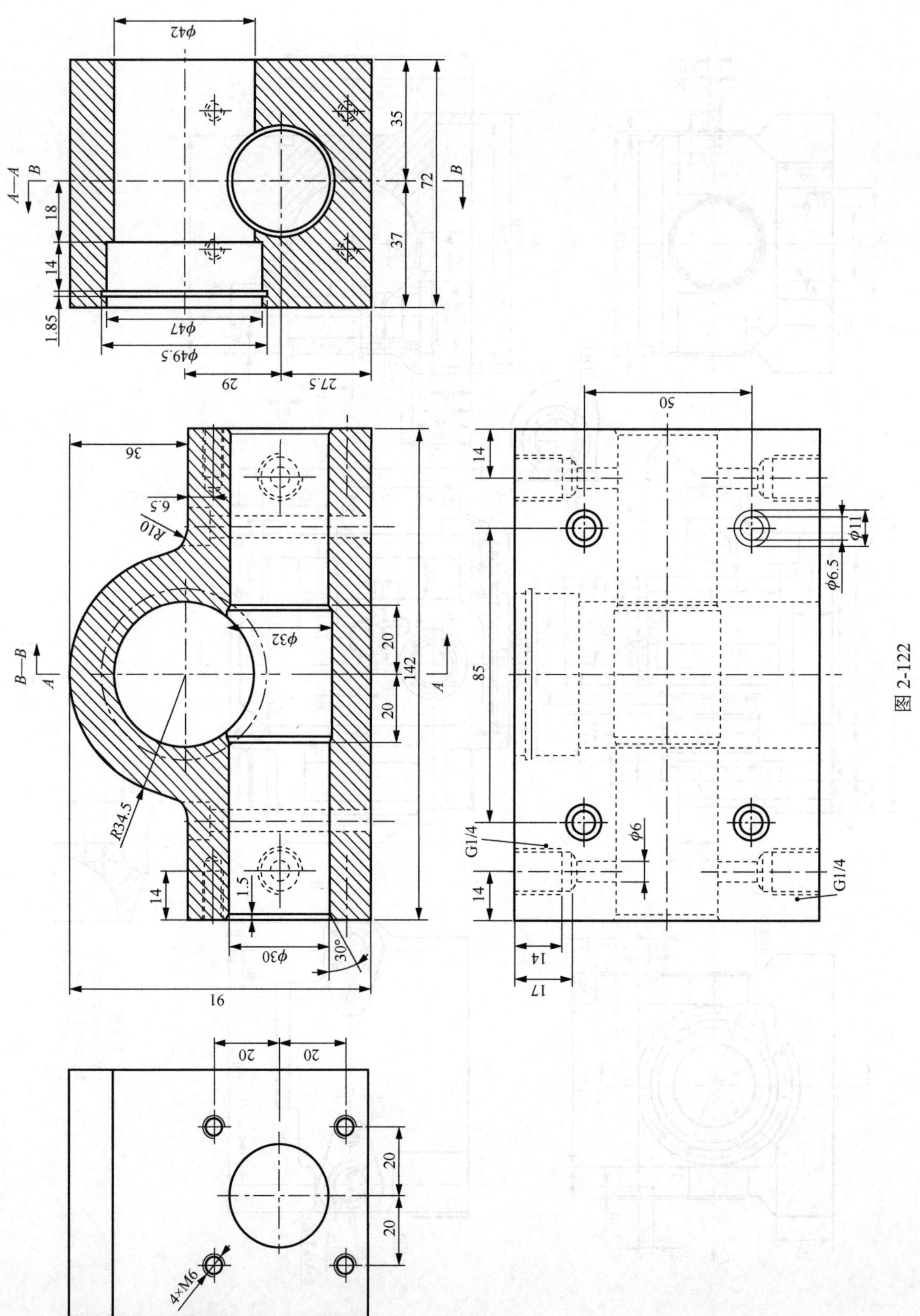

A—A
B—B
φ42
φ47
φ49.5
φ32
φ30
φ6
φ6.5
φ11
R10
R34.5
G1/4
4×M6
30°
142
91
85
72
50

图 2-122

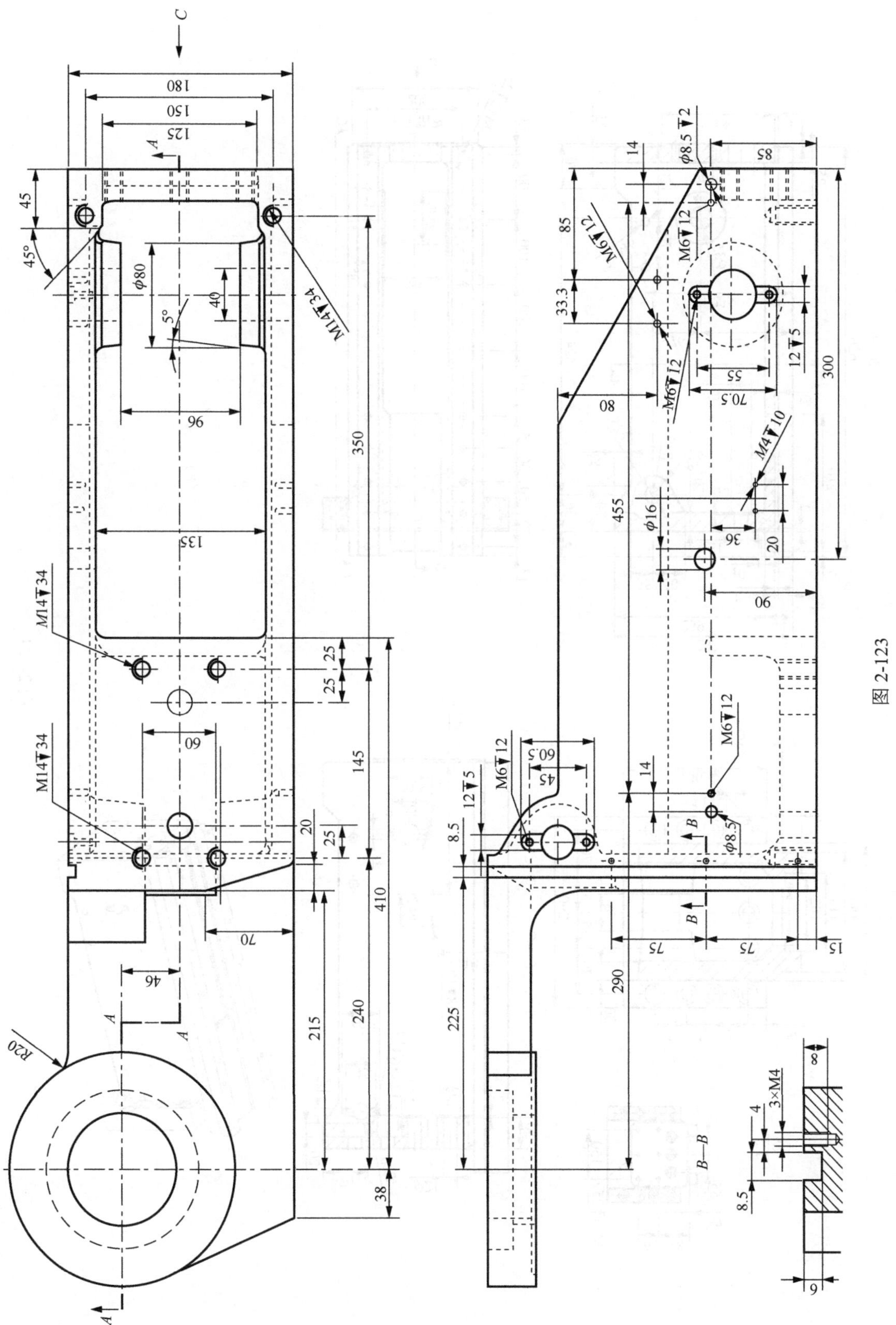

图 2-123

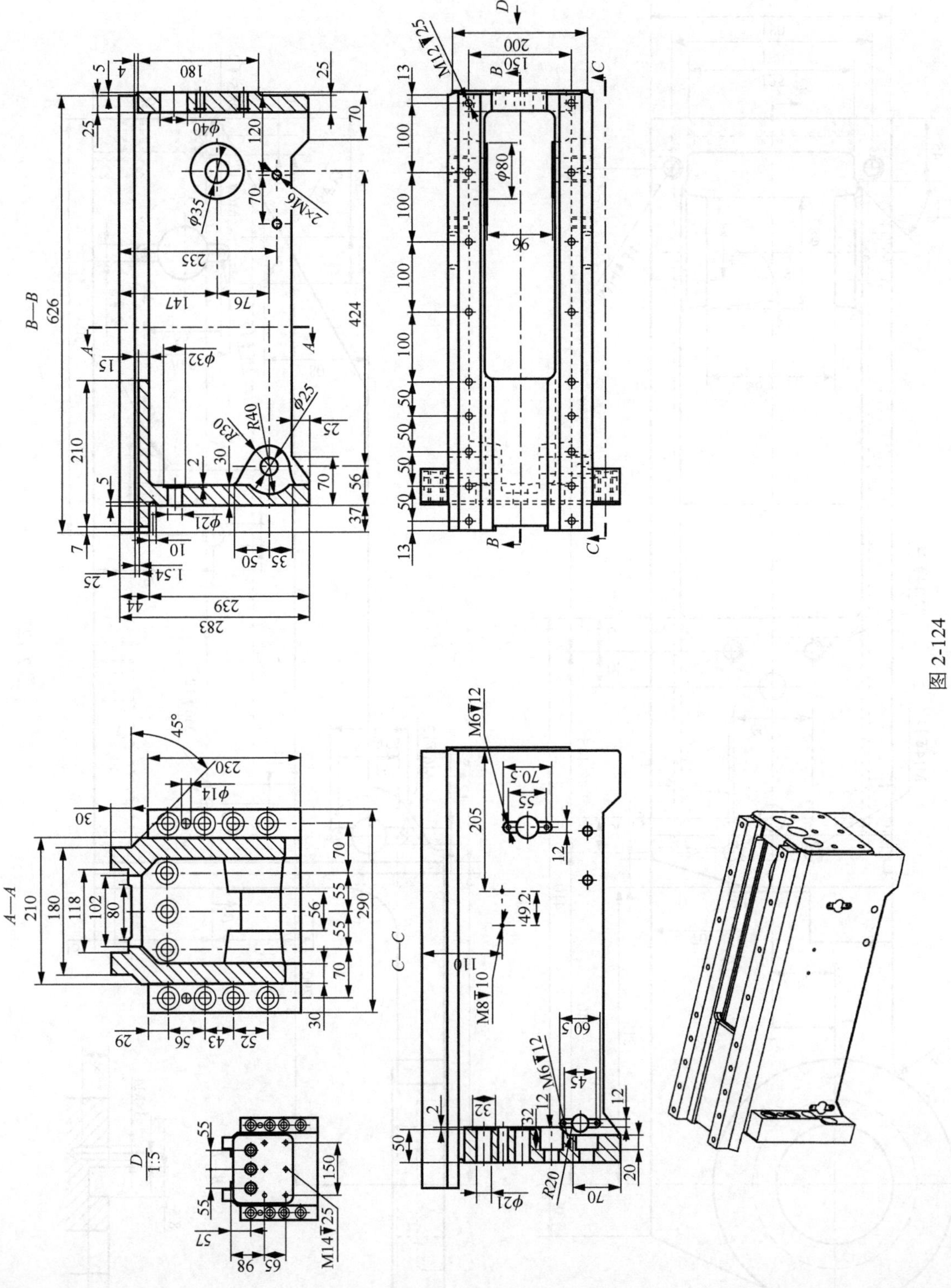

图 2-124

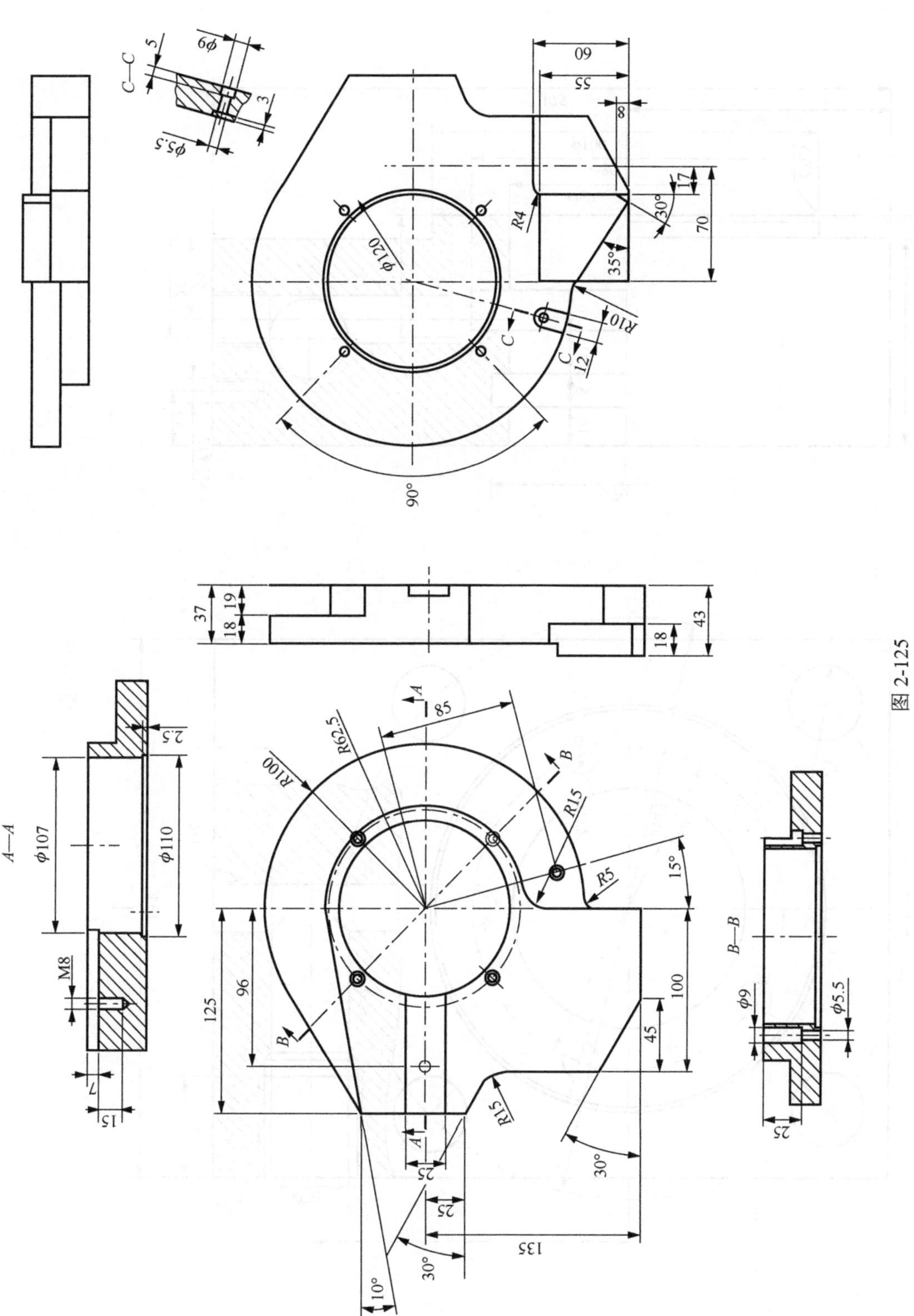

图 2-125

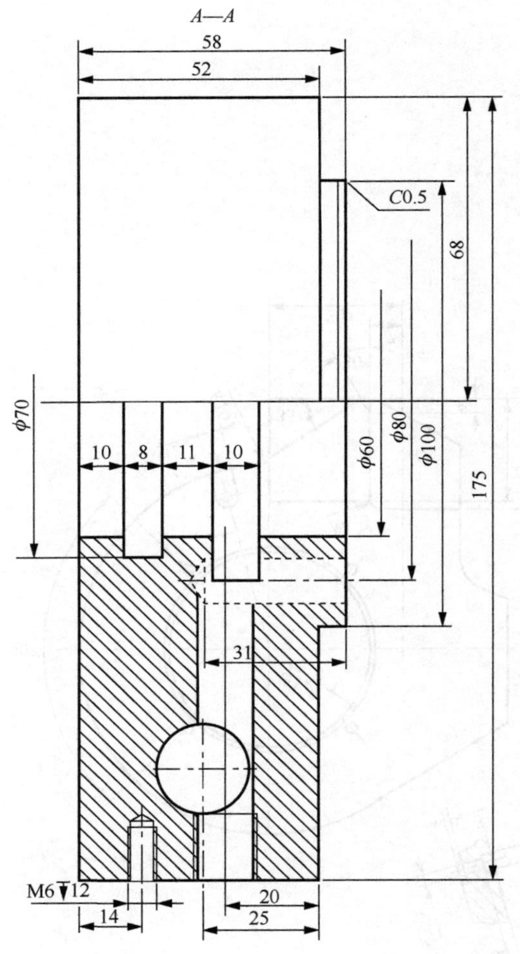
A—A
58
52
C0.5
68
φ70
10
8
11
10
φ60
φ80
φ100
175
31
M6▼12
14
20
25

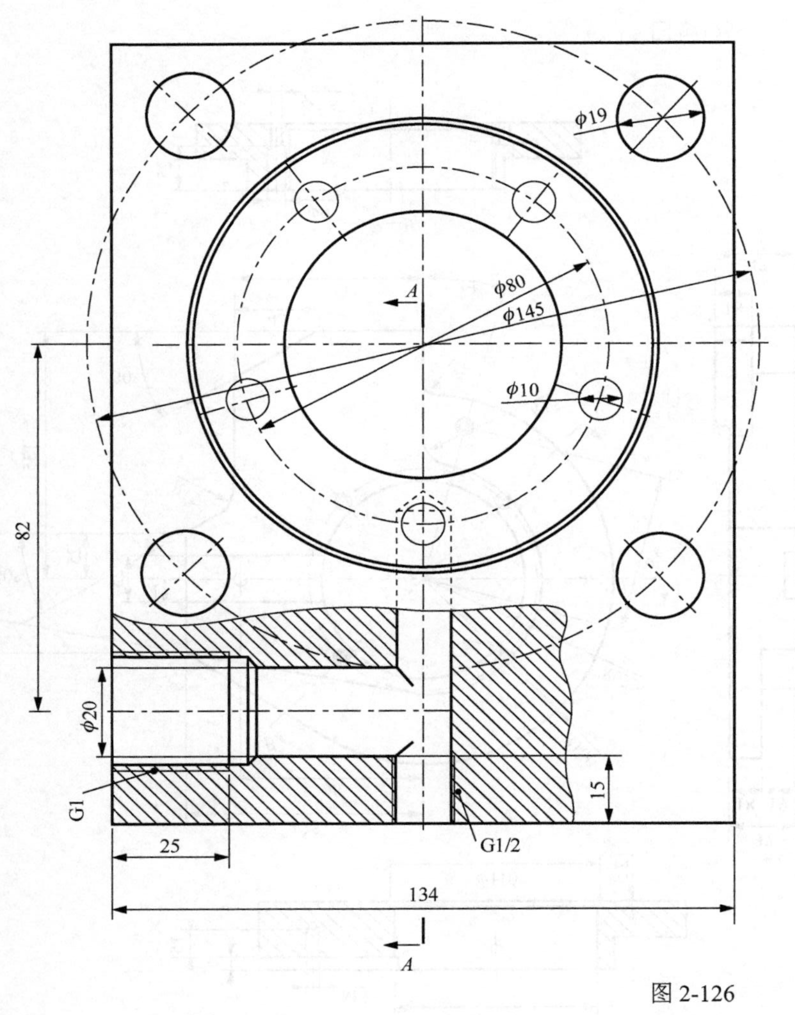
φ19
A
φ80
φ145
φ10
82
φ20
G1
15
G1/2
25
134
A

图 2-126

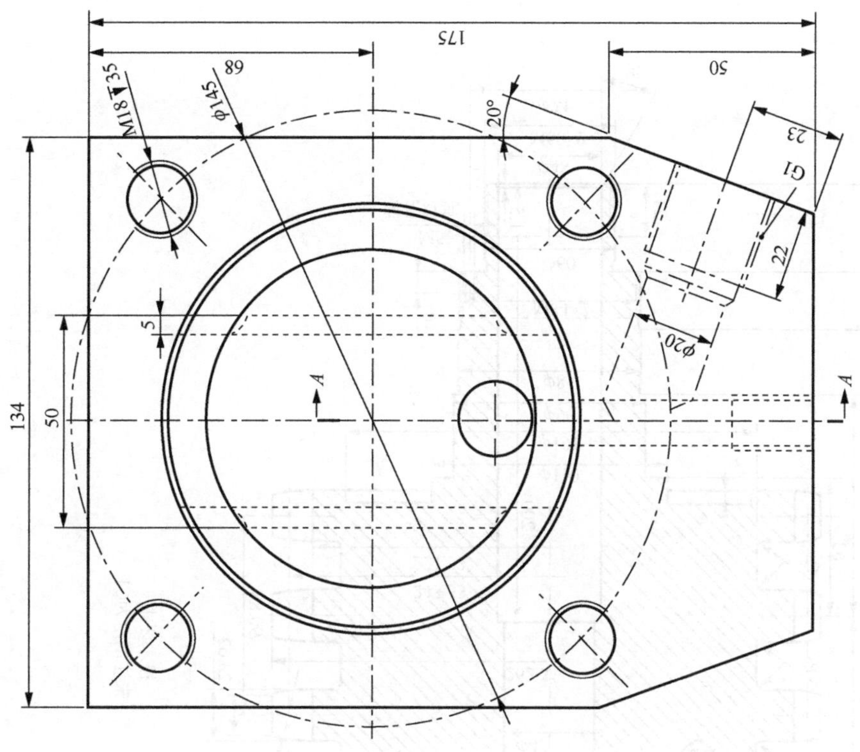
175
89
50
M18▼35
φ145
20°
23
G1
22
5
φ20
A
A
134
50

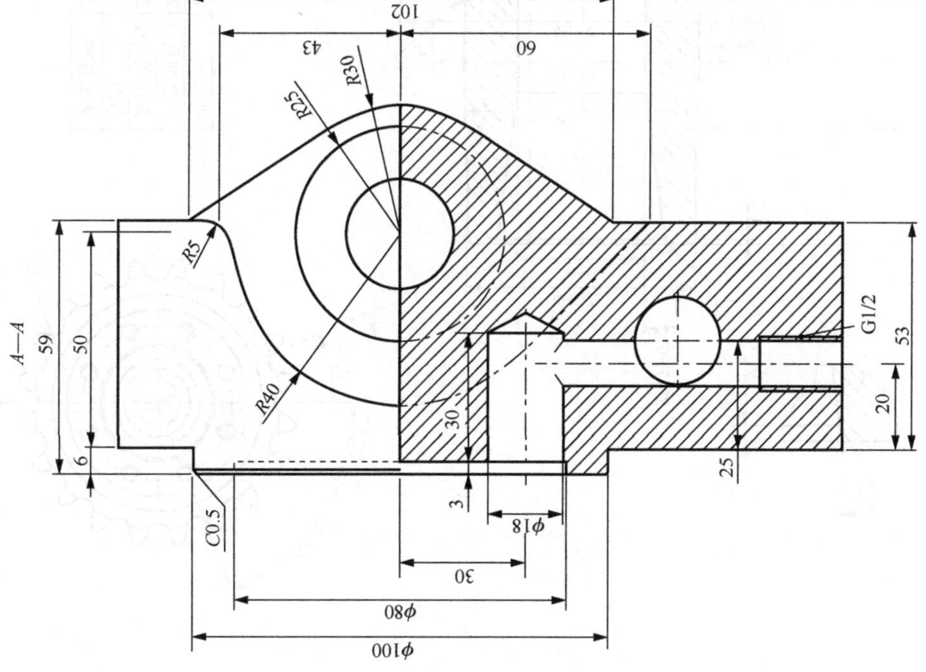
A—A
102
43
60
R30
R25
R5
R40
59
50
6
C0.5
30
3
φ18
G1/2
53
20
25
30
φ80
φ100

图 2-127

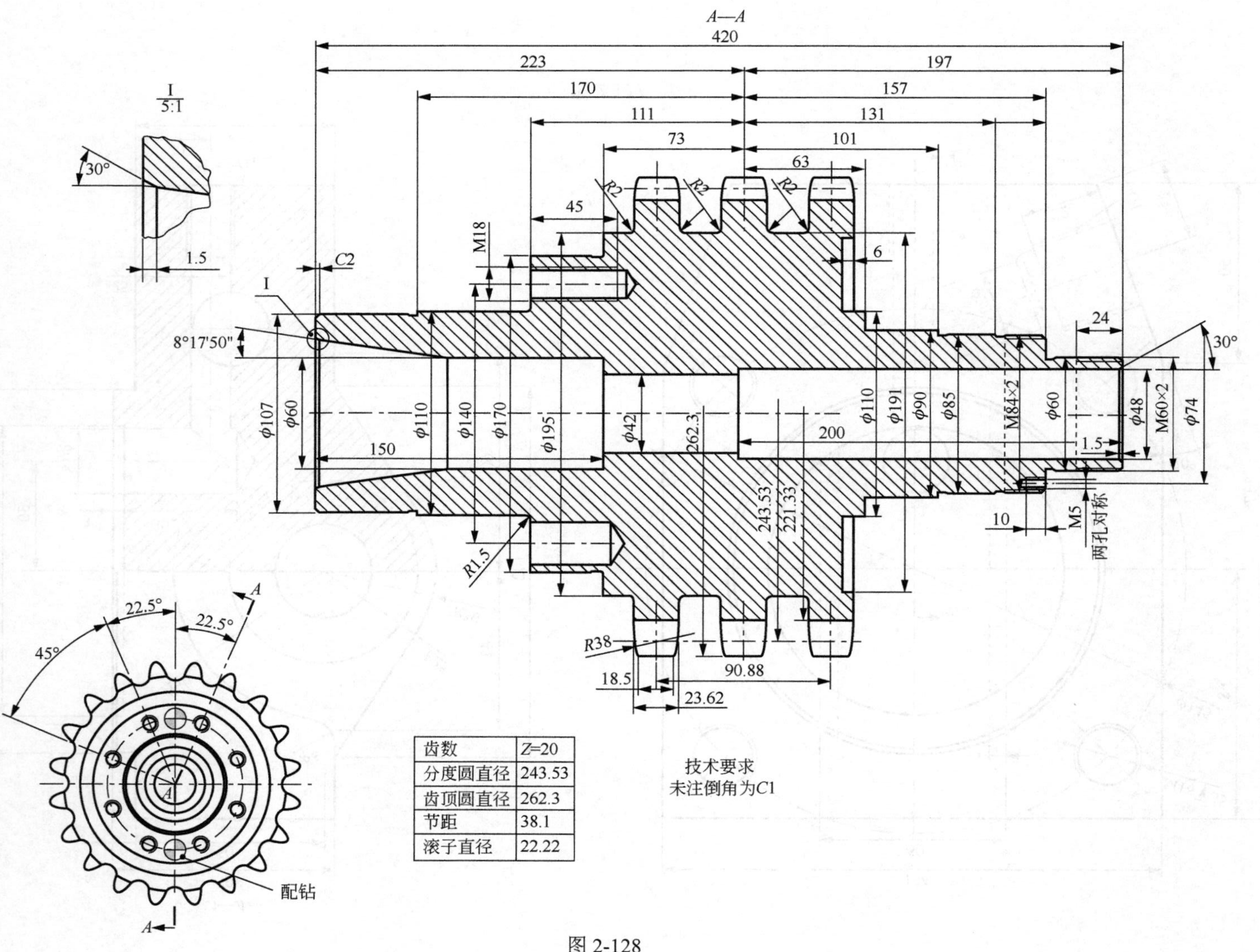

齿数	Z=20
分度圆直径	243.53
齿顶圆直径	262.3
节距	38.1
滚子直径	22.22

技术要求
未注倒角为C1

图 2-128

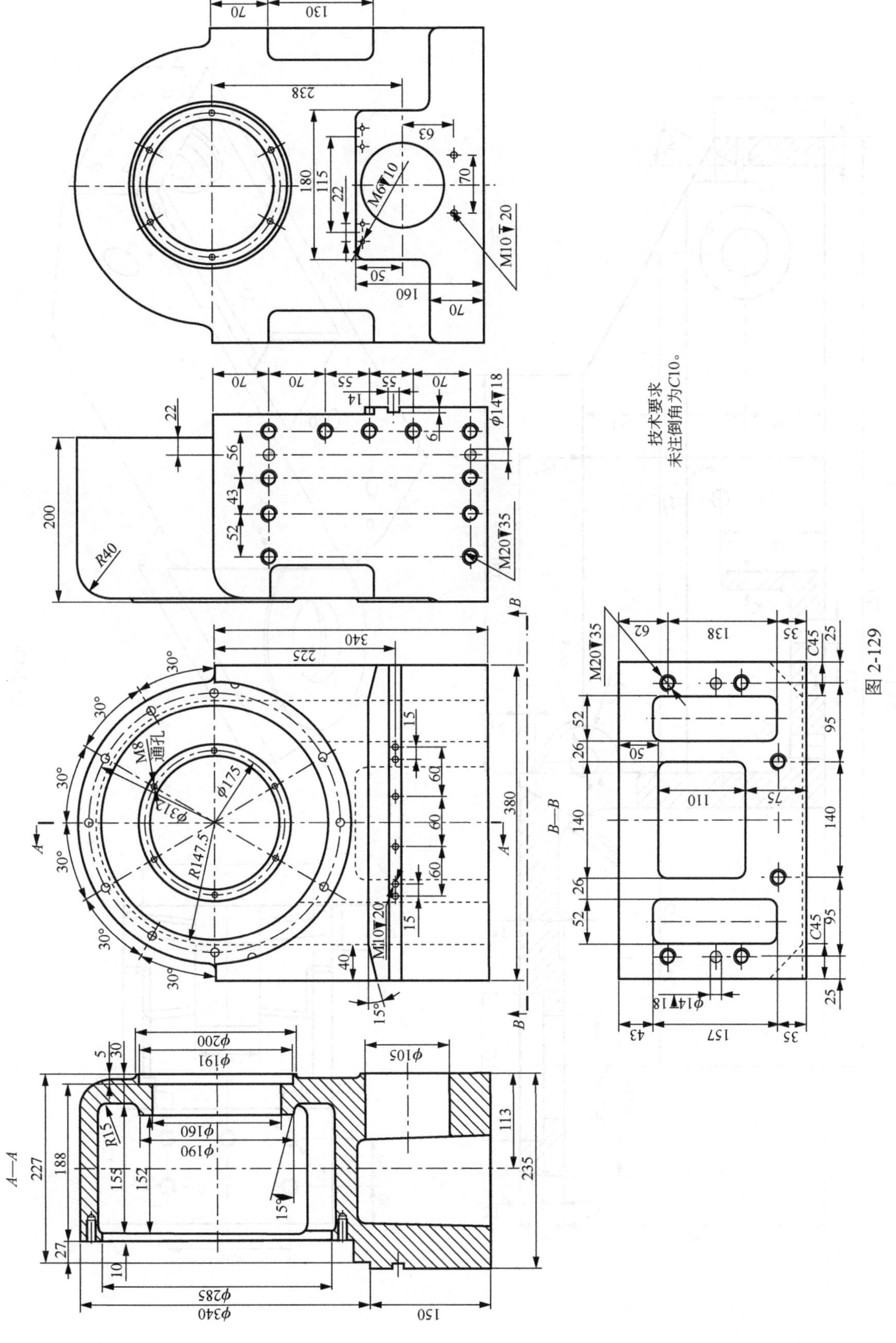

图 2-129

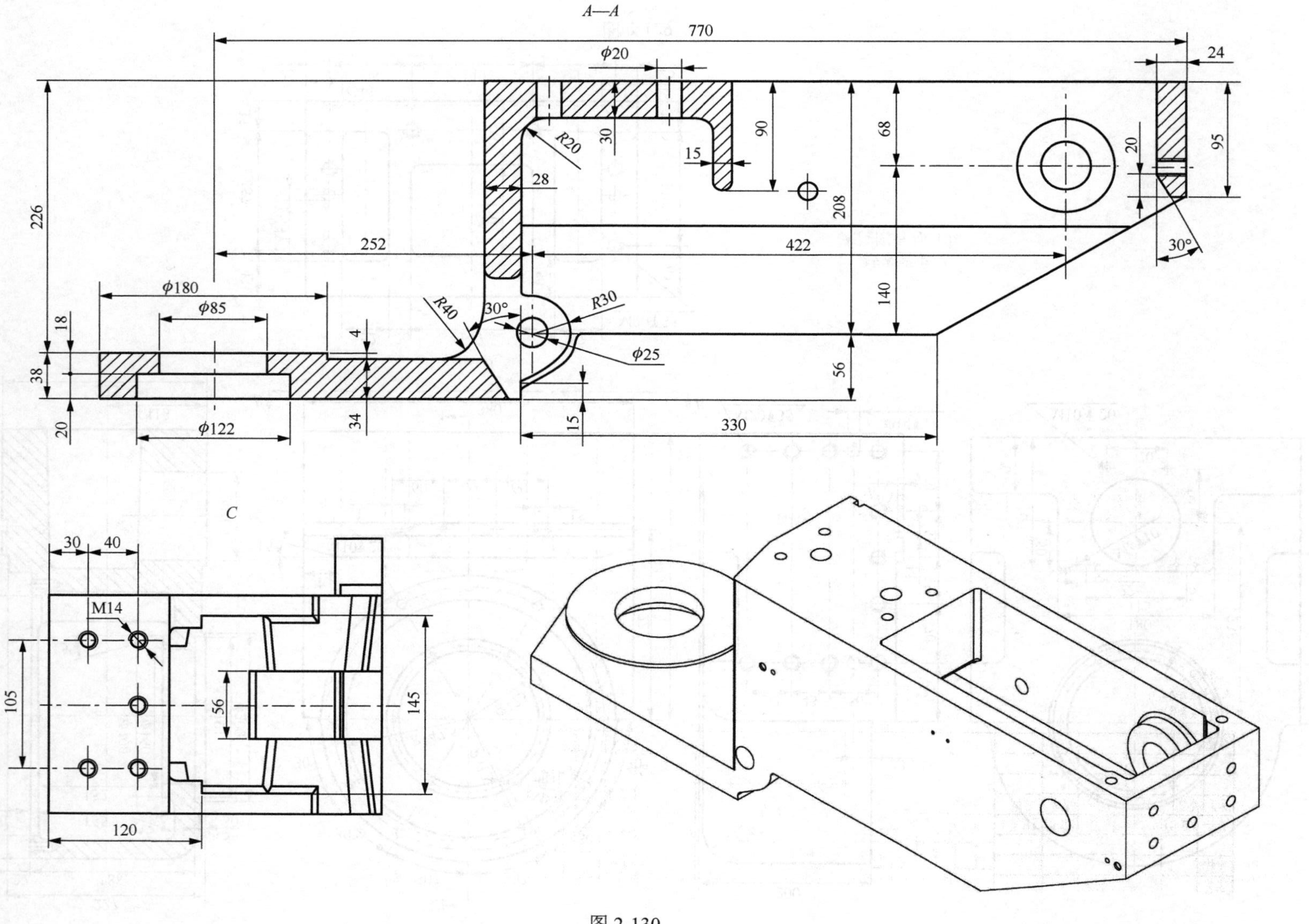
A—A
770
φ20
24
226
R20
30
90
68
20
95
15
28
208
252
422
30°
φ180
φ85
R40
30°
R30
140
18
4
φ25
38
56
20
34
φ122
15
330
C
30
40
M14
105
56
145
120

图 2-130

第三章　曲面建模设计练习

要想在工业产品设计中立于不败之地，必须具备适应产品变革的设计理念，并有效利用设计软件快速将理念转换为模拟产品，然后将其加工制造成真实的产品。

流畅的曲面外形已经成为现代产品设计发展的趋势，现代工业设计中大量使用流畅的曲面结构，如汽车、飞机、各种电器和玩具外壳等。本章主要介绍工业产品中的曲面建模设计实例，按照由简单到综合的顺序编排图例，所涉及的建模软件功能模块主要有曲线、曲面、编辑曲面等。要求读者按照书上给出的图形，在建模软件中按照标注尺寸和形状要求绘制出准确的三维曲面或实体模型。本章通过曲面建模设计图形的练习，培养读者的曲面建模能力。

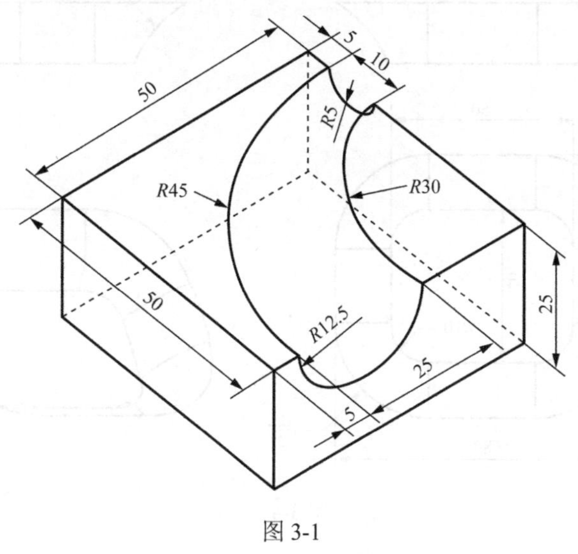

图 3-1

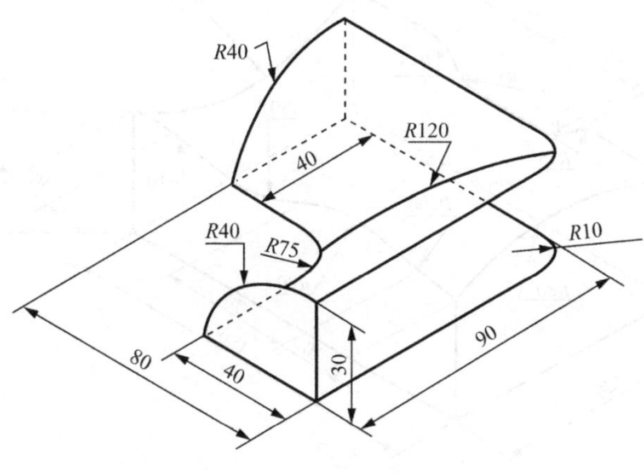

图 3-2

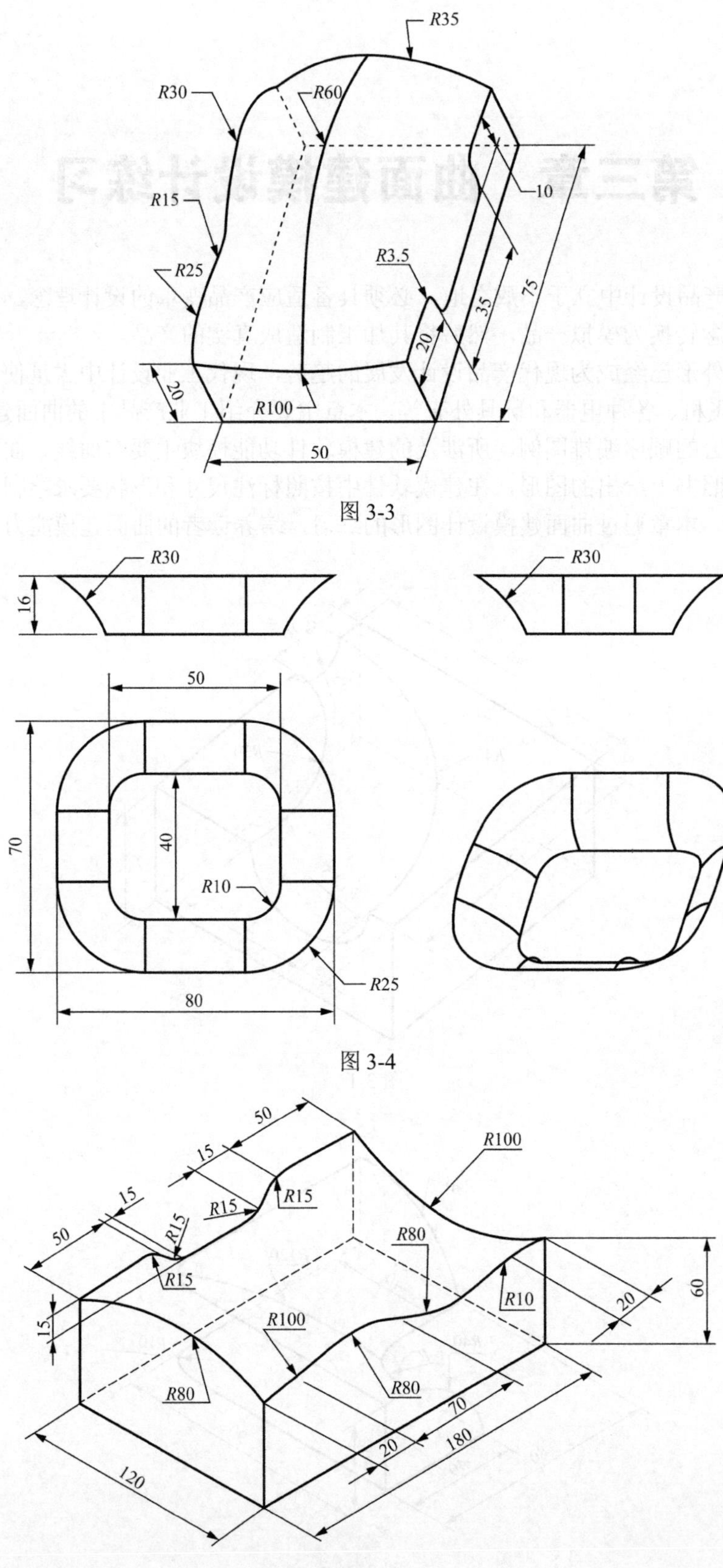
R35
R30
R60
10
R15
R25
R3.5
75
35
20
20
R100
50
R30
16
R30
50
70
40
R10
R25
80
50
15
R100
15
R15
R15
50
R15
R15
R80
15
R10
60
20
R100
R80
R80
70
20
180
120

图 3-3

图 3-4

图 3-5

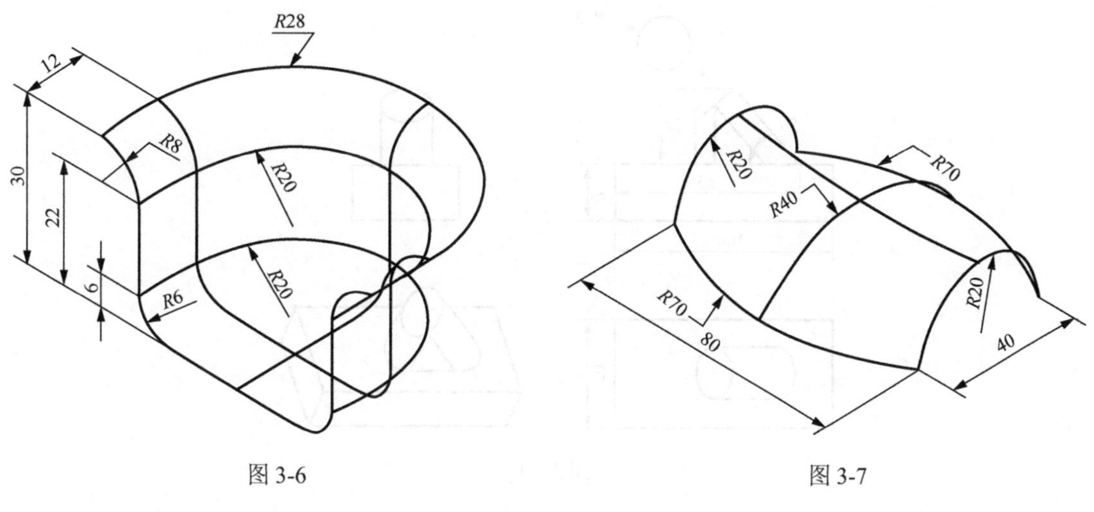

图 3-6　　图 3-7

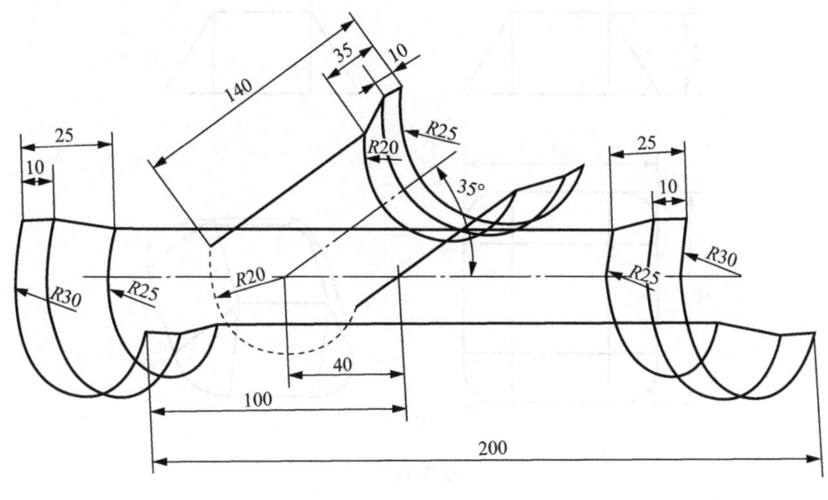

图 3-8

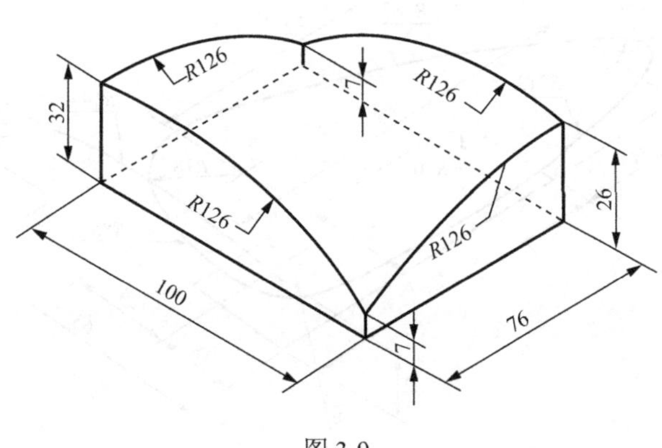

图 3-9

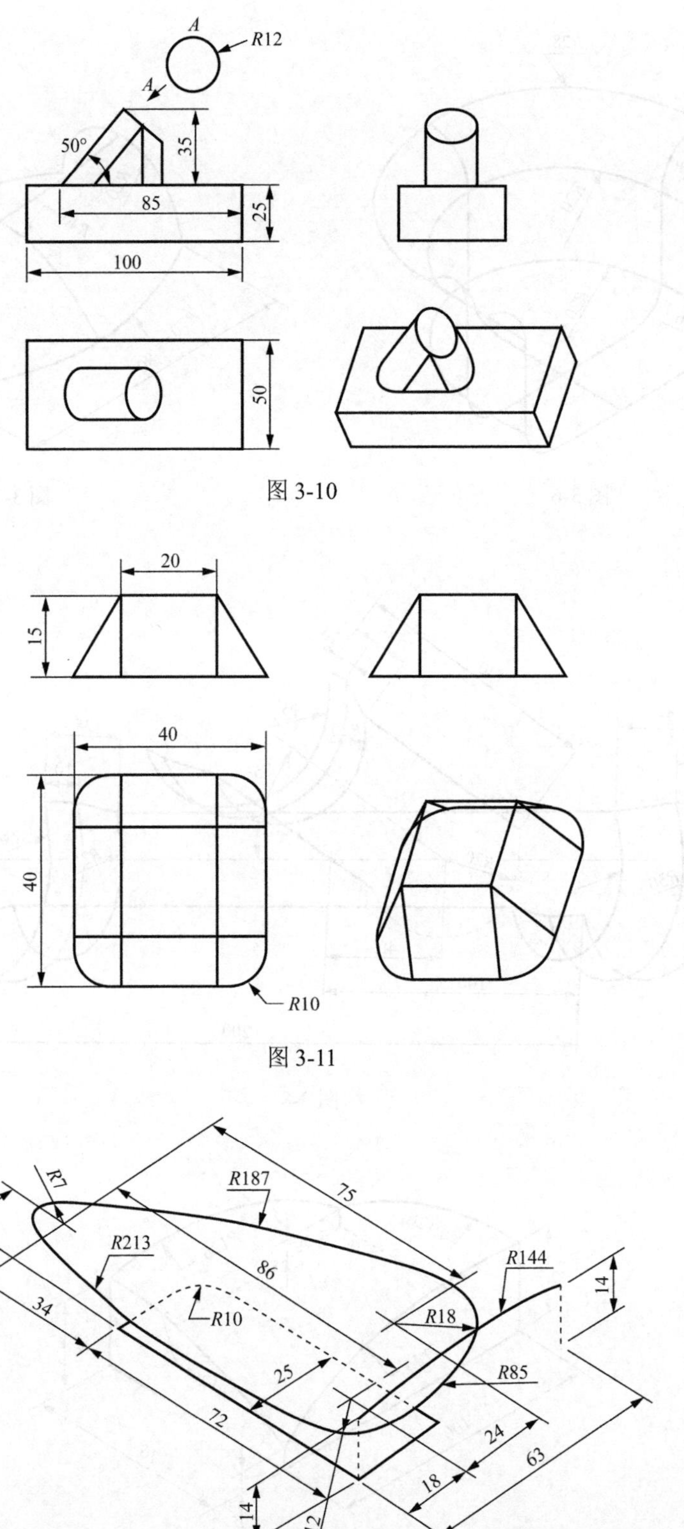

图 3-10

图 3-11

图 3-12

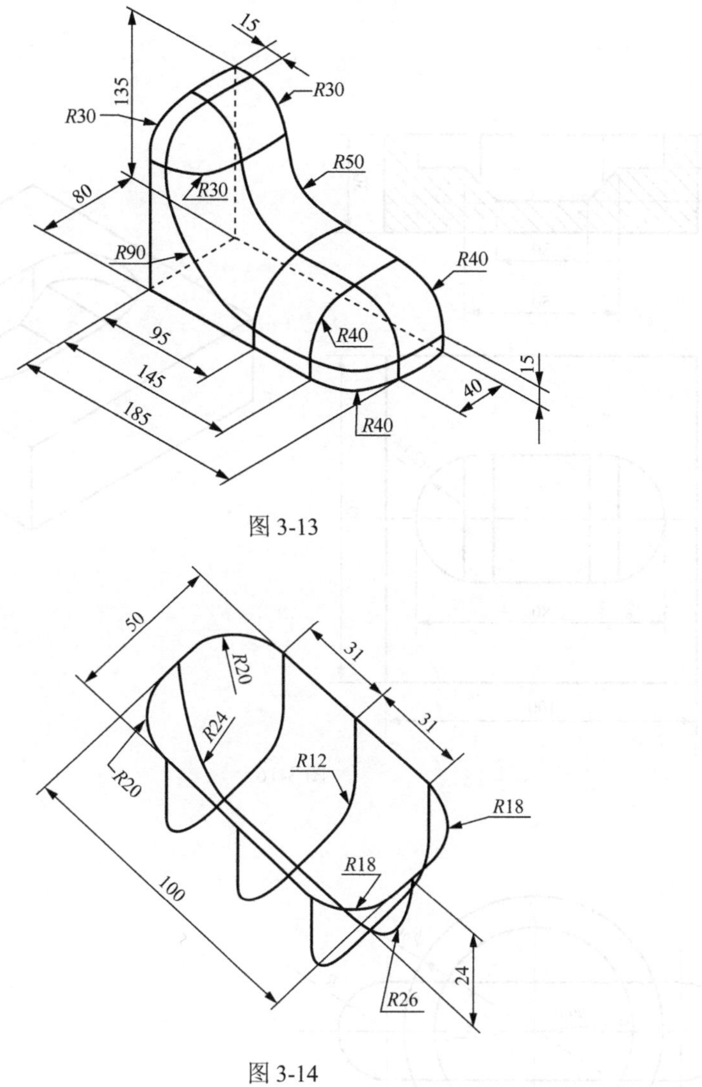

图 3-13

图 3-14

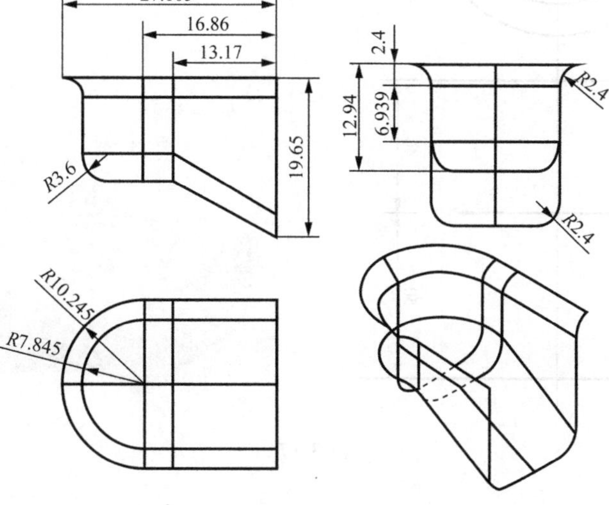

图 3-15

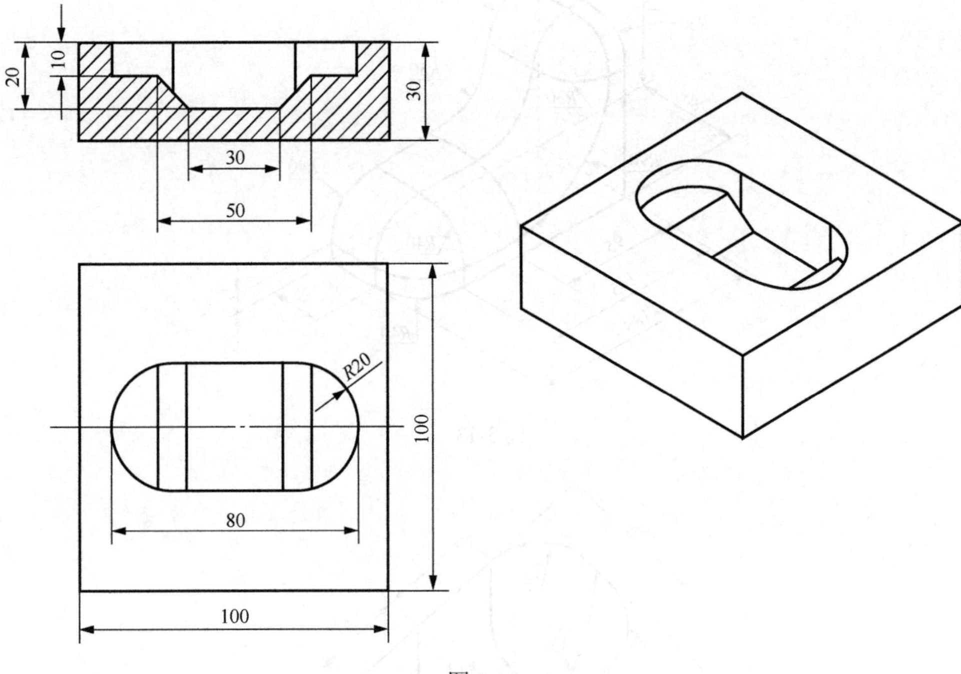

图 3-16

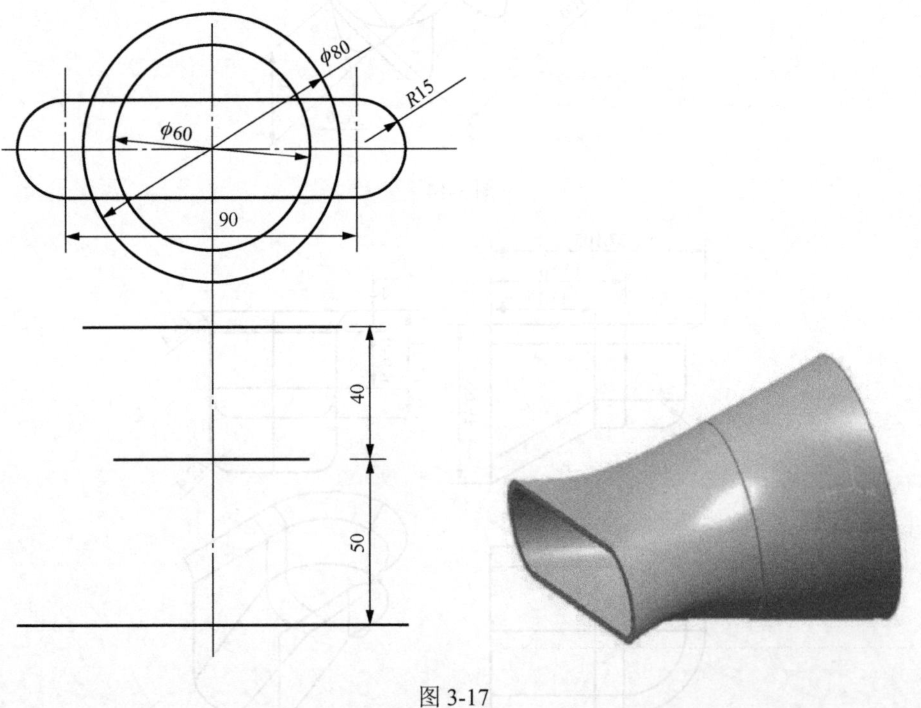

图 3-17

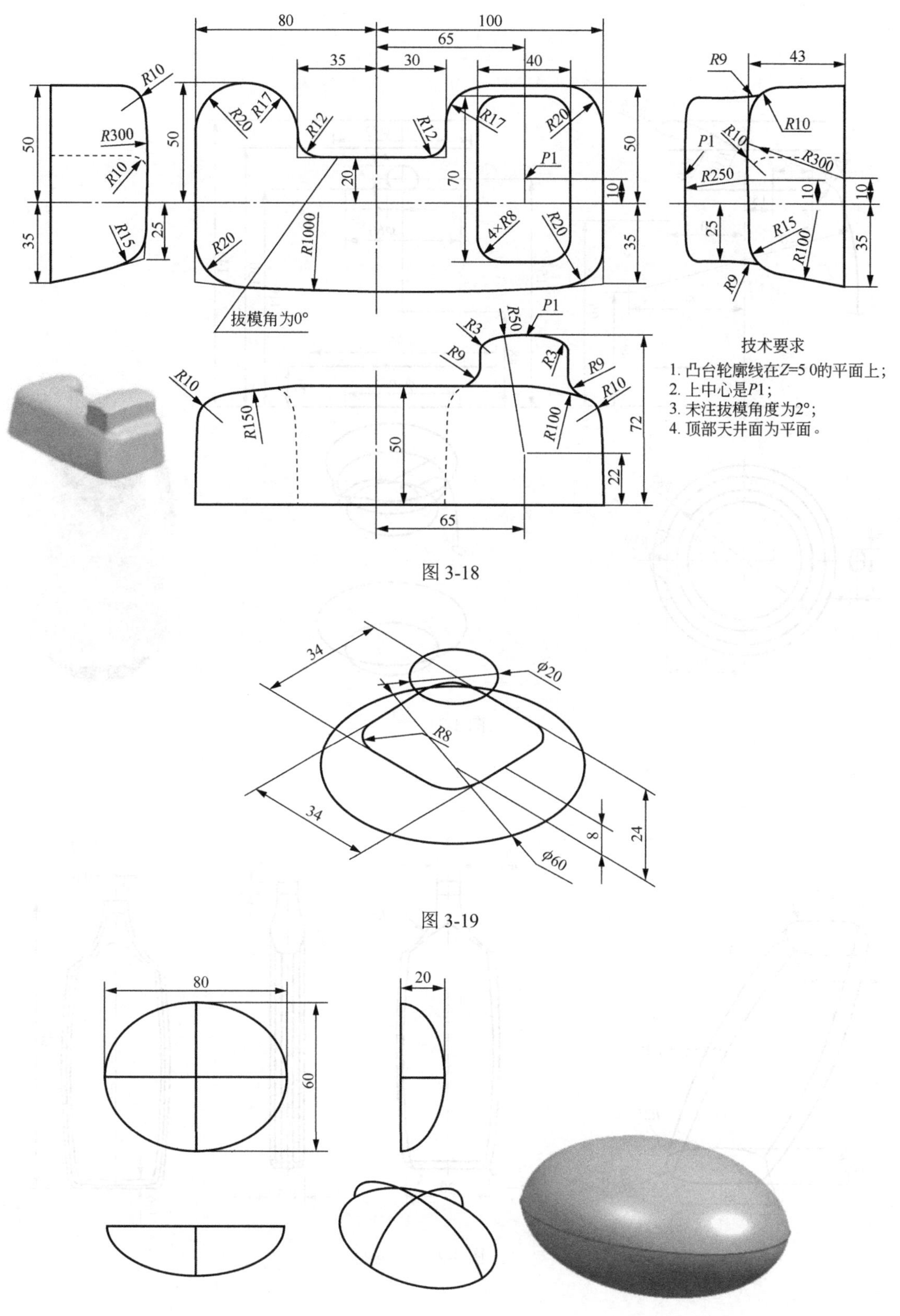

图 3-18

图 3-19

图 3-20

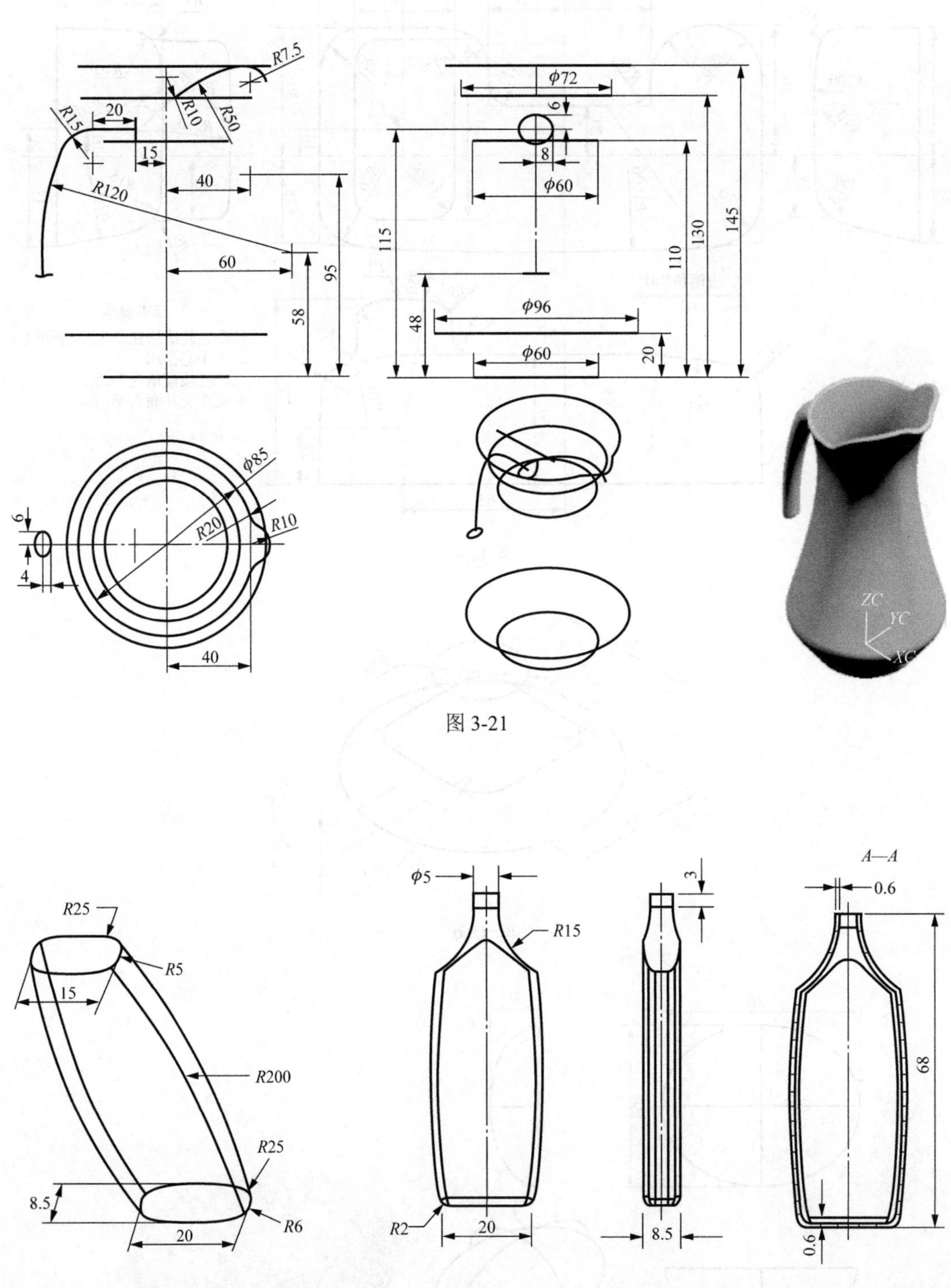
R7.5
20
R10
R50
R15
15
40
R120
60
95
58
φ72
6
8
φ60
115
130
145
110
48
φ96
20
φ60
φ85
R20
R10
6
4
40
ZC
YC
XC
R25
R5
15
R200
R25
8.5
20
R6
φ5
R15
R2
20
3
8.5
A—A
0.6
68
0.6

图 3-21

图 3-22

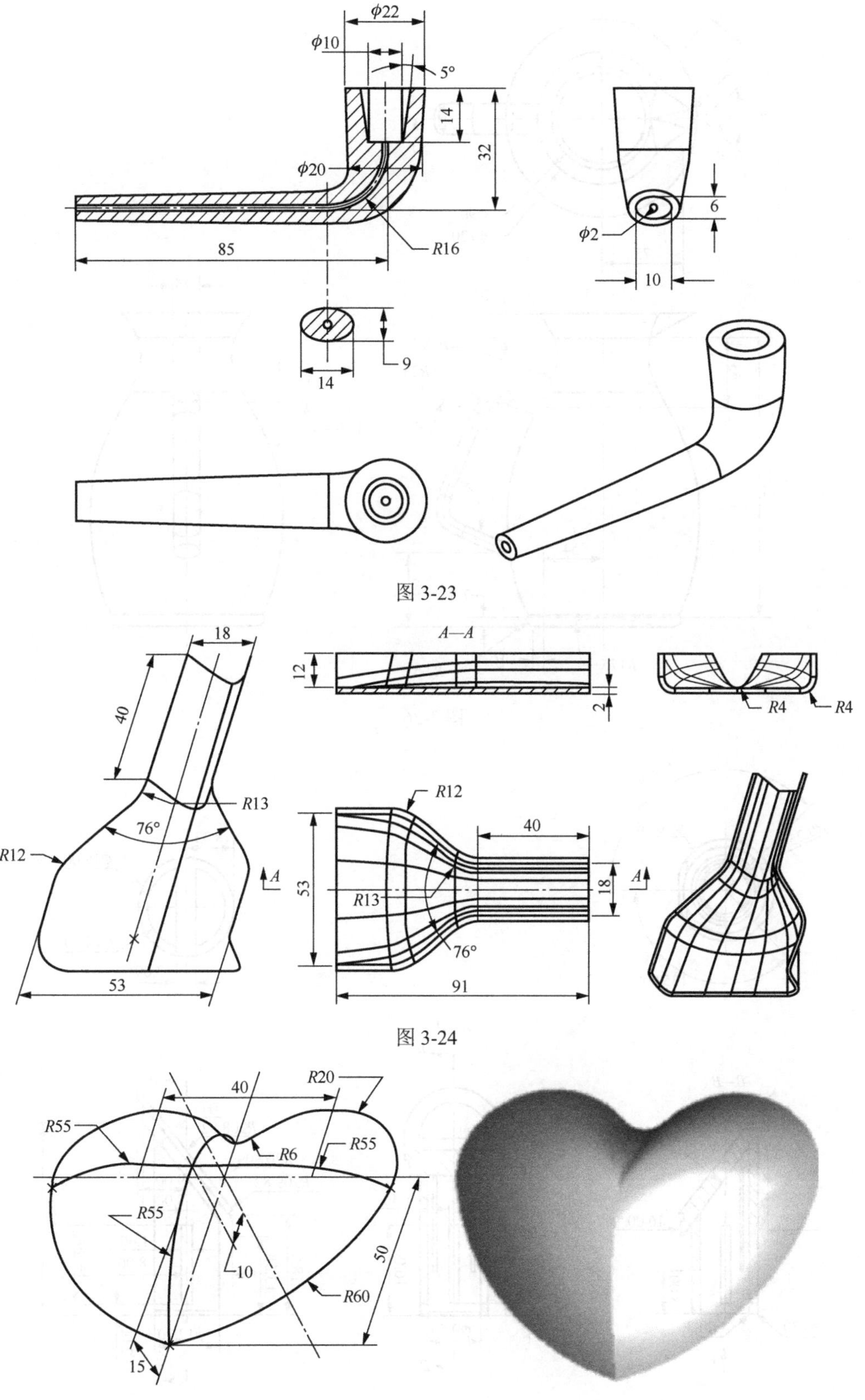

图 3-23

图 3-24

图 3-25

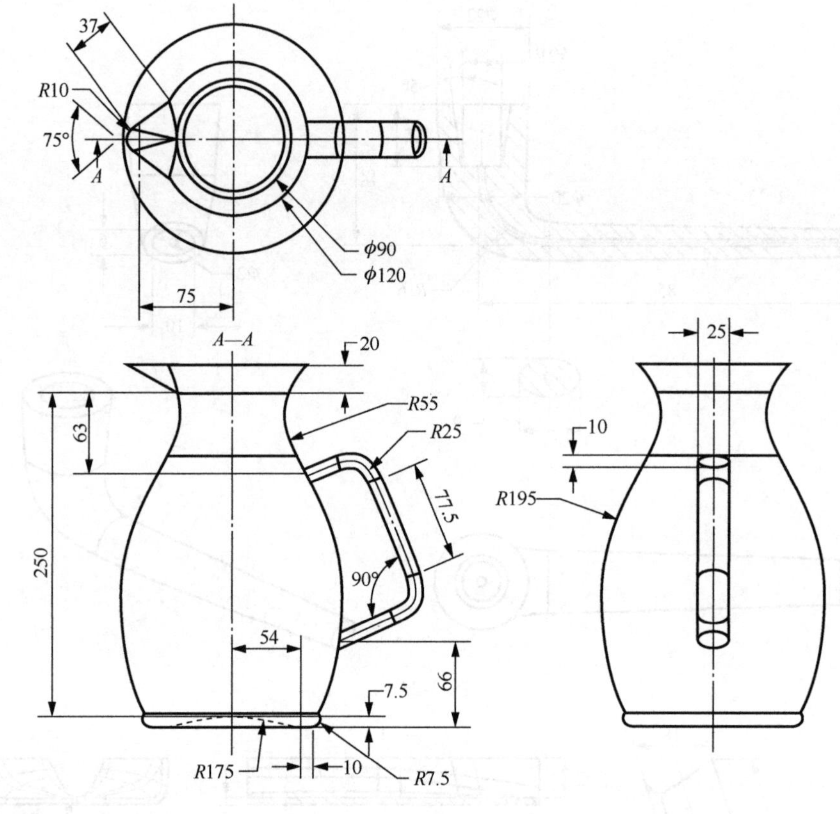
37
R10
75°
A
A
ϕ90
ϕ120
75
A—A
20
R55
R25
63
77.5
250
90°
54
66
7.5
R175
10
R7.5
25
10
R195

图 3-26

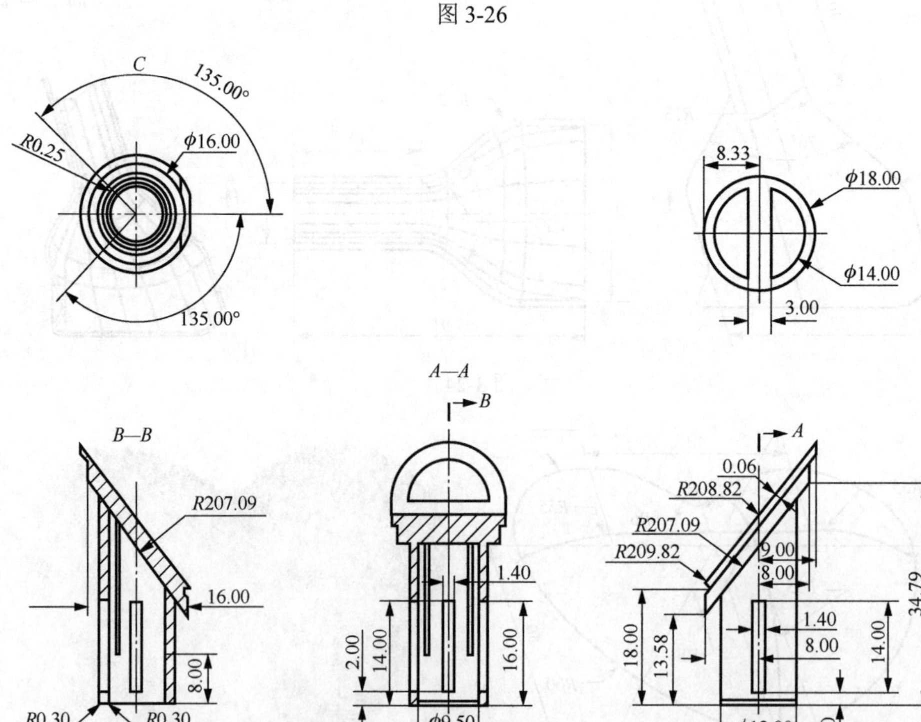
C
135.00°
R0.25
ϕ16.00
135.00°
8.33
ϕ18.00
ϕ14.00
3.00
A—A
B
B—B
R207.09
16.00
8.00
R0.30
R0.30
C
1.40
2.00
14.00
16.00
ϕ9.50
B
A
0.06
R208.82
R207.09
R209.82
9.00
8.00
1.40
8.00
18.00
13.58
14.00
34.79
ϕ12.00
2.00
A

图 3-27

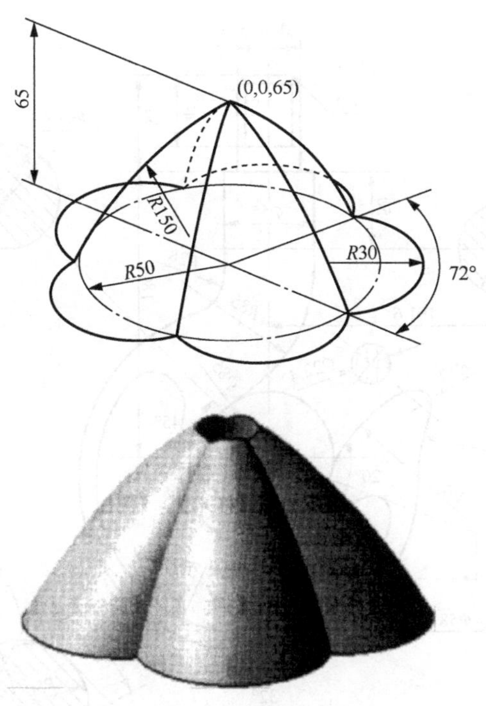
65
(0,0,65)
R150
R30
R50
72°

图 3-28

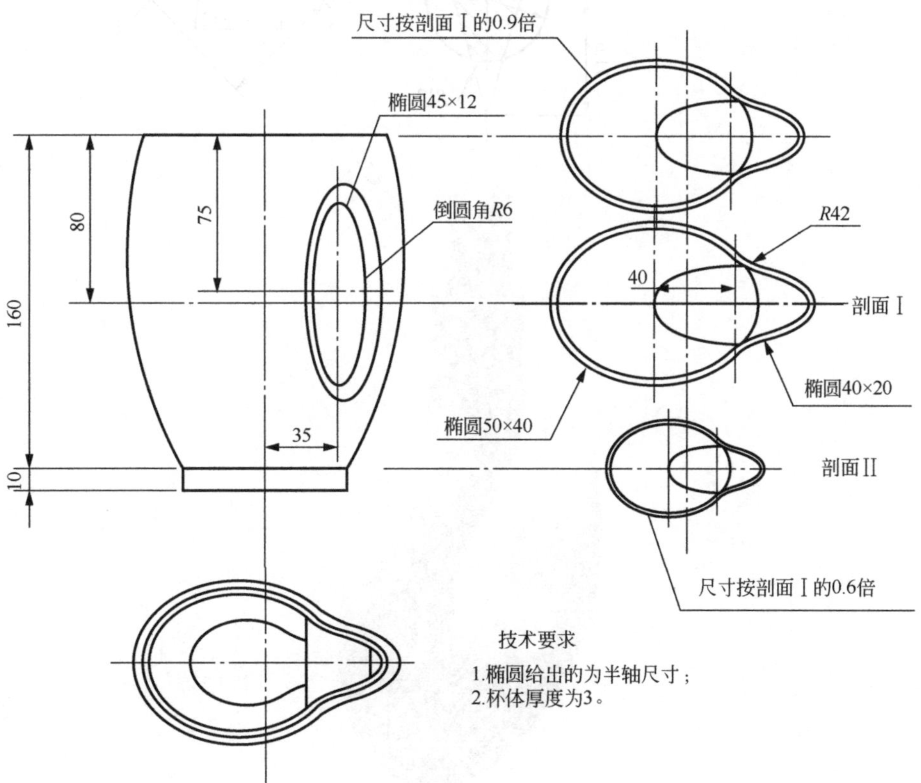
尺寸按剖面Ⅰ的0.9倍
椭圆45×12
倒圆角R6
R42
80
75
160
40
剖面Ⅰ
椭圆40×20
椭圆50×40
35
10
剖面Ⅱ
尺寸按剖面Ⅰ的0.6倍
技术要求
1.椭圆给出的为半轴尺寸；
2.杯体厚度为3。

图 3-29

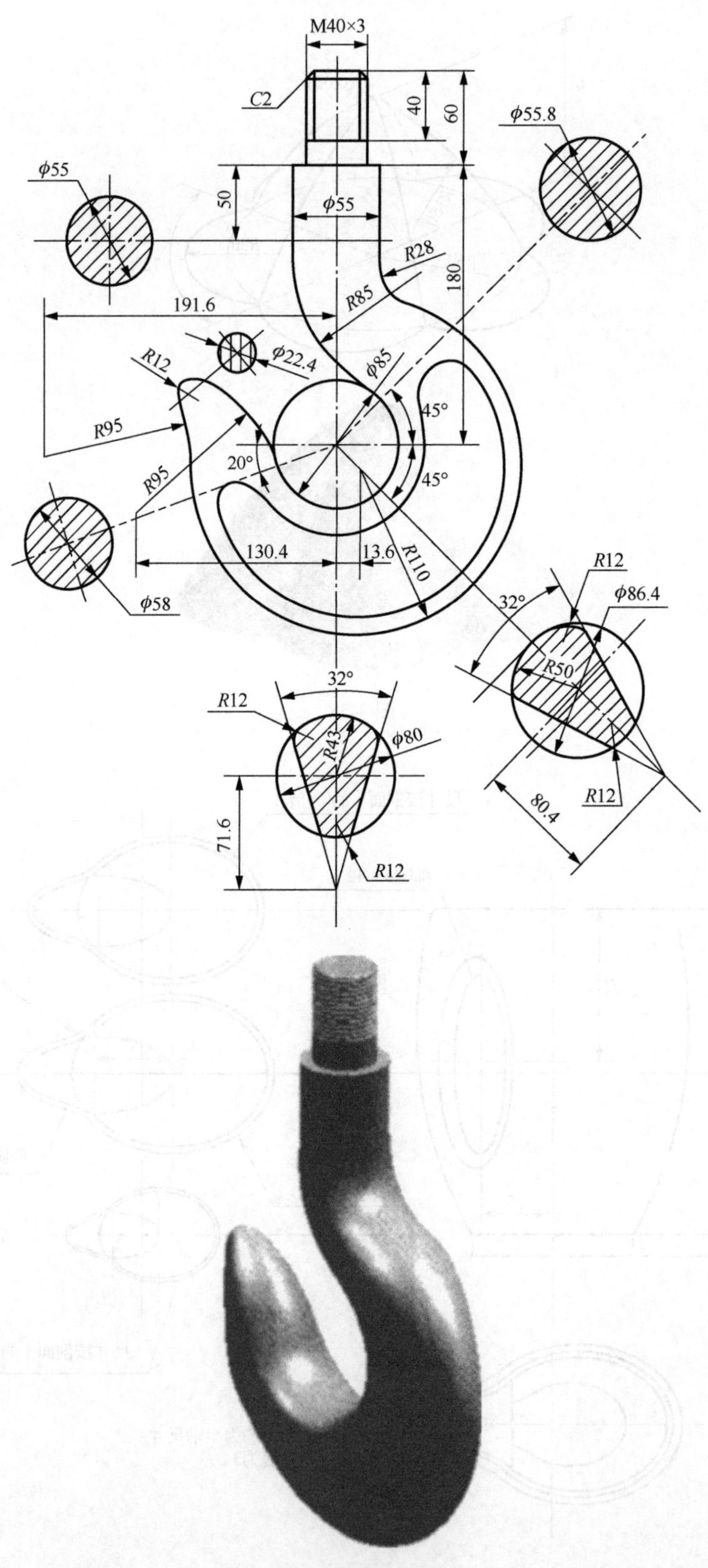
M40×3
C2
40
60
ϕ55.8
ϕ55
50
ϕ55
R28
180
191.6
R85
ϕ22.4
R12
ϕ85
45°
R95
R95
20°
45°
130.4
13.6
R110
ϕ58
R12
ϕ86.4
32°
R50
32°
R12
R43
ϕ80
71.6
R12
80.4
R12

图 3-30

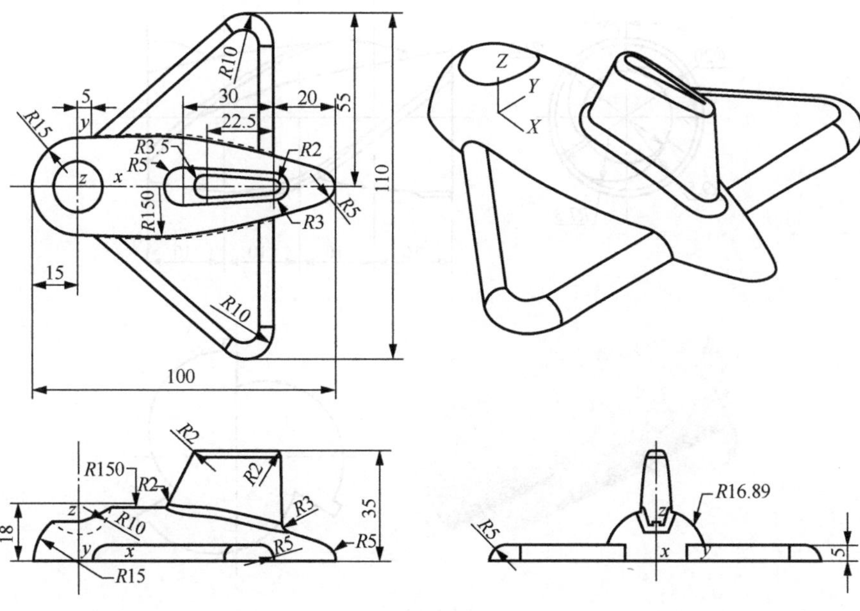
R10
30
20
5
22.5
55
R15
R3.5
R2
R5
x
z
y
110
R150
R3
R5
15
R10
100
R2
R150
R2
R2
35
R3
18
R10
R5
R5
R15
R16.89
R5
5

图 3-31

图 3-32

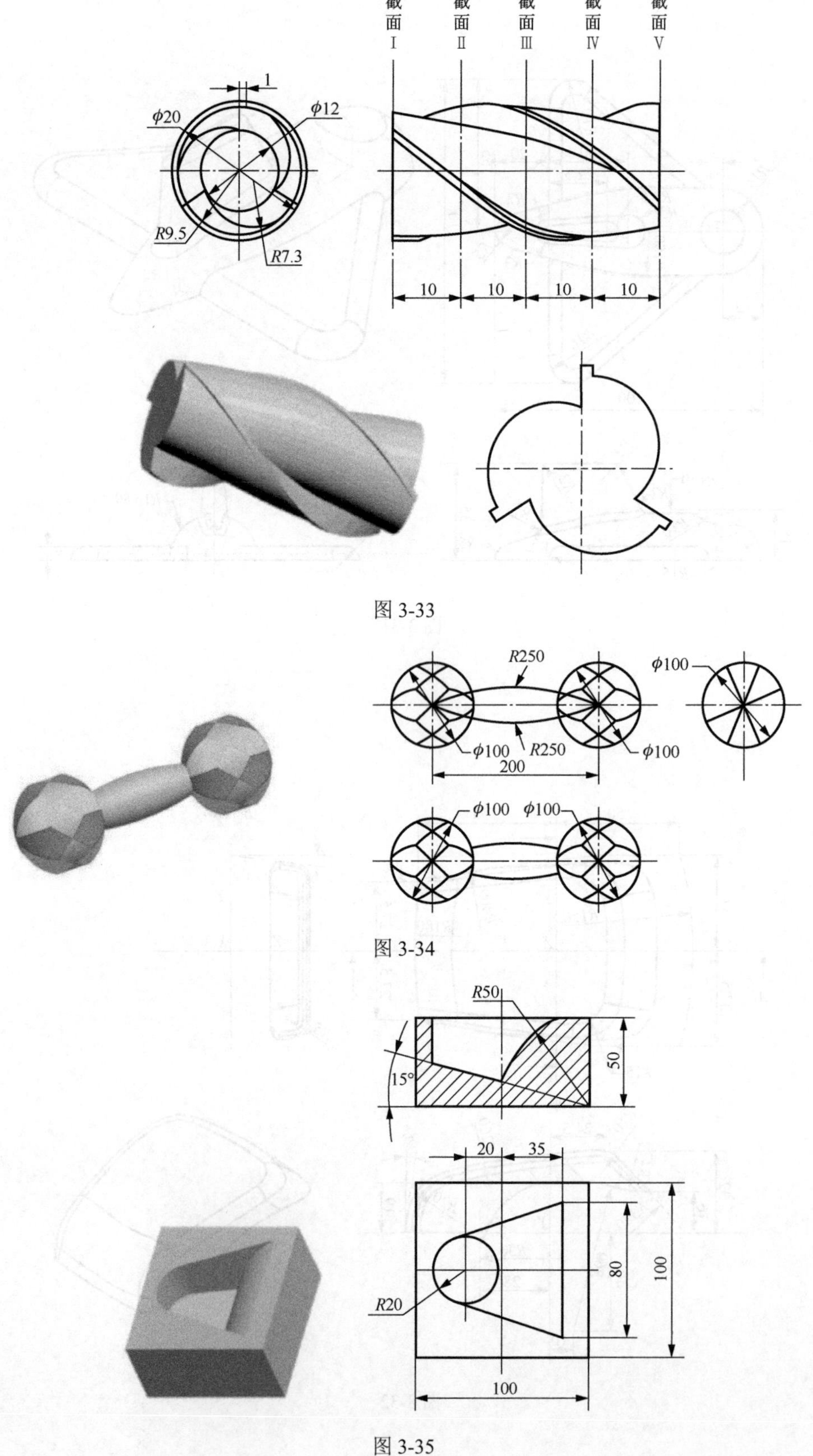

图 3-33

图 3-34

图 3-35

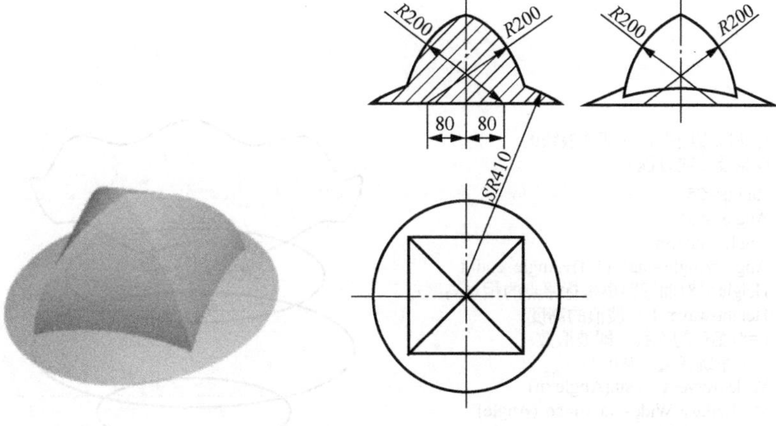

图 3-36

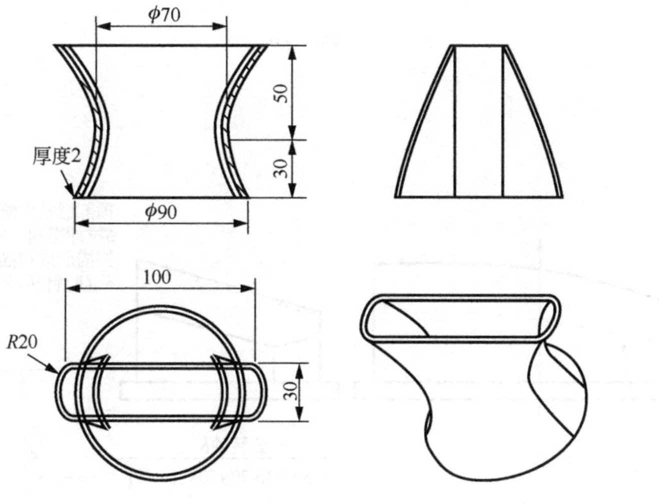

图 3-37

(1) 左视：右图中，*EF*为鼠标顶视图在*Z-Y*面上的投影。*AE*的长度等于*EF*为25，*AC*为20，*BD*为4，圆弧*AB*的半径为90，圆弧*CD*的半径为72，*AC*与*CD*的圆角半径为50，*BD*与*CD*的圆角半径为8。*AG*与BJ的长度相等，为9；*GH*的长度为48，*IJ*的长度为10；圆弧*HI*的半径为60，*GH*与*EI*的圆角半径为80；*IJ*与*HJ*的圆角半径为2.5。

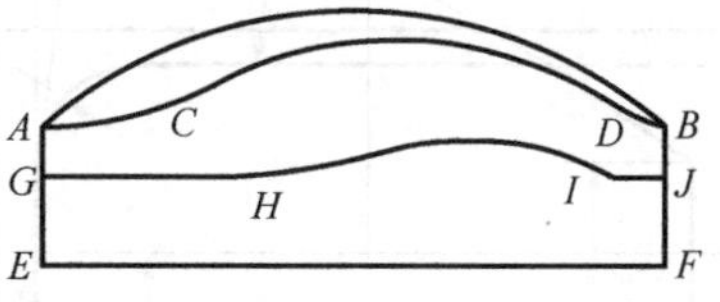

(2) 顶视：右图中，*AB*为椭圆的四分之一，椭圆中心为原点坐标，参数为(71，32，90，180，90)；*BC*为圆弧，圆心坐标(368，0)，半径400；*DE*为圆弧，圆心坐标(0，–58)，半径100；*CD*为*BC*与*DE*的倒圆，半径为10。

(3) *GH*与*IJ*为两段同心的半圆，圆心位于*Y*轴上，距离*X*轴的距离为20，其中，*GH*的半径为12，*IJ*的半径为4.5；*JK*的长度为11。

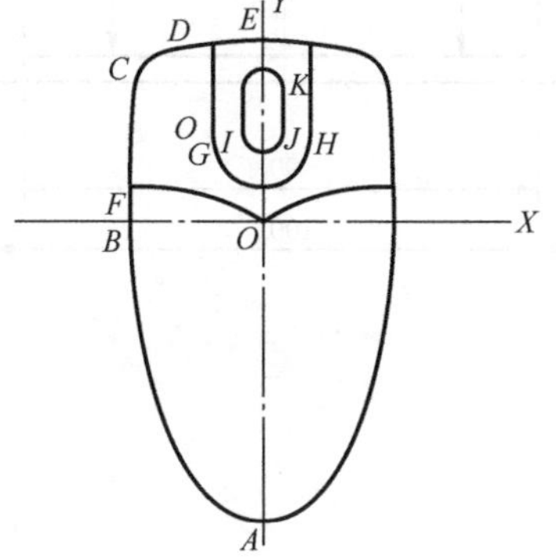

图 3-38

在轮廓视图中，顶部波浪线的
变量及参数方程为：

Radius=25
Angle–start=0
Angle–end=360
Angle=Angle–start×(1–t)+Angle–end×t
Height=18（曲线距离坐标原点的相对高度）
Height-wave=1.5（波浪的高度）
n=8（循环的次数，即波浪数）
t=0（系统变量，从0~1）
Wide–wave=0.5×sin(Angle×n)
xt=(Radius+Wide–wave)×cos(Angle)
yt=(Radius+Wide–wave)×cos(Angle)
zt=Height-wave×sin(Angle×n)+Height
底部圆的直径为30，各层之间的距离自行决定。

图 3-39

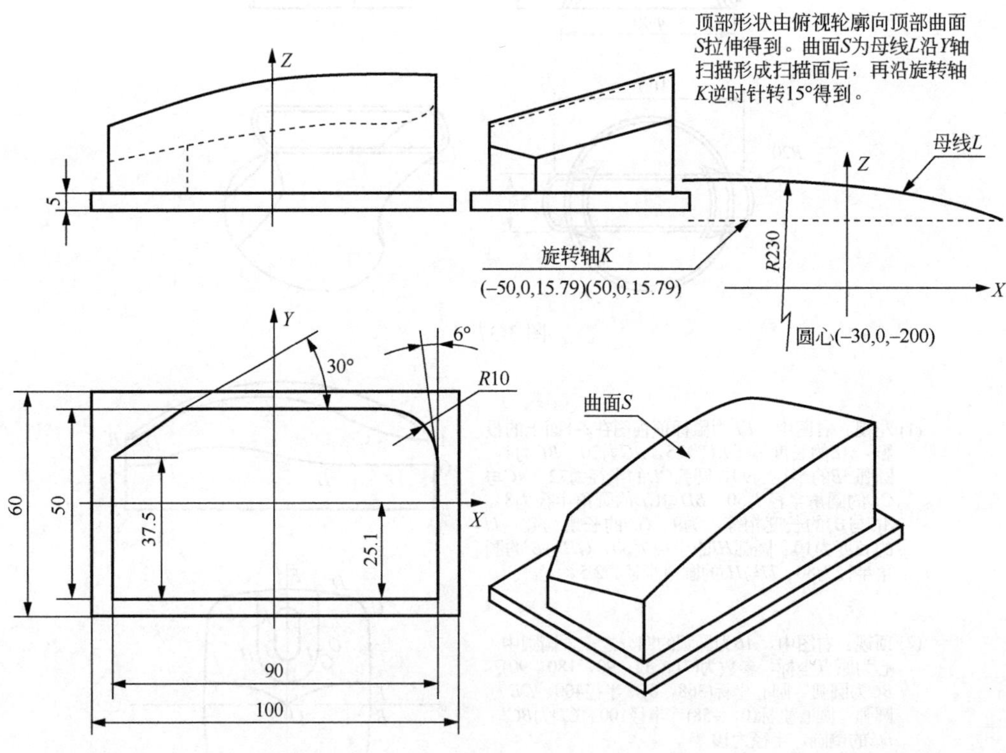

图 3-40

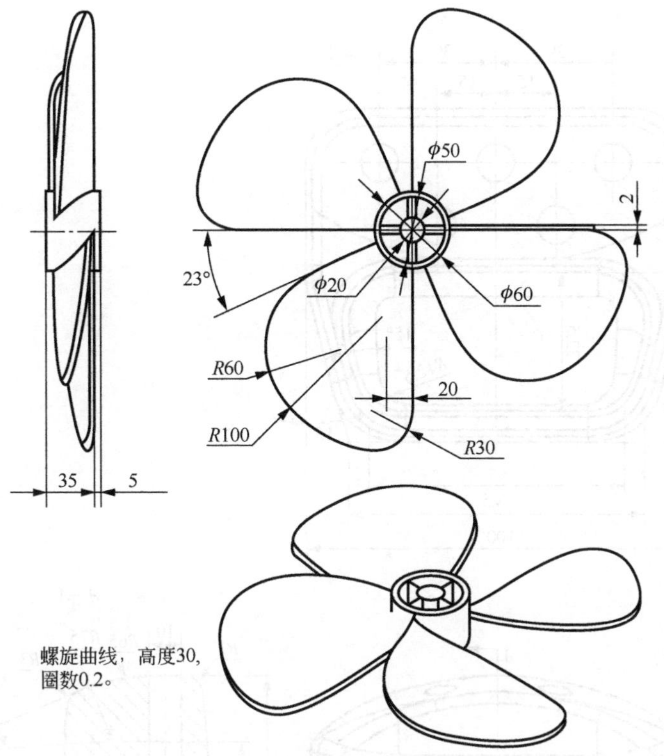
φ50
2
23°
φ20
φ60
R60
20
R100
R30
35
5
螺旋曲线，高度30，
圈数0.2。

图 3-41

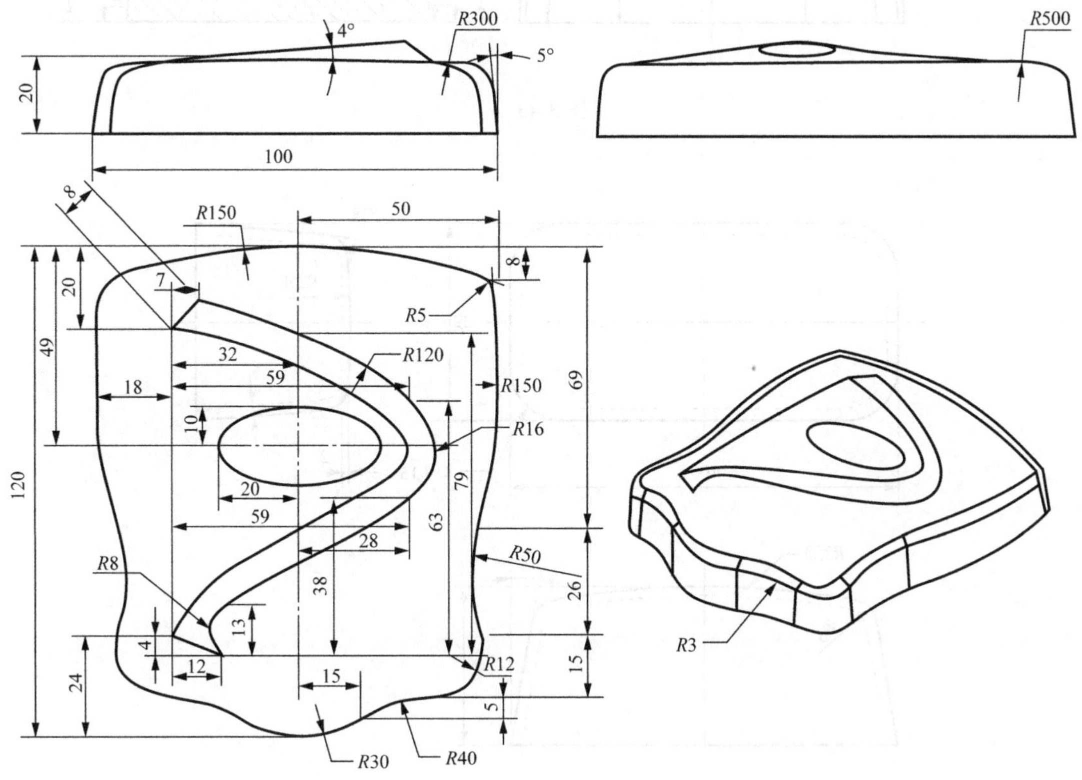
4°
R300
5°
20
100
R500
8
R150
50
8
7
R5
20
49
32
R120
18
59
R150
10
R16
69
120
20
79
59
63
28
R50
R8
38
26
13
4
R12
12
15
24
15
5
R3
R30
R40

图 3-42

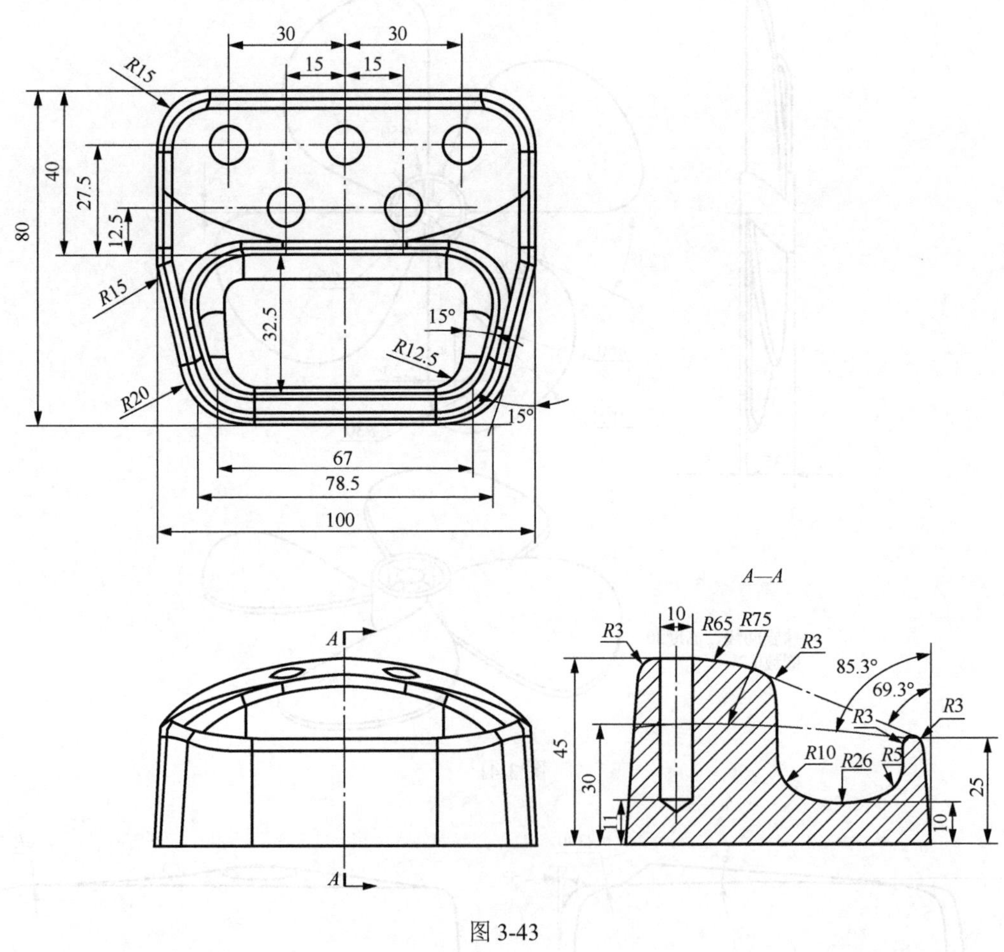
30
30
15
15
R15
40
80
27.5
12.5
R15
32.5
15°
R12.5
R20
15°
67
78.5
100
A
A
A—A
10
R3
R65
R75
R3
85.3°
69.3°
R3
R3
45
30
R10
R26
R5
25
11
10

图 3-43

图 3-44

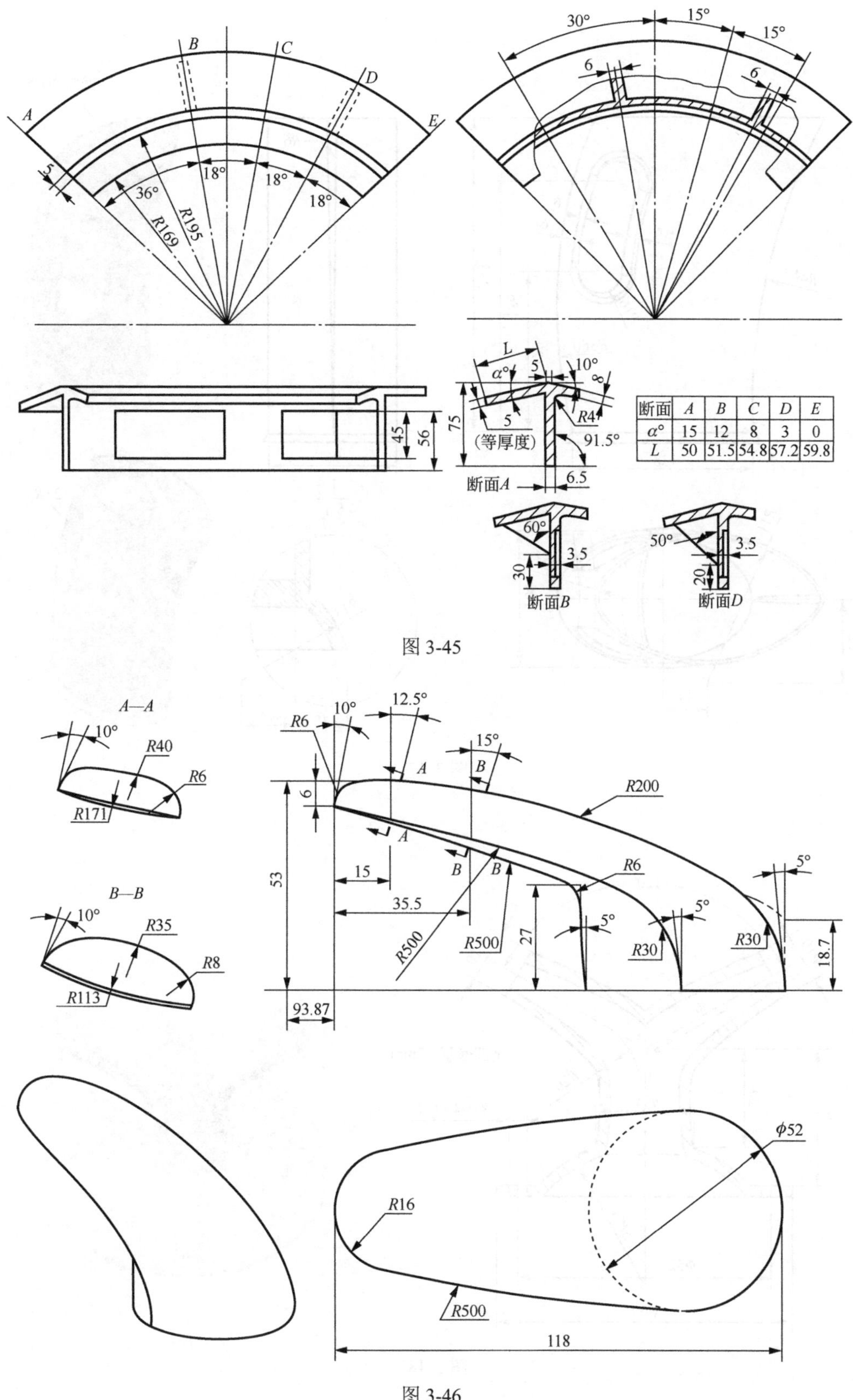

断面	A	B	C	D	E
α°	15	12	8	3	0
L	50	51.5	54.8	57.2	59.8

图 3-45

图 3-46

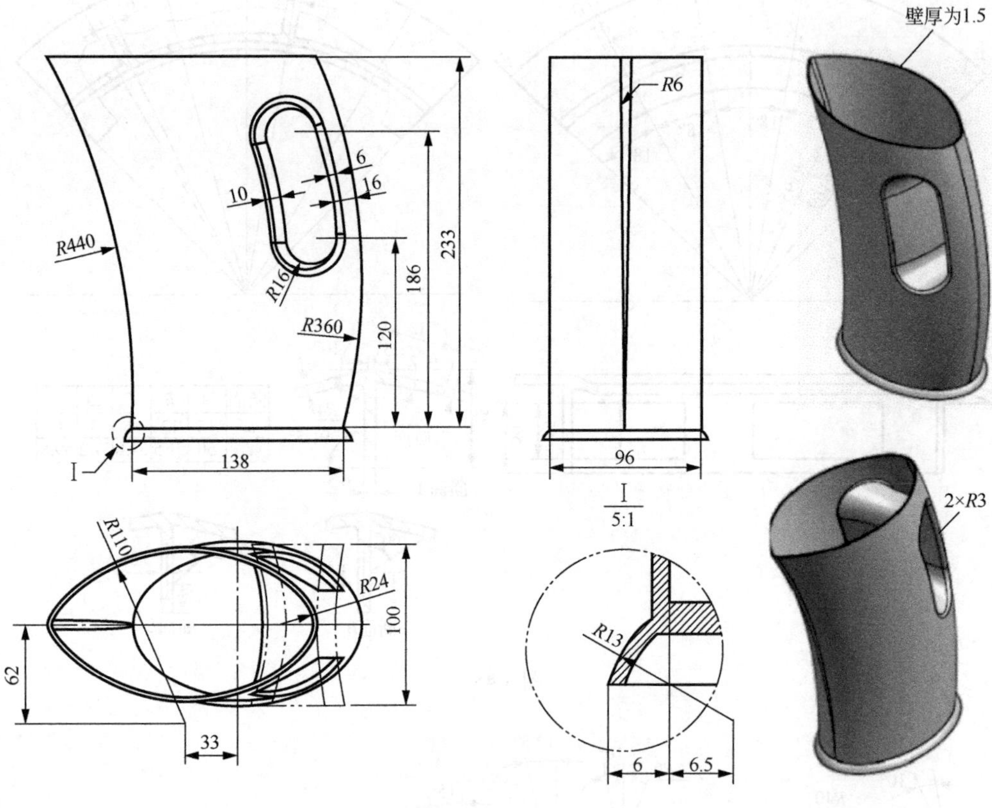
壁厚为1.5
R440
10
6
16
R16
R360
120
186
233
138
I
R6
96
I
5:1
R110
R24
100
62
33
R13
6
6.5
2×R3

图 3-47

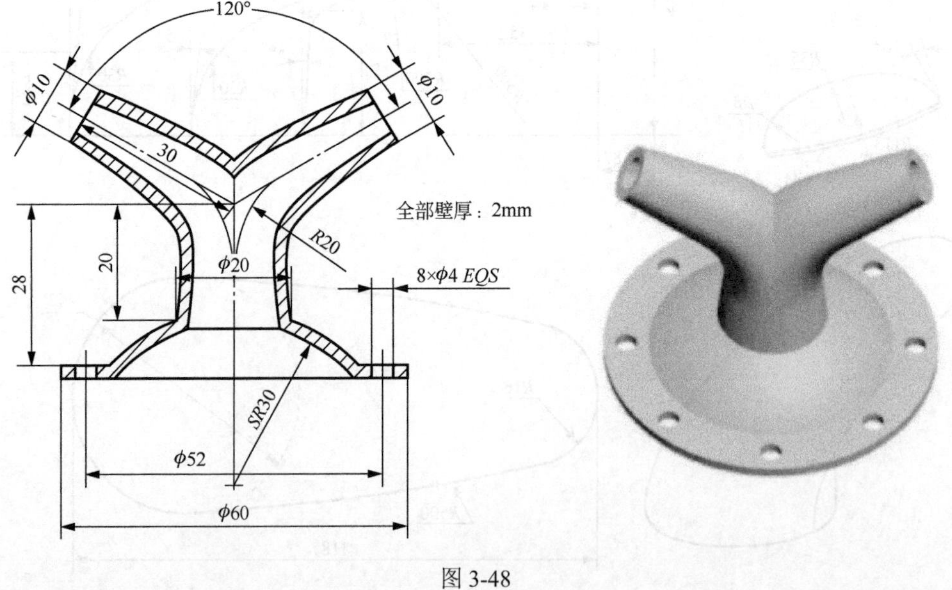
120°
ϕ10
ϕ10
30
全部壁厚：2mm
28
20
ϕ20
R20
8×ϕ4 EQS
SR30
ϕ52
ϕ60

图 3-48

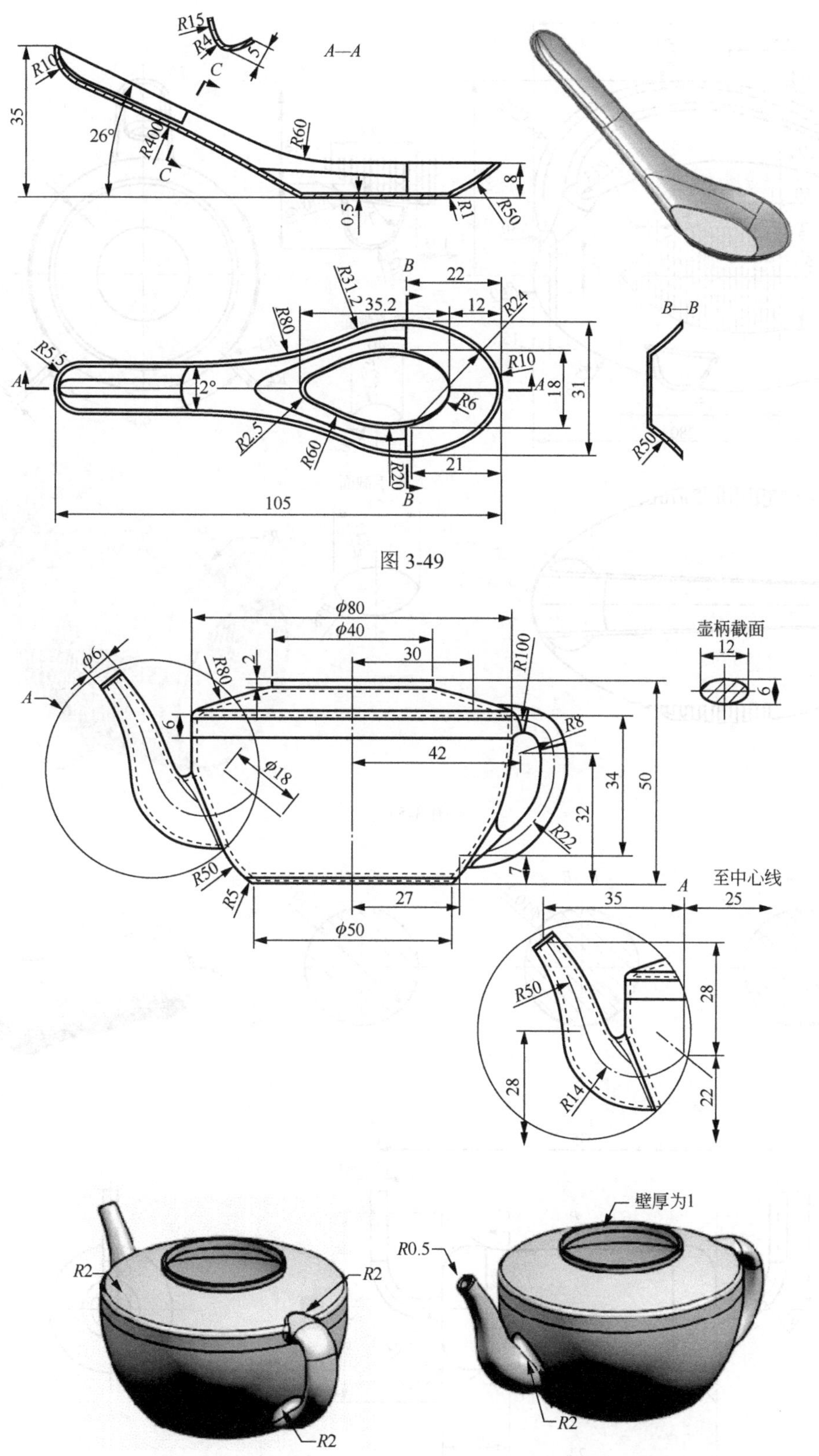

图 3-49

图 3-50

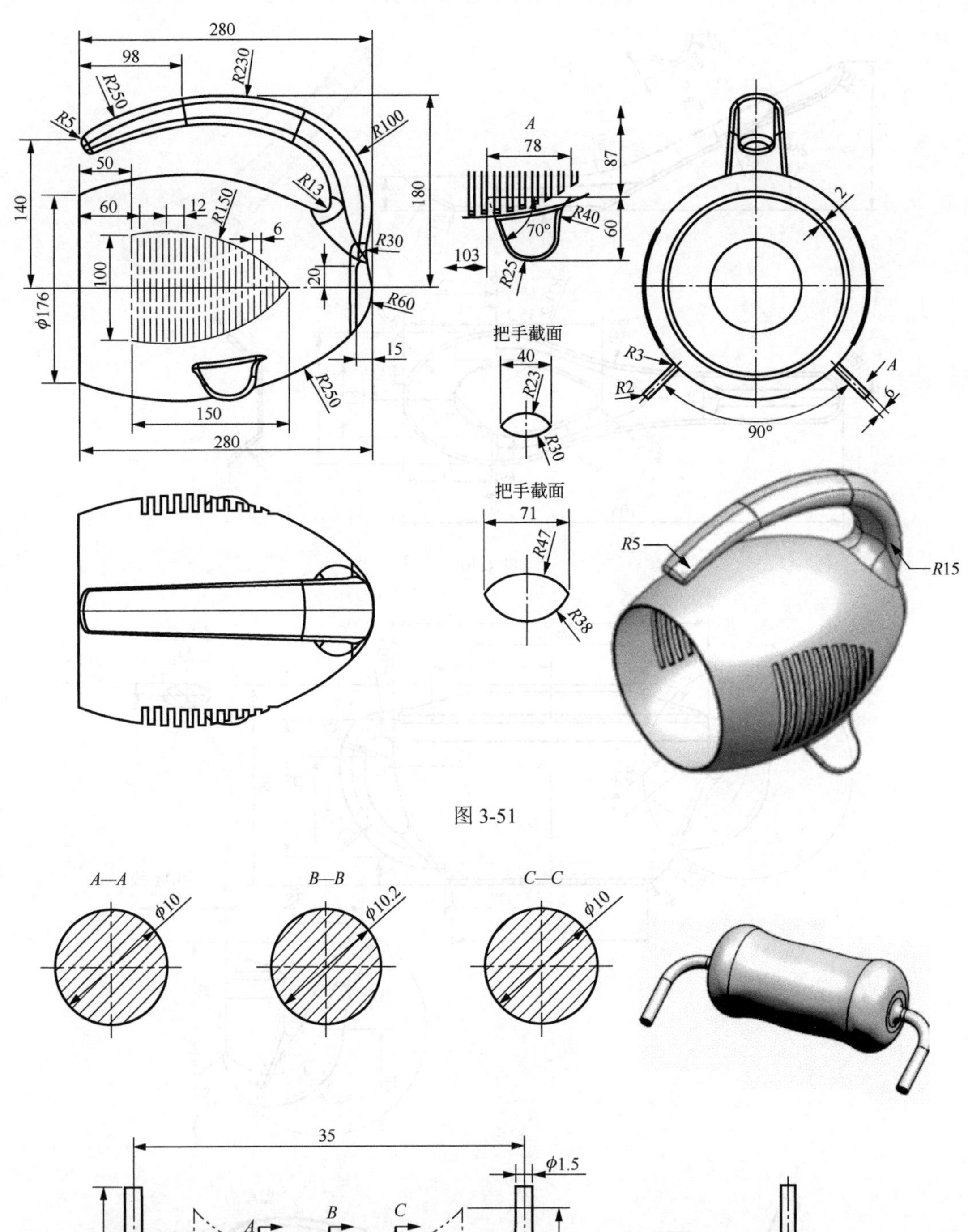

图 3-51

图 3-52

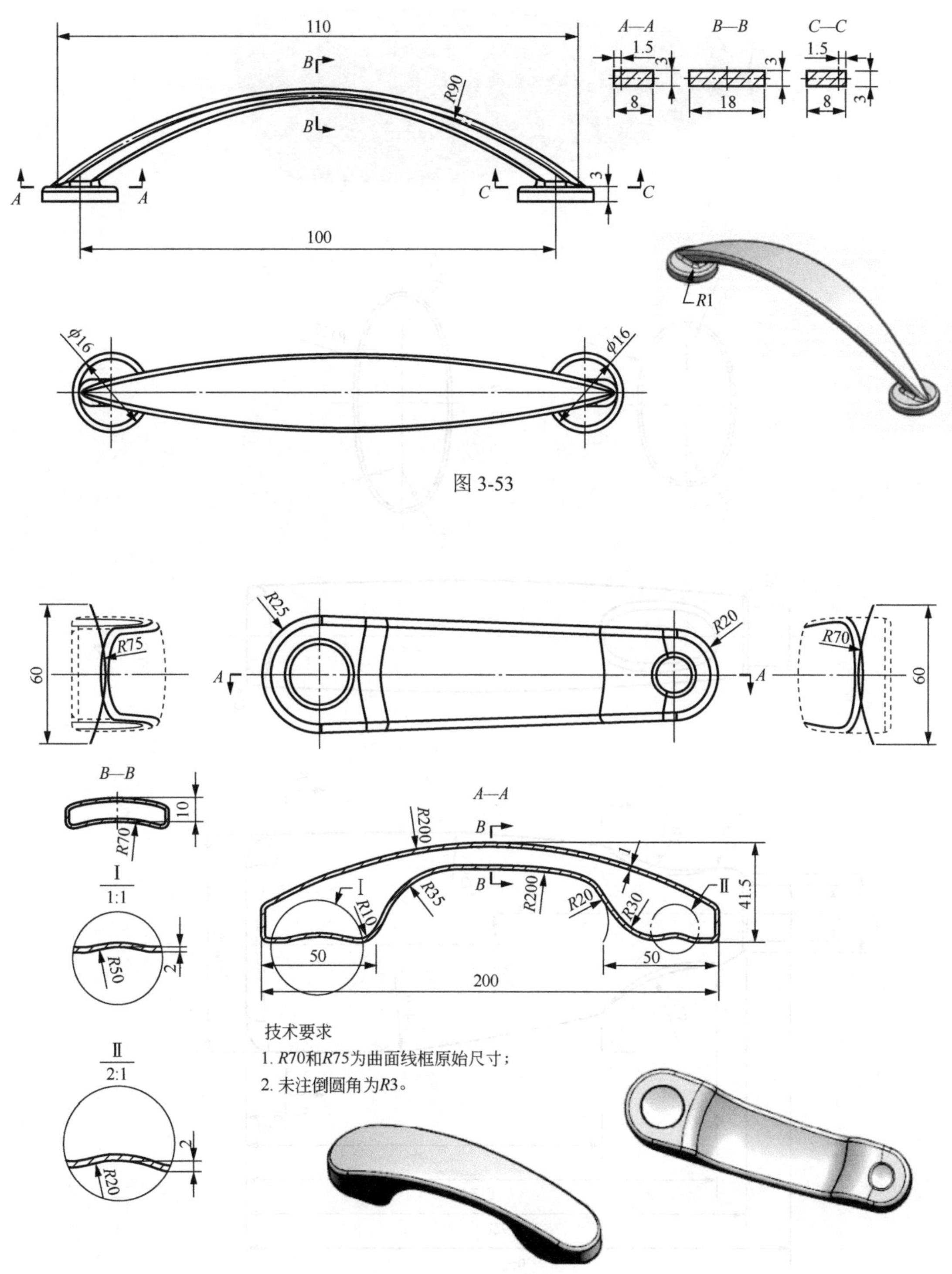
110
A—A
B—B
C—C
1.5
3
8
18
R90
100
R1
φ16
R25
R20
R75
R70
60
B—B
10
A—A
R200
R35
R10
R30
41.5
50
200
I
1:1
R50
2
II
2:1
R20
技术要求
1. R70和R75为曲面线框原始尺寸；
2. 未注倒圆角为R3。

图 3-53

图 3-54

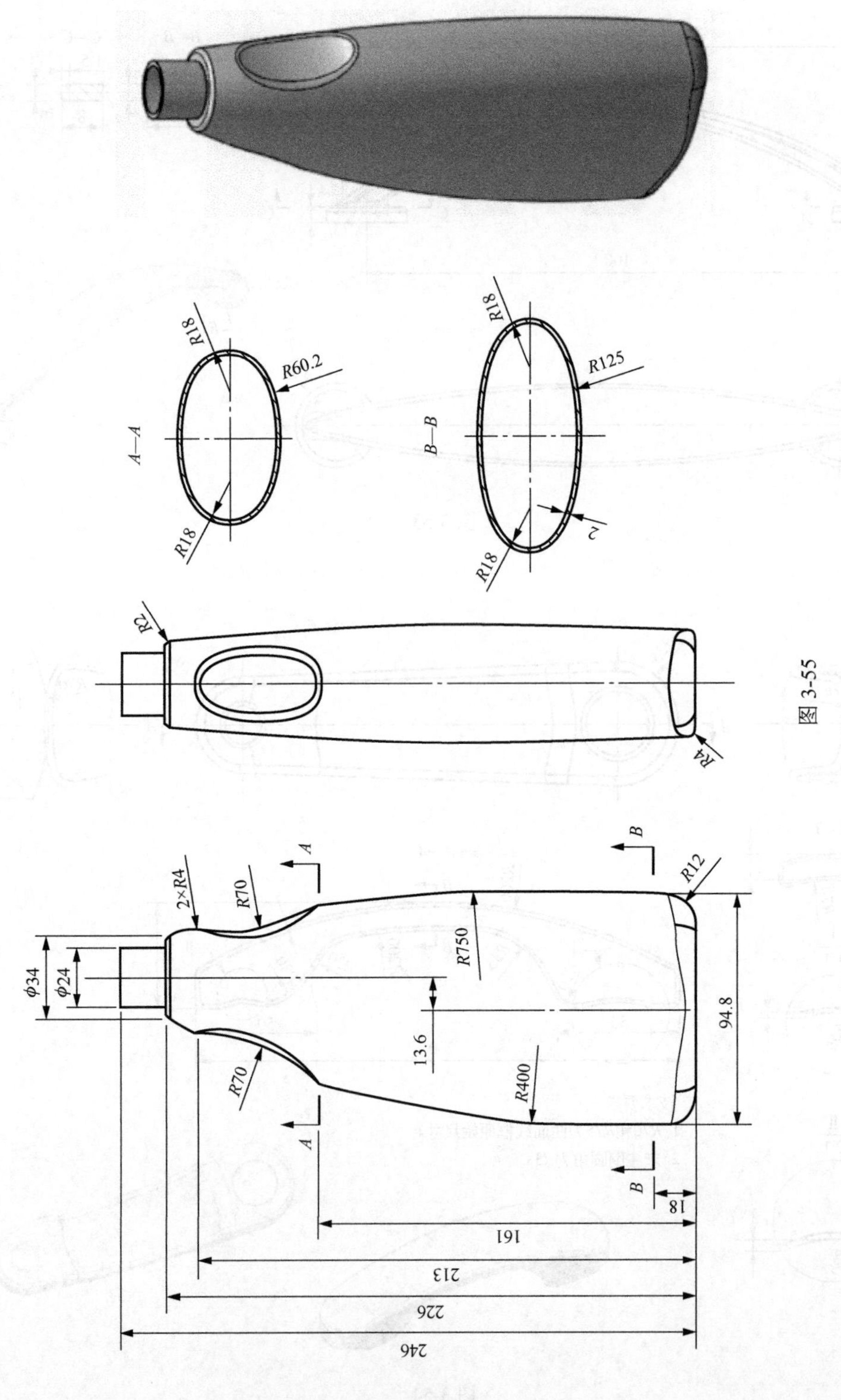
R18
R60.2
A—A
R18
R18
R125
B—B
2
R18
R2
R4
B
A
R12
2×R4
R70
R750
φ34
φ24
13.6
94.8
R70
R400
A
B
18
161
213
226
246

图 3-55

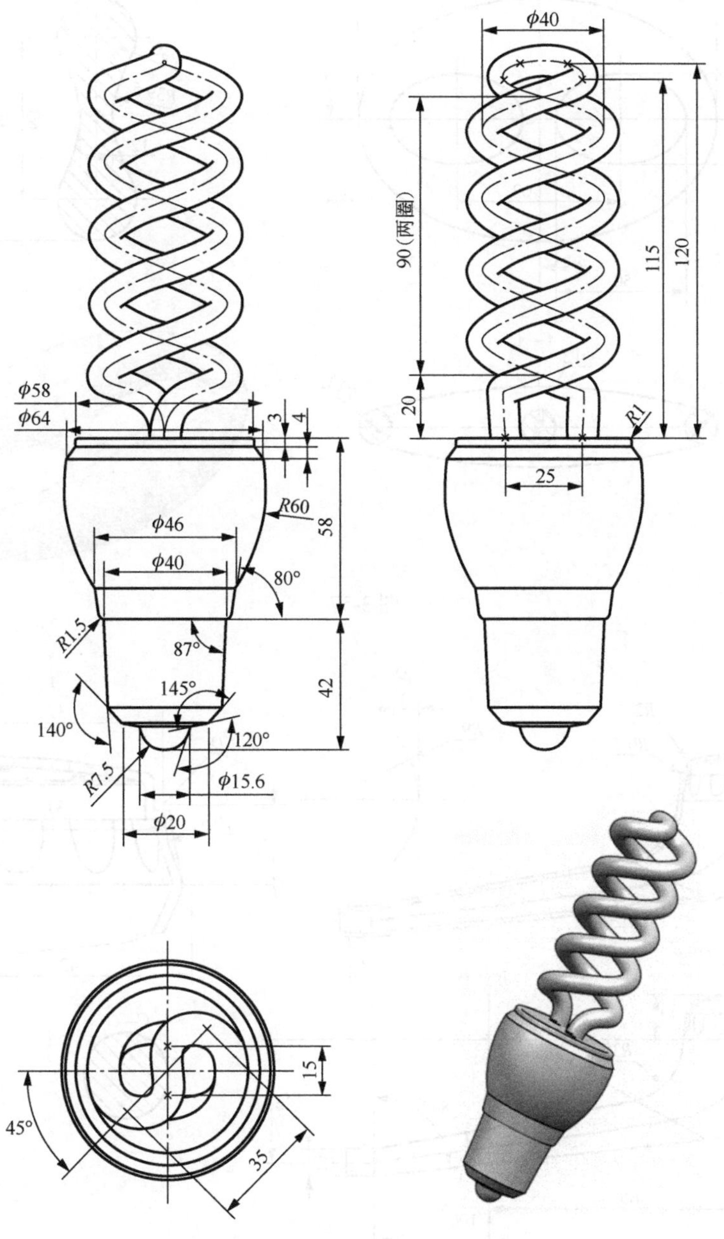
φ40
90(两圈)
115
120
20
R1
25
φ58
φ64
3
4
R60
φ46
58
φ40
80°
R1.5
87°
42
145°
140°
120°
R7.5
φ15.6
φ20
15
45°
35

图 3-56

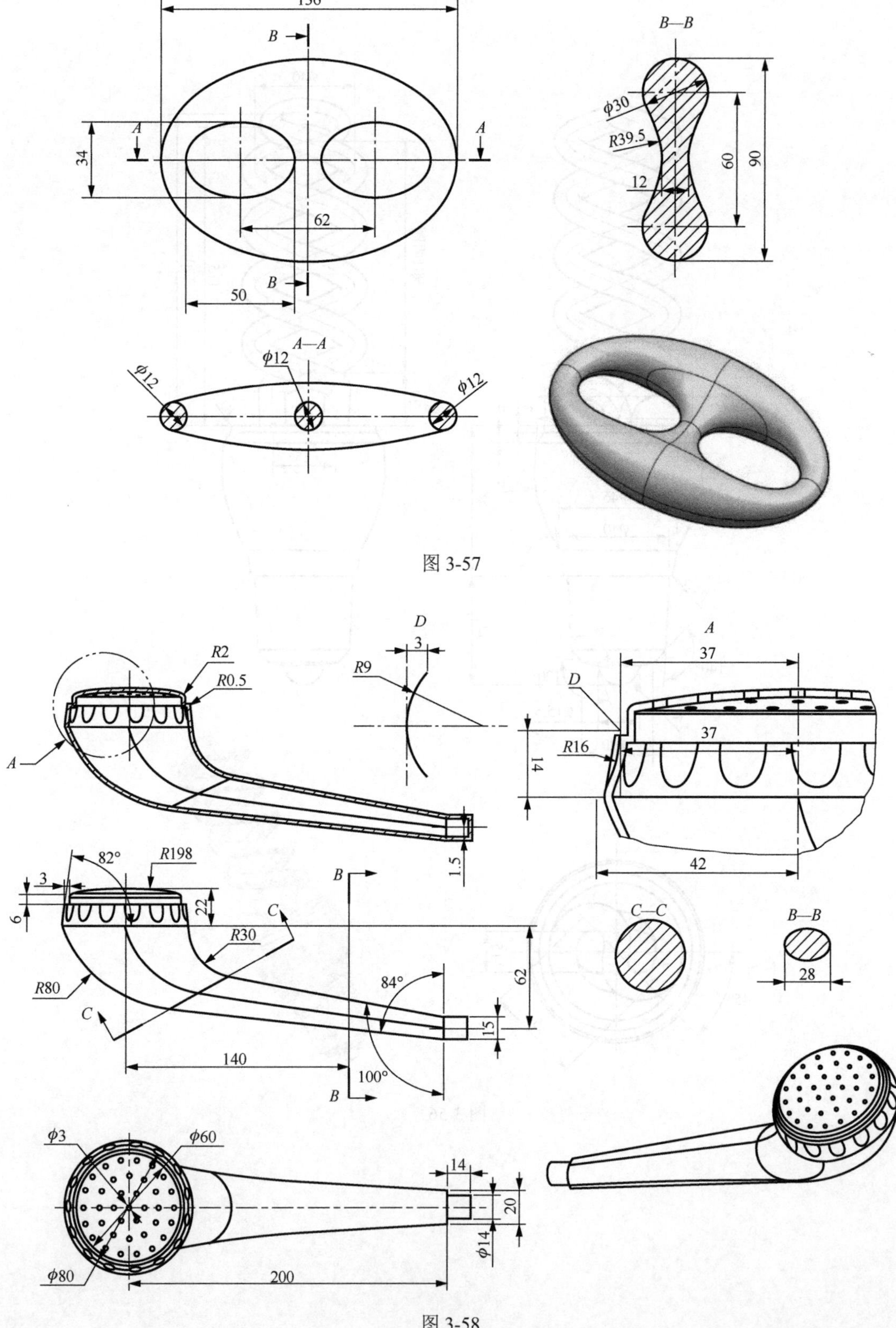
136
B
A
34
62
50
B—B
ϕ30
R39.5
12
60
90
A—A
ϕ12
ϕ12
ϕ12
D
3
R9
A
37
R2
R0.5
A
D
R16
37
14
1.5
42
82°
R198
3
6
22
B
C
R30
R80
C
84°
62
15
C—C
B—B
28
140
100°
B
ϕ3
ϕ60
14
20
ϕ14
ϕ80
200

图 3-57

图 3-58

第四章　零件装配建模练习

一个产品（组件）往往是由多个部件组合（装配）而成的，装配模块用来建立部件间的相对位置关系，从而形成复杂的装配体。部件间位置关系的确定主要通过添加约束实现。装配模块不仅能快速组合零部件成为产品，而且在装配中，可参照其他部件进行部件关联设计，并可对装配模型进行间隙分析、重量管理等操作，便于检查发现设计错误，及时进行修改和调整，对提高产品质量和缩短研发周期有着十分重要的意义。

本章主要介绍机械零部件的装配建模实例，所涉及的软件功能除零件建模模块外，还应用到装配模块中的装配导航器、装配约束等相关命令。要求读者按照书上给出的图形，在建模软件中按照标注尺寸和形状要求绘制出准确的各零件模型，然后根据装配图或装配示意图建立装配模型。本章通过零件装配建模的练习，读者可以了解产品装配的一般过程，掌握一些基本的装配技能。

（1）通过以下图纸创建齿轮泵的每一个零件，并完成齿轮泵的装配。

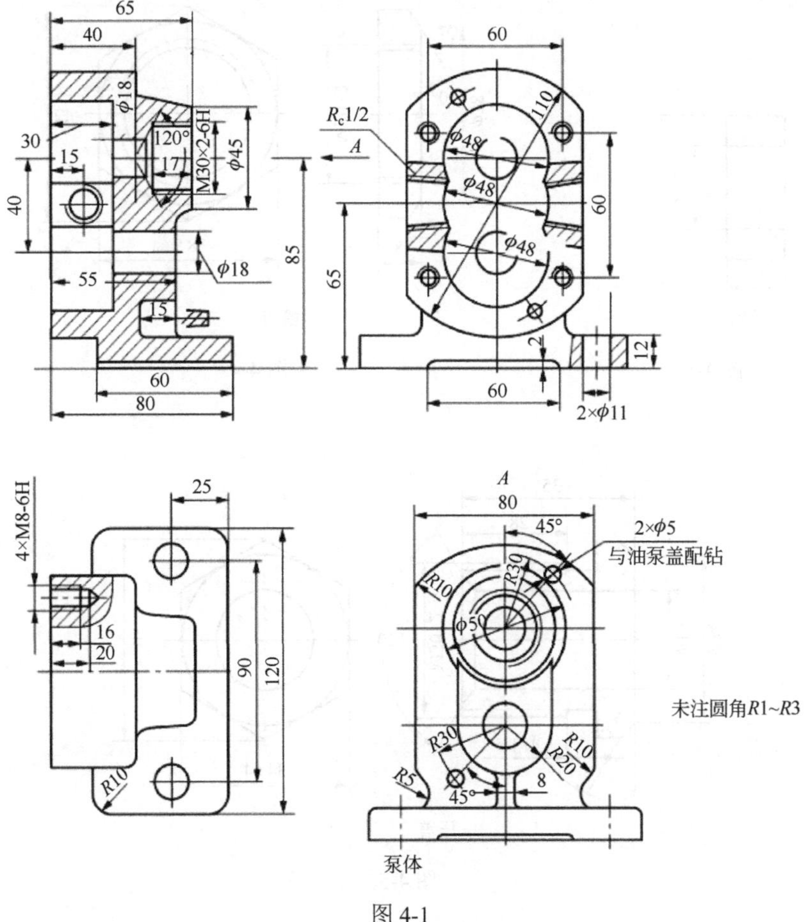

图 4-1

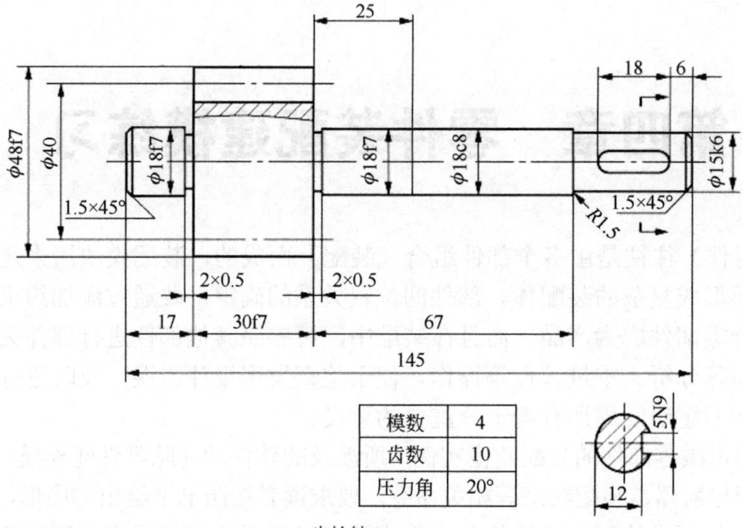

模数	4
齿数	10
压力角	20°

齿轮轴

图 4-2

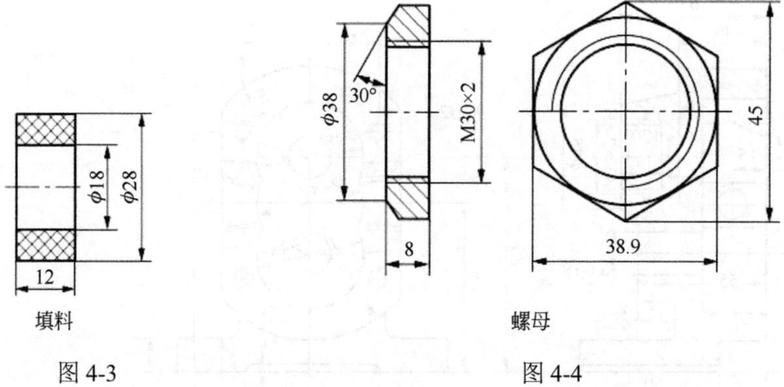

填料

图 4-3

螺母

图 4-4

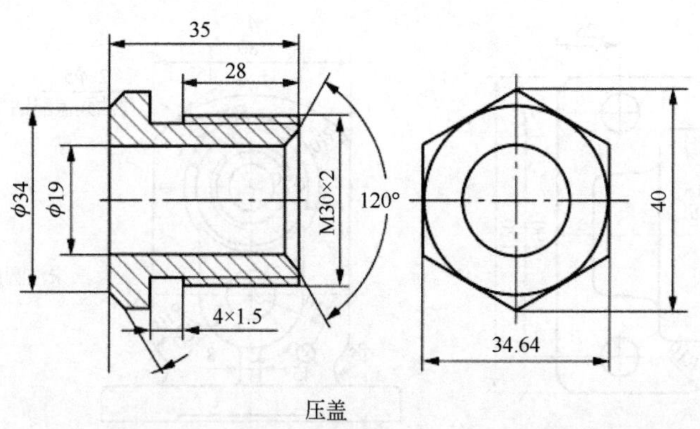

压盖

图 4-5

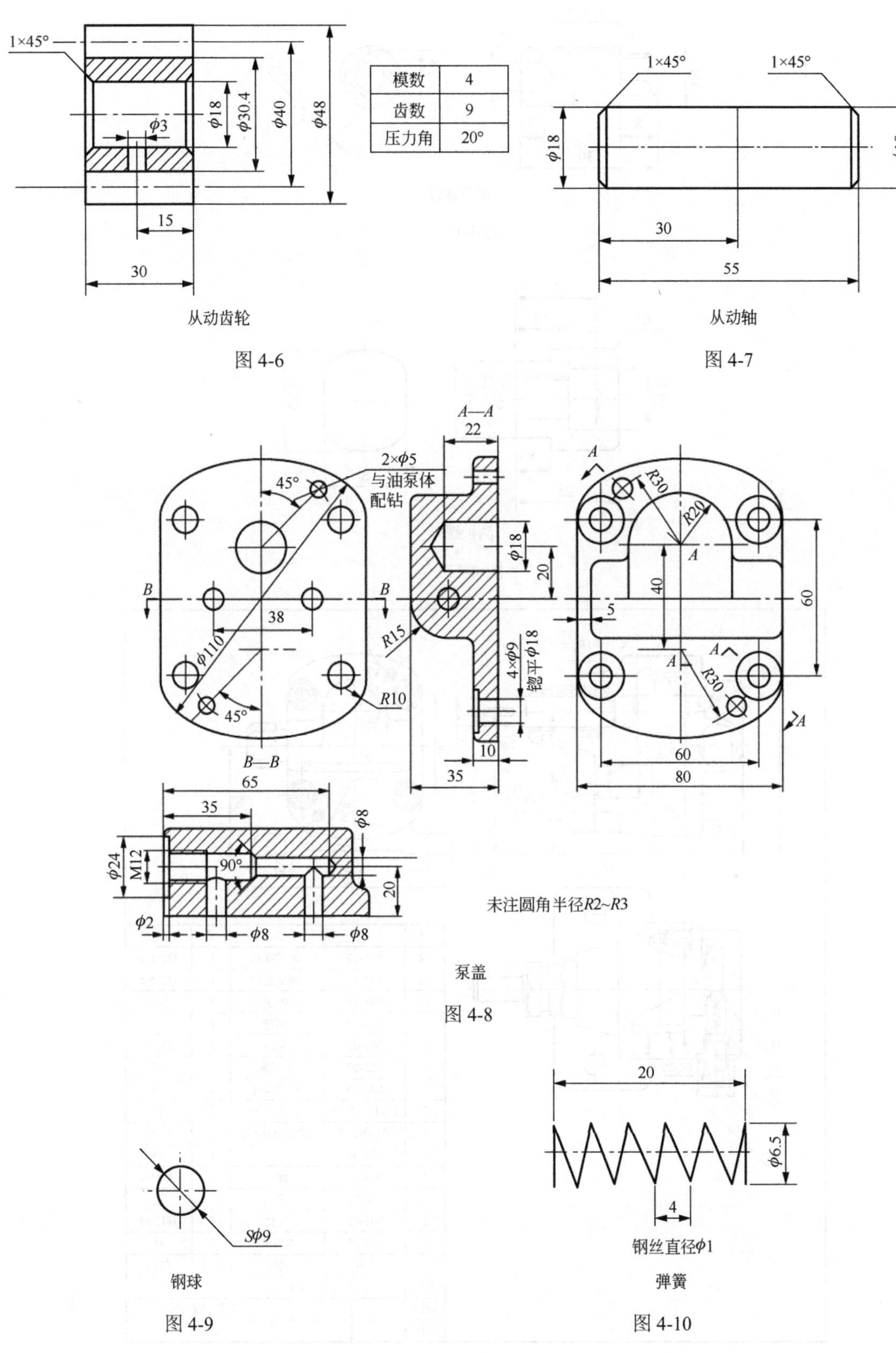

模数	4
齿数	9
压力角	20°

图 4-6

图 4-7

图 4-8

图 4-9

图 4-10

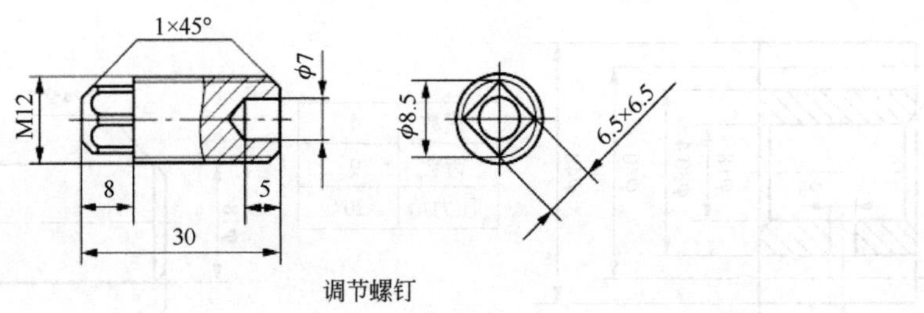

调节螺钉

图 4-11

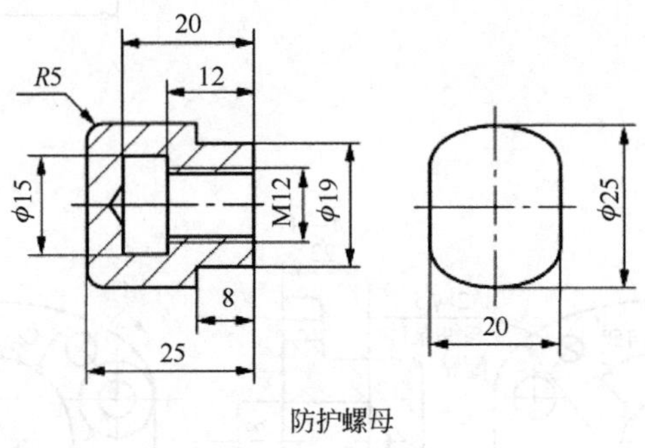

防护螺母

图 4-12

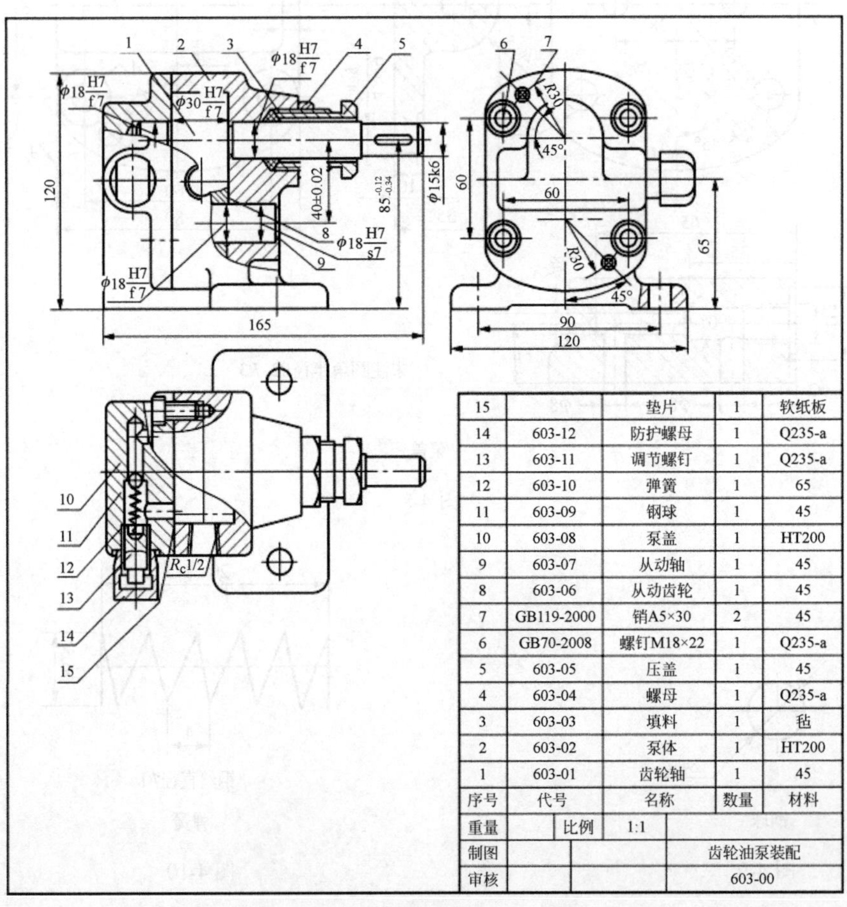

15		垫片	1	软纸板
14	603-12	防护螺母	1	Q235-a
13	603-11	调节螺钉	1	Q235-a
12	603-10	弹簧	1	65
11	603-09	钢球	1	45
10	603-08	泵盖	1	HT200
9	603-07	从动轴	1	45
8	603-06	从动齿轮	1	45
7	GB119-2000	销A5×30	2	45
6	GB70-2008	螺钉M18×22	1	Q235-a
5	603-05	压盖	1	45
4	603-04	螺母	1	Q235-a
3	603-03	填料	1	毡
2	603-02	泵体	1	HT200
1	603-01	齿轮轴	1	45
序号	代号	名称	数量	材料

重量		比例	1:1	
制图				齿轮油泵装配
审核				603-00

图 4-13

（2）根据图 4-14～图 4-20 给出的台灯组装模型图纸，创建台灯模型，并将其按要求装配起来。

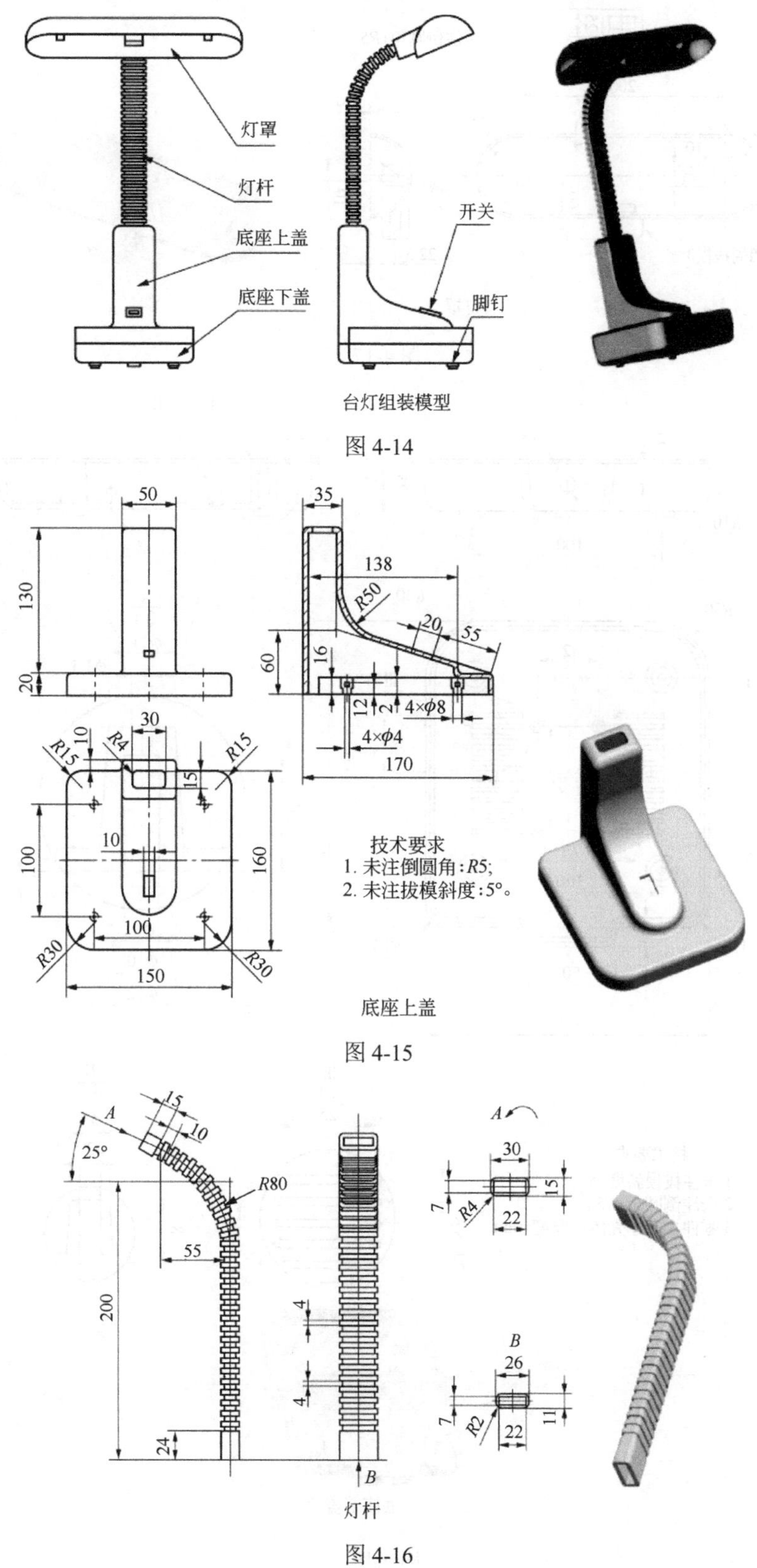

台灯组装模型

图 4-14

底座上盖

图 4-15

灯杆

图 4-16

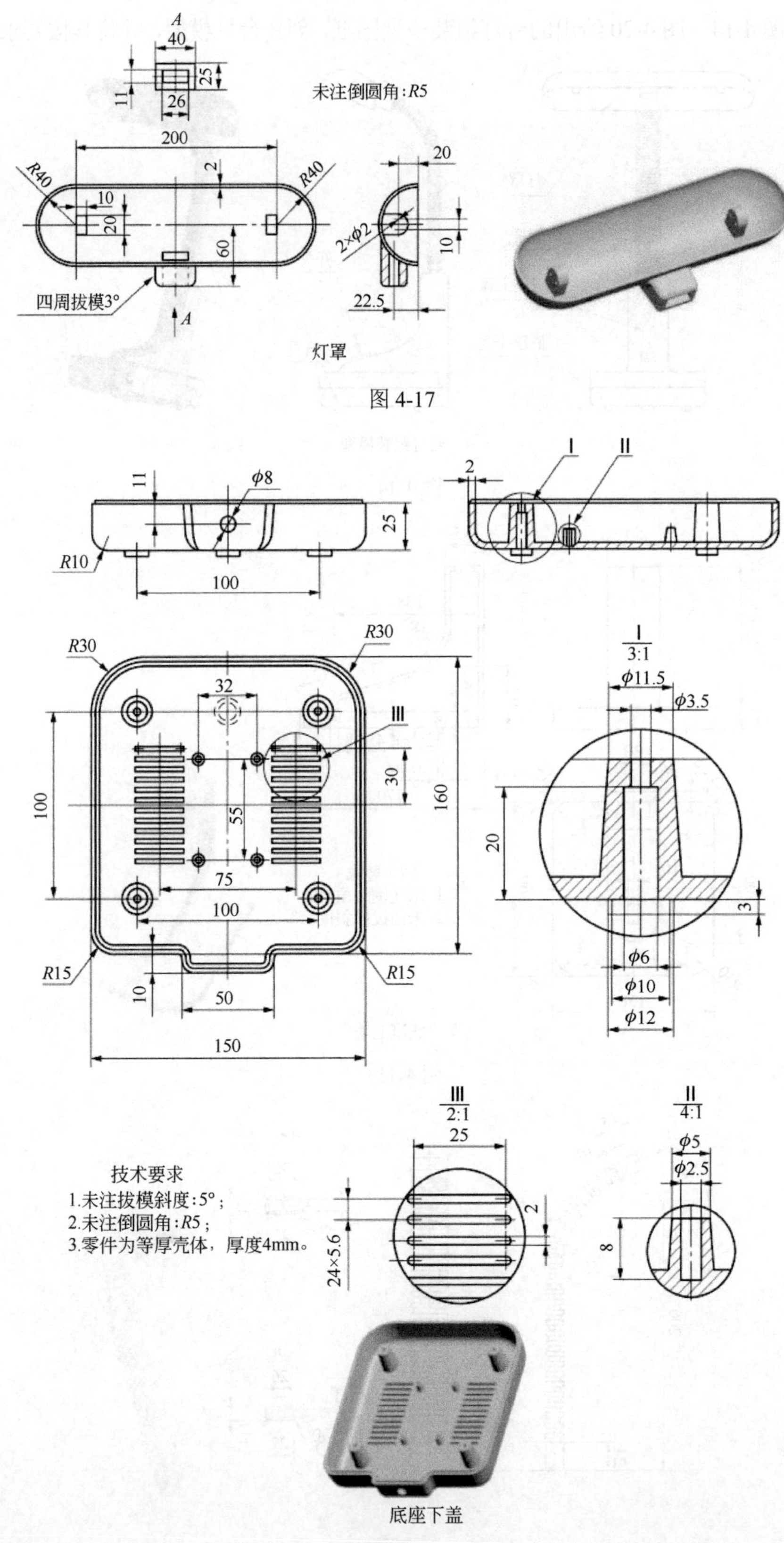
A
40
25
11
26
未注倒圆角:R5
200
R40
2
R40
20
10
20
2×φ2
10
60
四周拔模3°
22.5
A
灯罩
11
φ8
25
R10
100
2
I
II
R30
R30
32
III
30
100
55
160
75
100
R15
R15
10
50
150
I
3:1
φ11.5
φ3.5
20
3
φ6
φ10
φ12
III
2:1
25
2
24×5.6
II
4:1
φ5
φ2.5
8
技术要求
1.未注拔模斜度:5°;
2.未注倒圆角:R5;
3.零件为等厚壳体，厚度4mm。
底座下盖

图 4-17

图 4-18

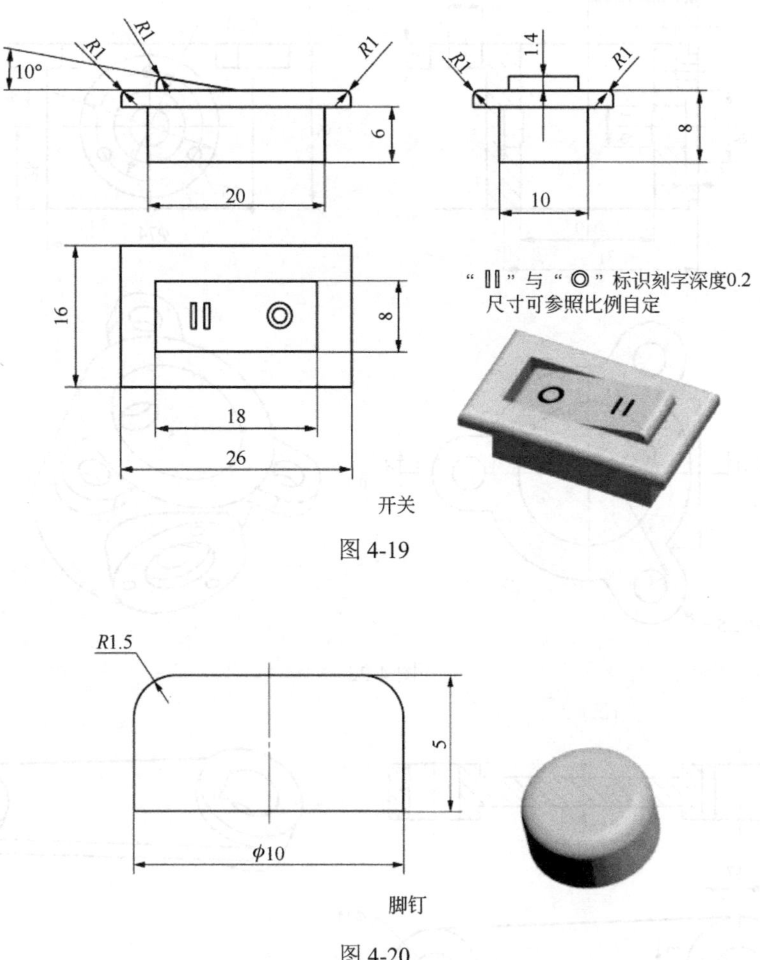

图 4-19

图 4-20

（3）建立如图 4-21～图 4-25 所示的 5 个零件，将其装配成如图 4-26 所示的装配体，并设置爆炸图显示，如图 4-27 所示。

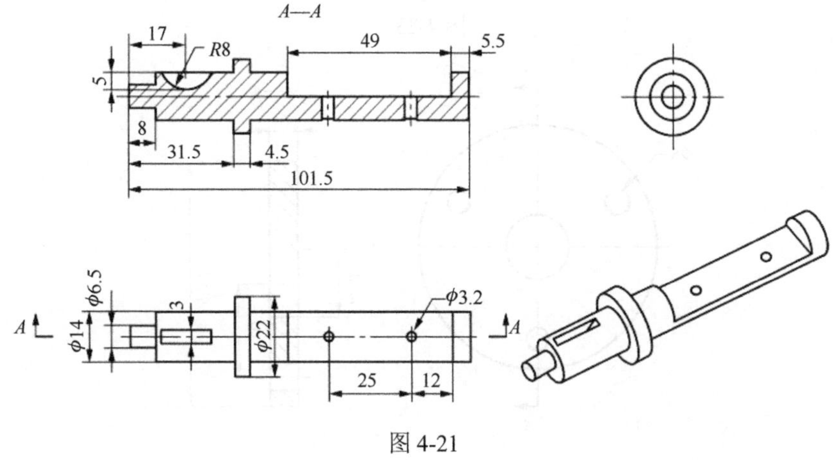

图 4-21

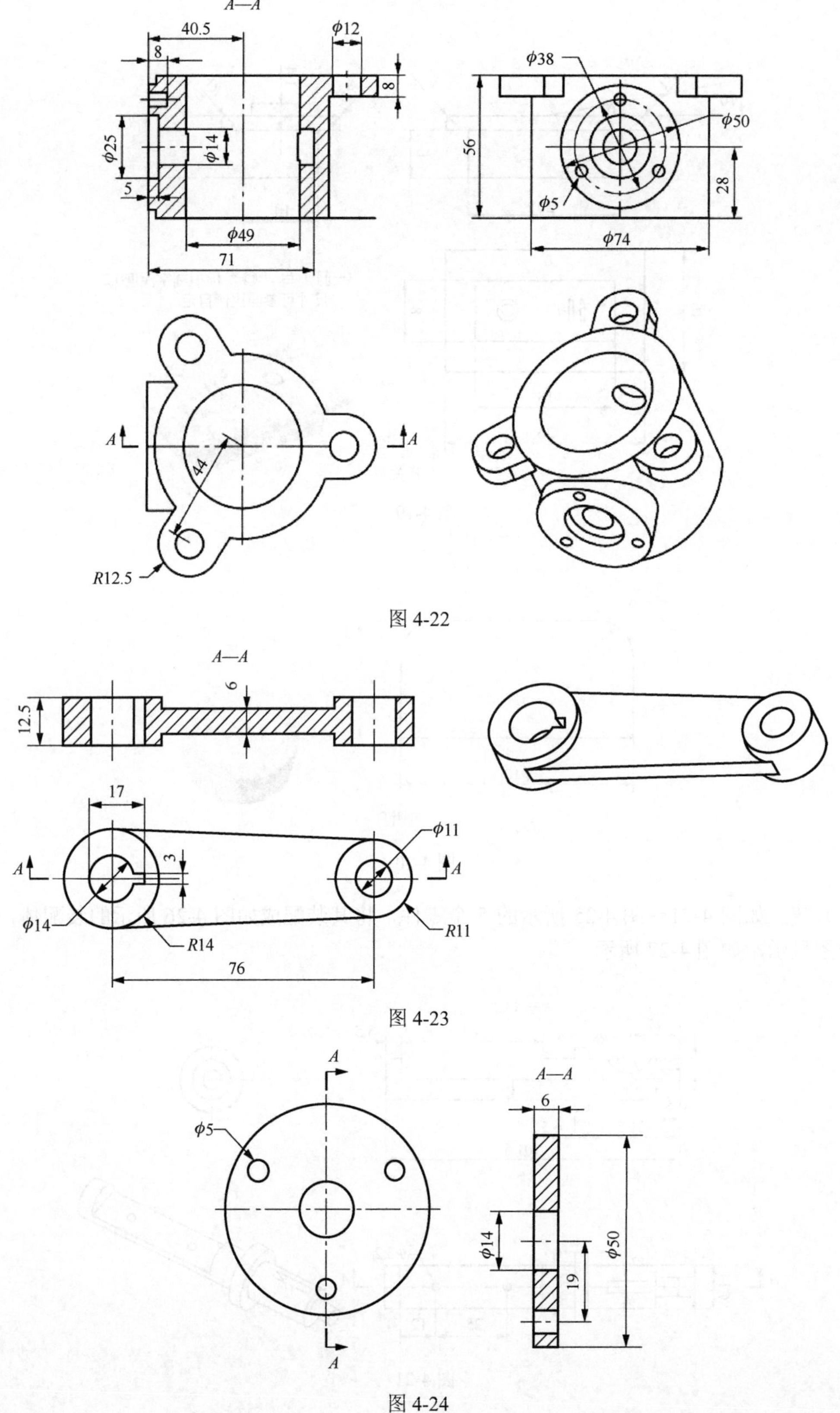

图 4-22

图 4-23

图 4-24

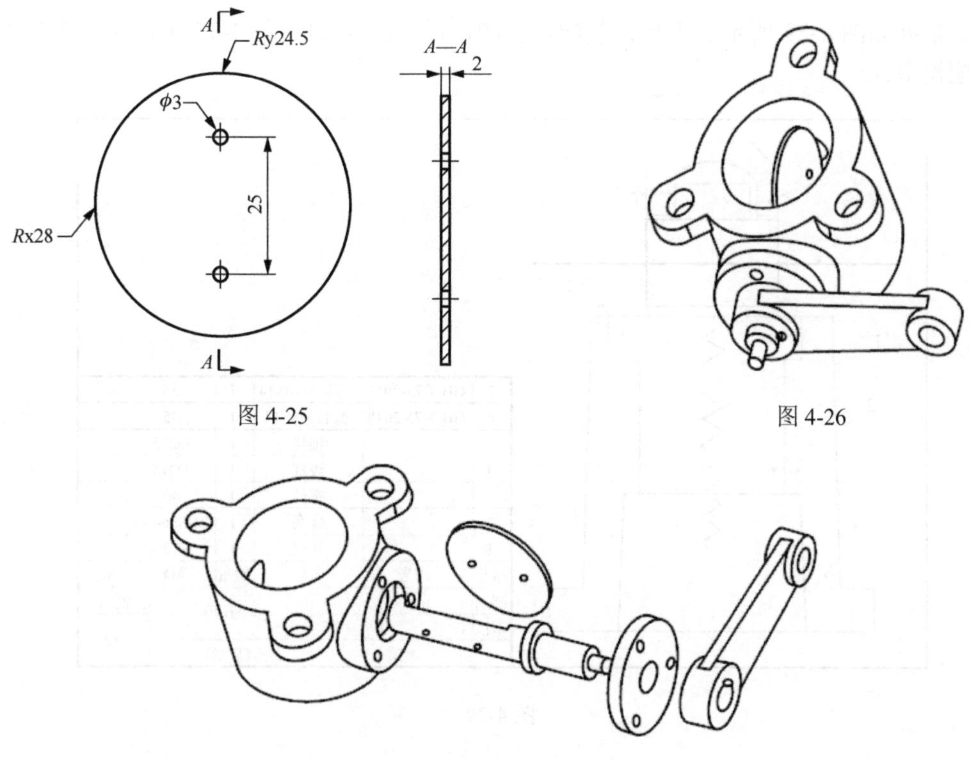

图 4-25

图 4-26

图 4-27

（4）按照如图 4-28 所示建立零件和装配模型。

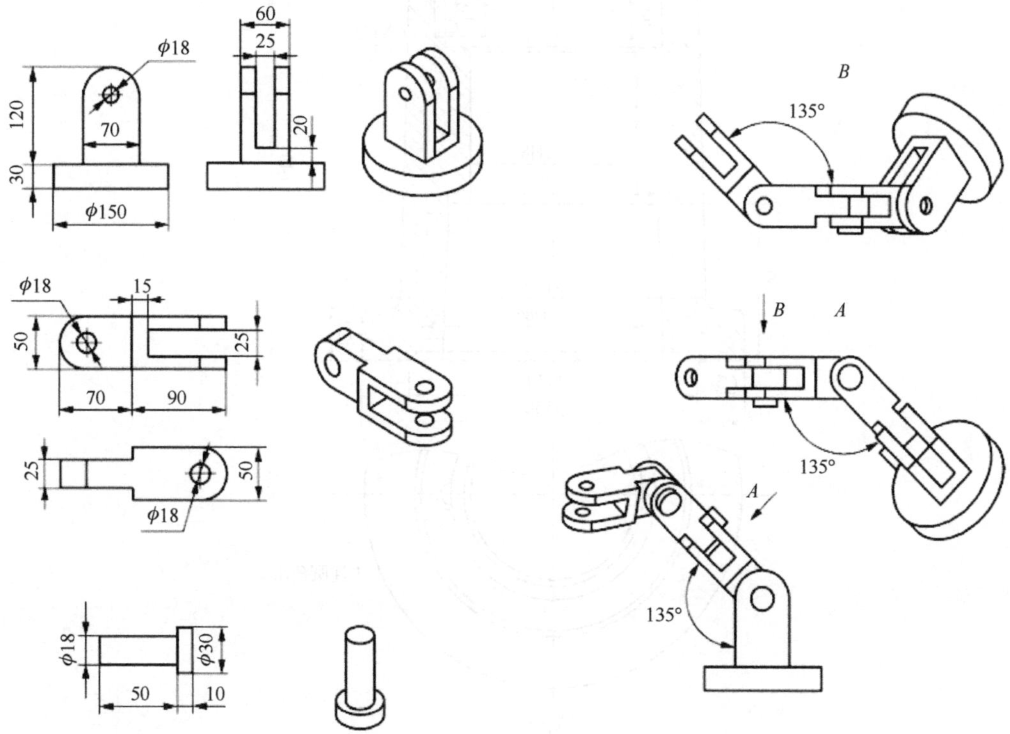

图 4-28

（5）根据如图 4-29 所示的千斤顶装配示意图，以及图 4-30～图 4-35 所示的零件图建立零件和装配模型。

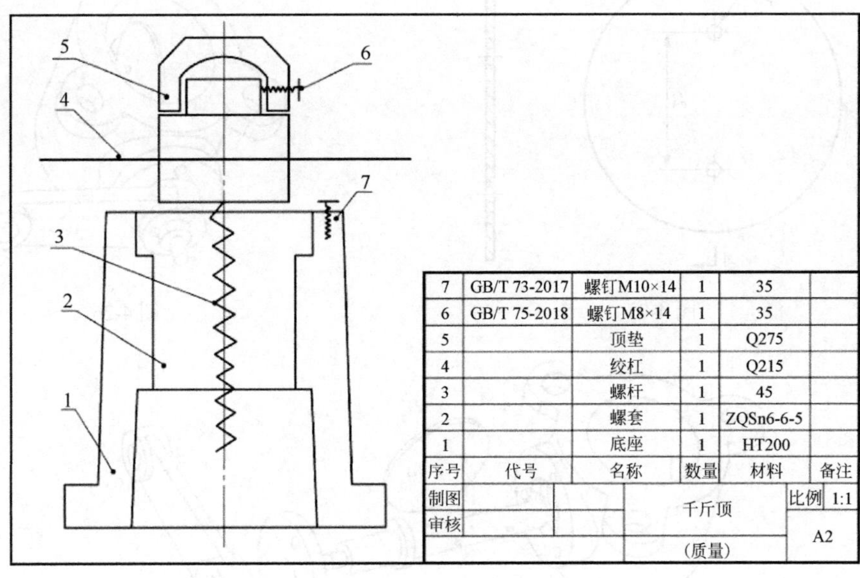

7	GB/T 73-2017	螺钉M10×14	1	35	
6	GB/T 75-2018	螺钉M8×14	1	35	
5		顶垫	1	Q275	
4		绞杠	1	Q215	
3		螺杆	1	45	
2		螺套	1	ZQSn6-6-5	
1		底座	1	HT200	
序号	代号	名称	数量	材料	备注
制图		千斤顶		比例	1:1
审核				A2	
		（质量）			

图 4-29

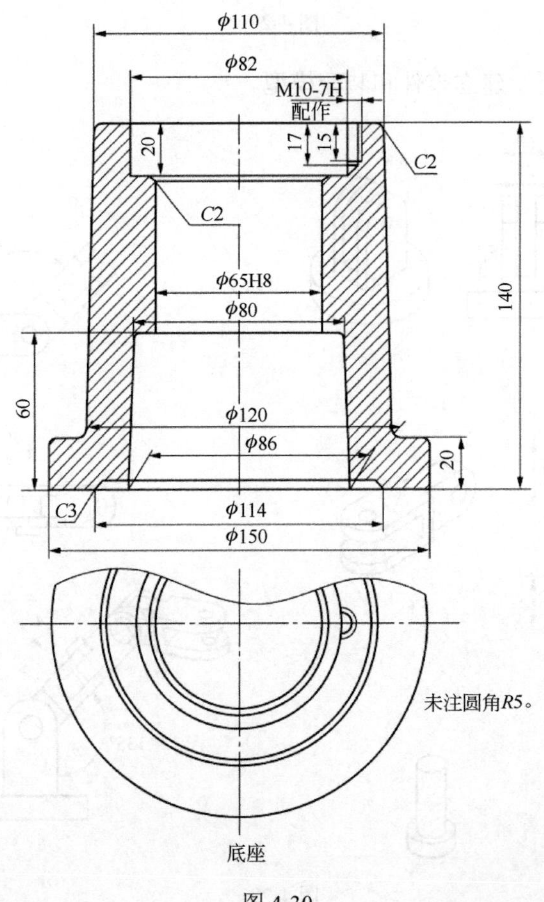

图 4-30

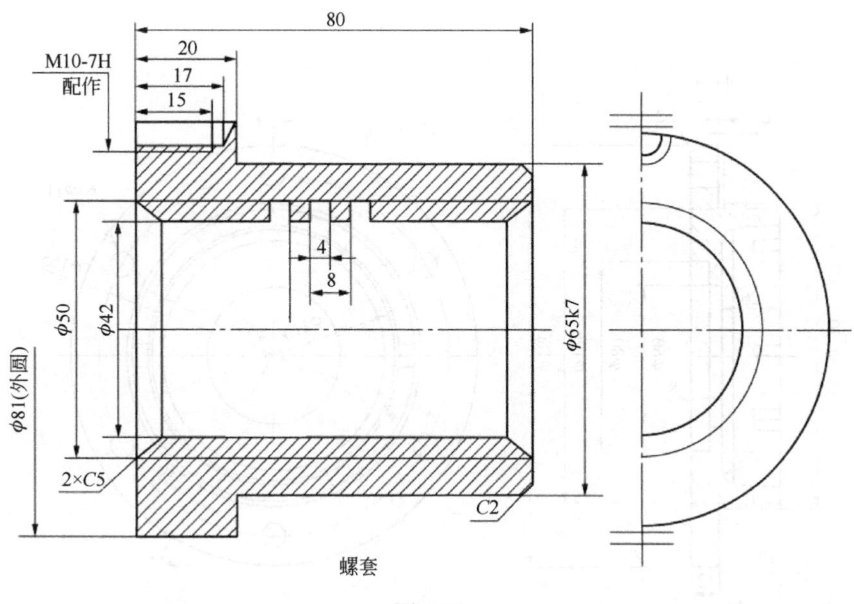

图 4-31

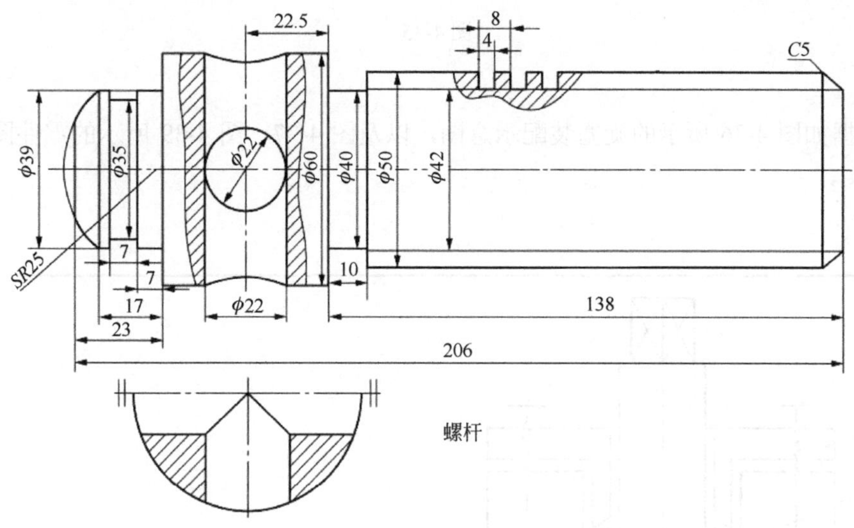

图 4-32

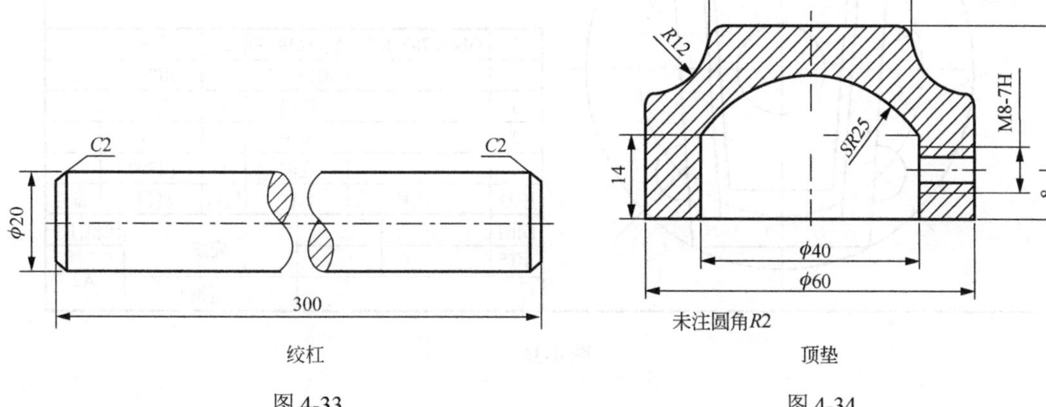

图 4-33　　图 4-34

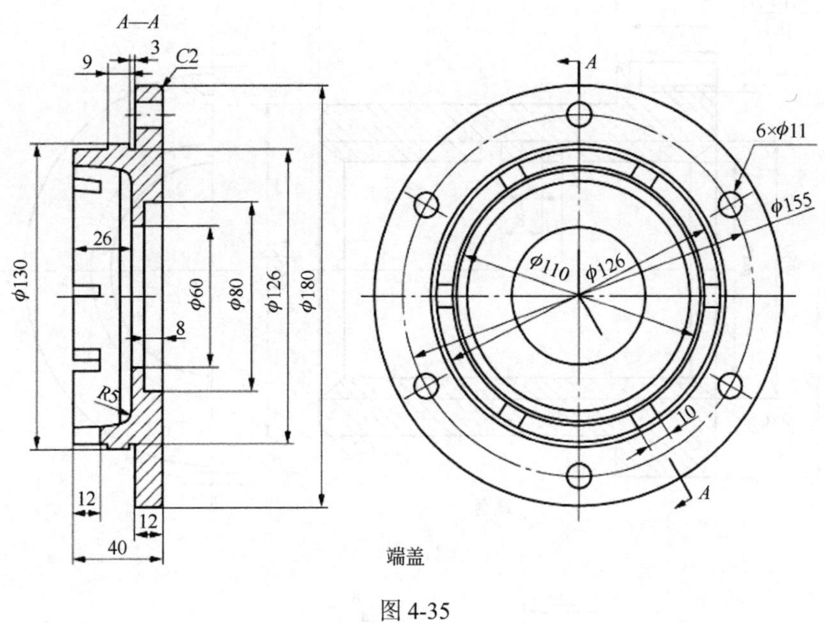

端盖

图 4-35

（6）根据如图 4-36 所示的旋塞装配示意图，以及图 4-37～图 4-39 所示的零件图建立零件和装配模型。

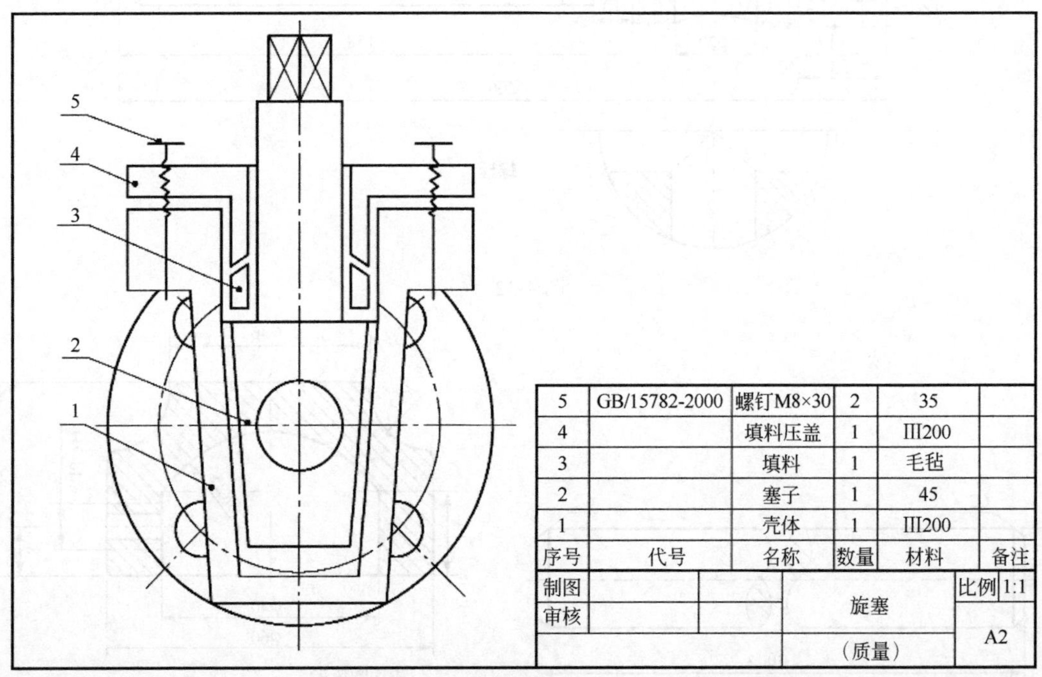

5	GB/15782-2000	螺钉M8×30	2	35	
4		填料压盖	1	HT200	
3		填料	1	毛毡	
2		塞子	1	45	
1		壳体	1	HT200	
序号	代号	名称	数量	材料	备注

制图			旋塞	比例	1:1
审核				A2	
			（质量）		

图 4-36

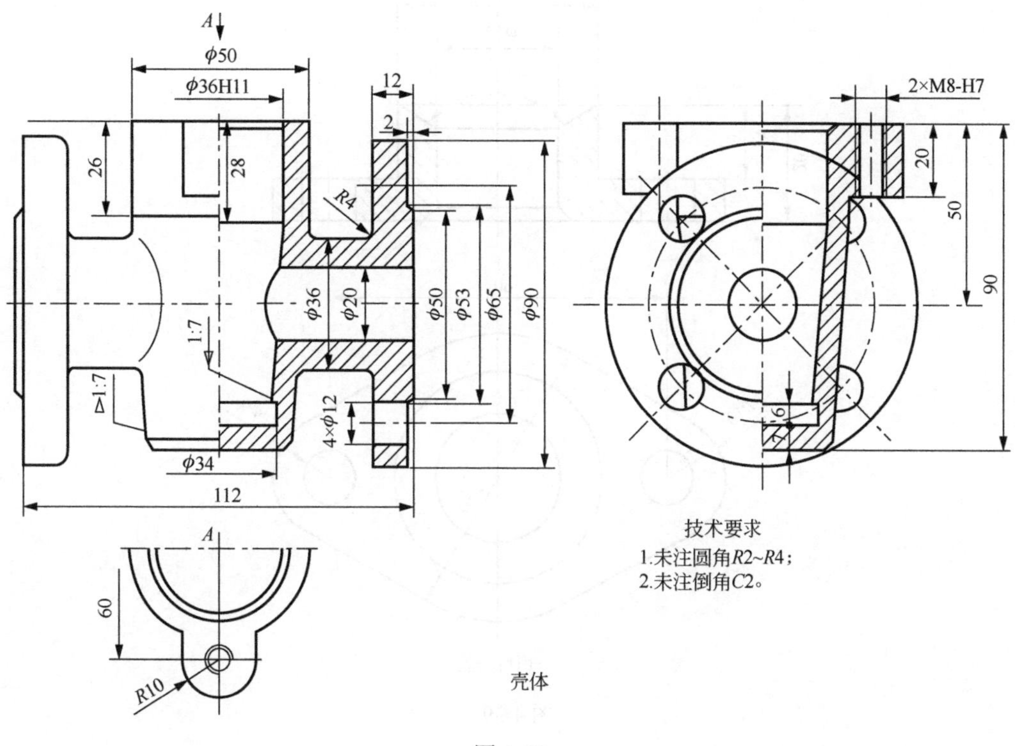

壳体

图 4-37

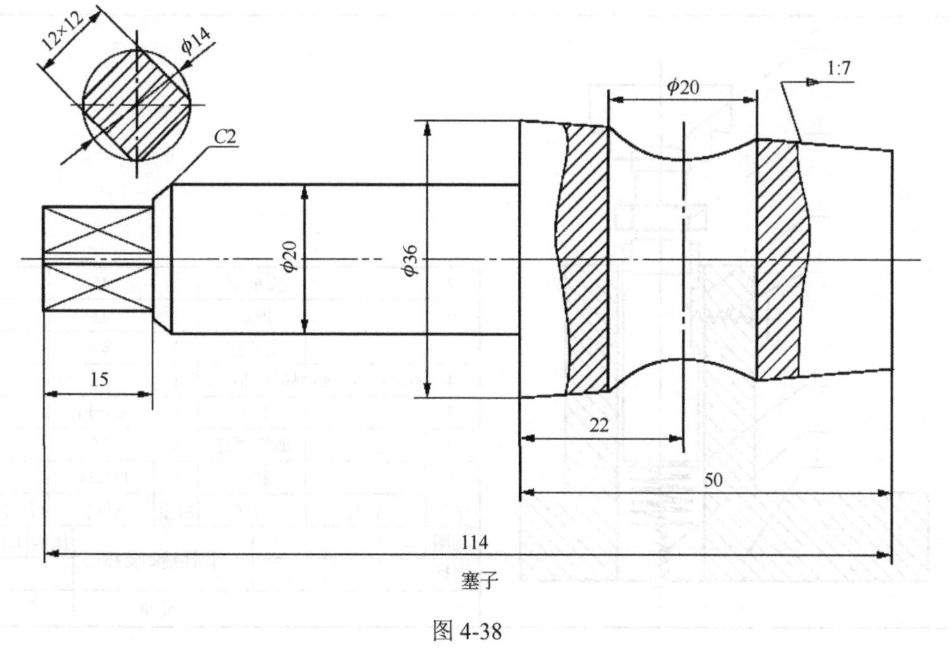

塞子

图 4-38

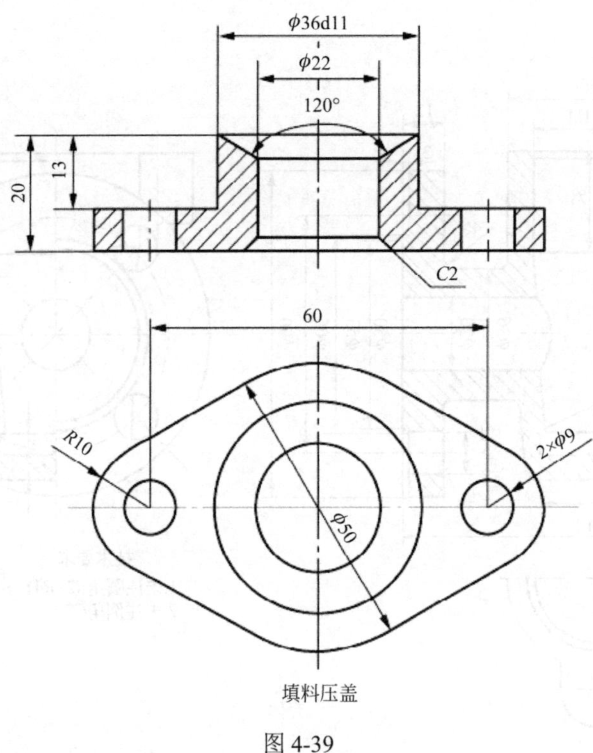

图 4-39

（7）根据如图 4-40 所示的弹性辅助支撑装配示意图，以及图 4-41～图 4-46 所示的零件图建立零件和装配模型。

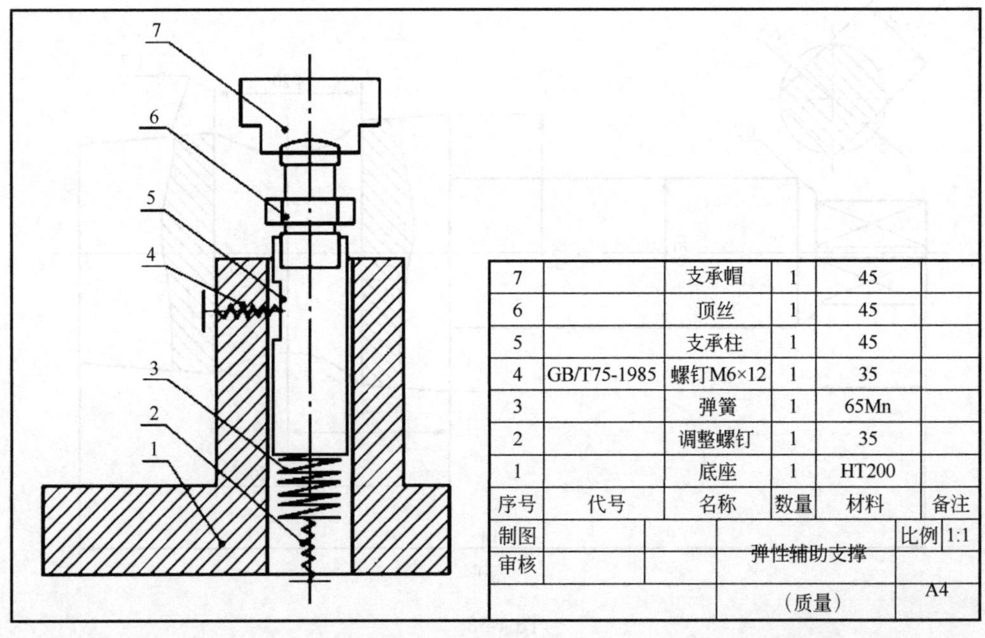

7		支承帽	1	45	
6		顶丝	1	45	
5		支承柱	1	45	
4	GB/T75-1985	螺钉M6×12	1	35	
3		弹簧	1	65Mn	
2		调整螺钉	1	35	
1		底座	1	HT200	
序号	代号	名称	数量	材料	备注

制图		弹性辅助支撑	比例	1:1
审核				
		（质量）	A4	

图 4-40

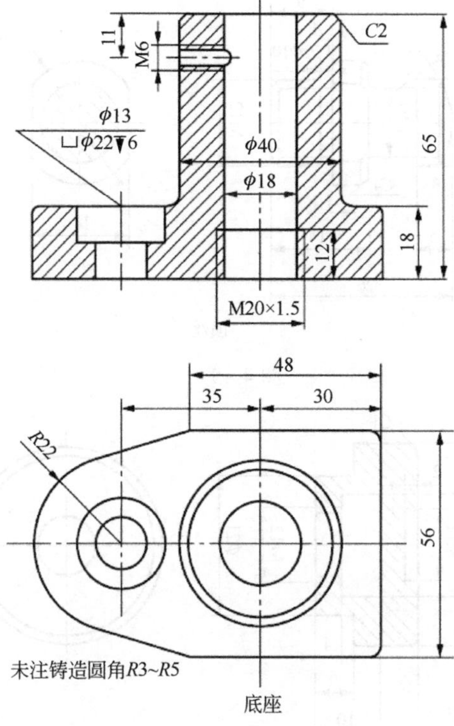

图 4-41

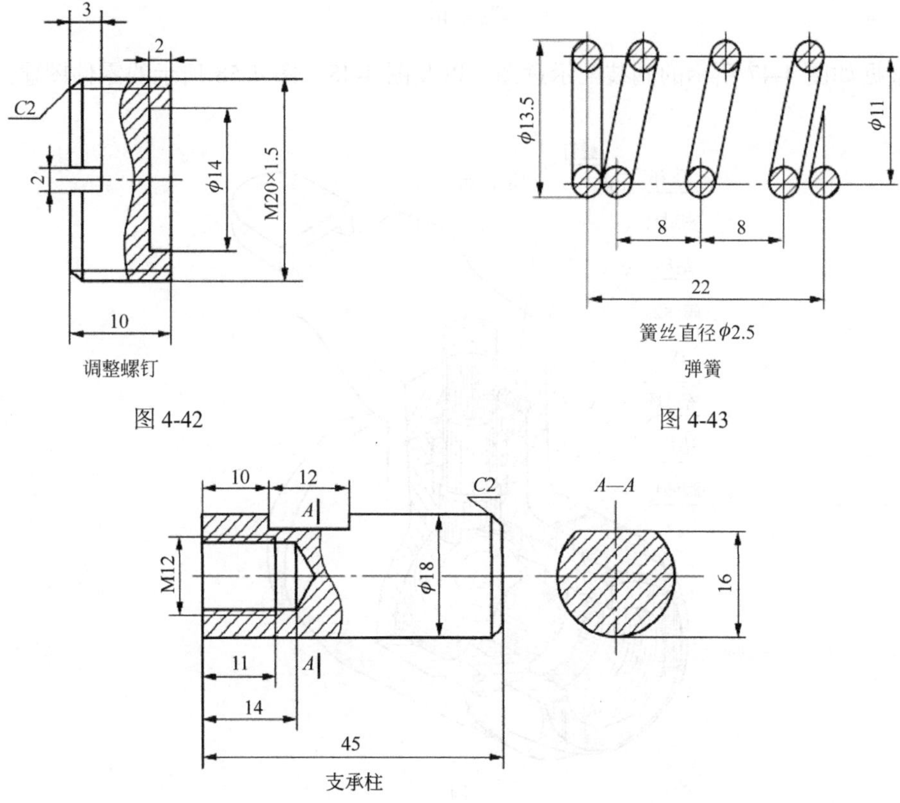

图 4-42　　图 4-43

图 4-44

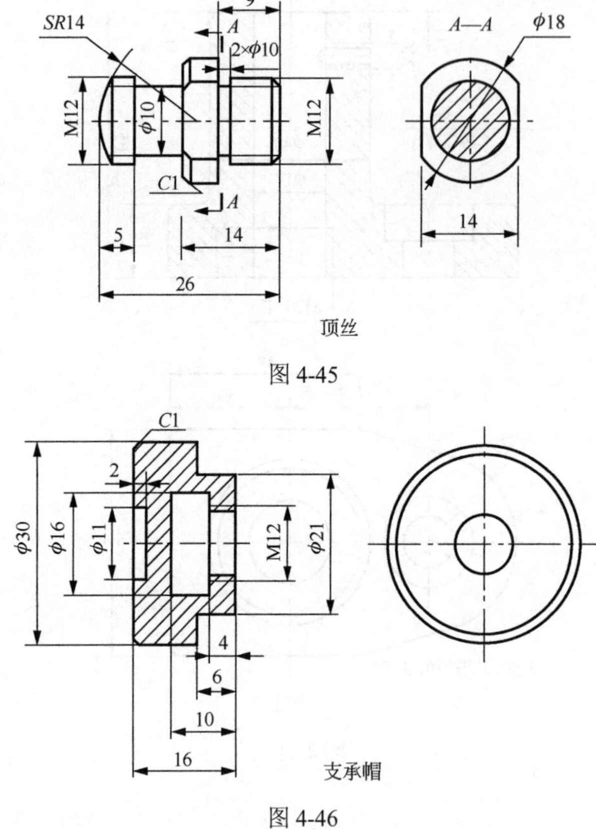

顶丝

图 4-45

支承帽

图 4-46

（8）根据如图 4-47 所示的阀装配示意图，以及图 4-48～图 4-58 所示的零件图建立零件和装配模型。

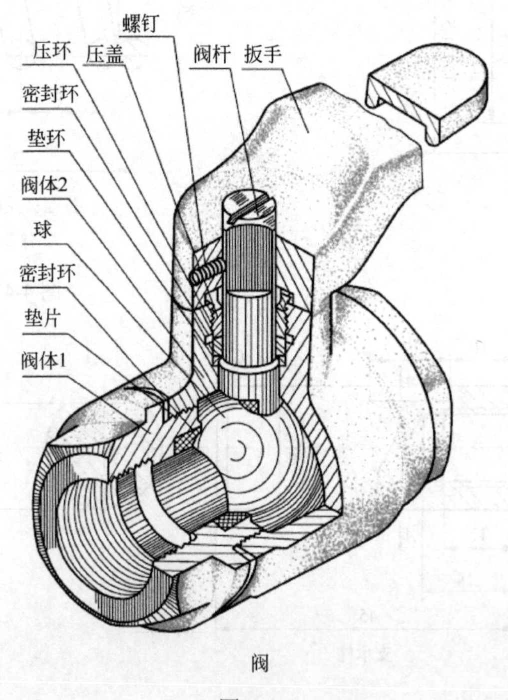

阀

图 4-47

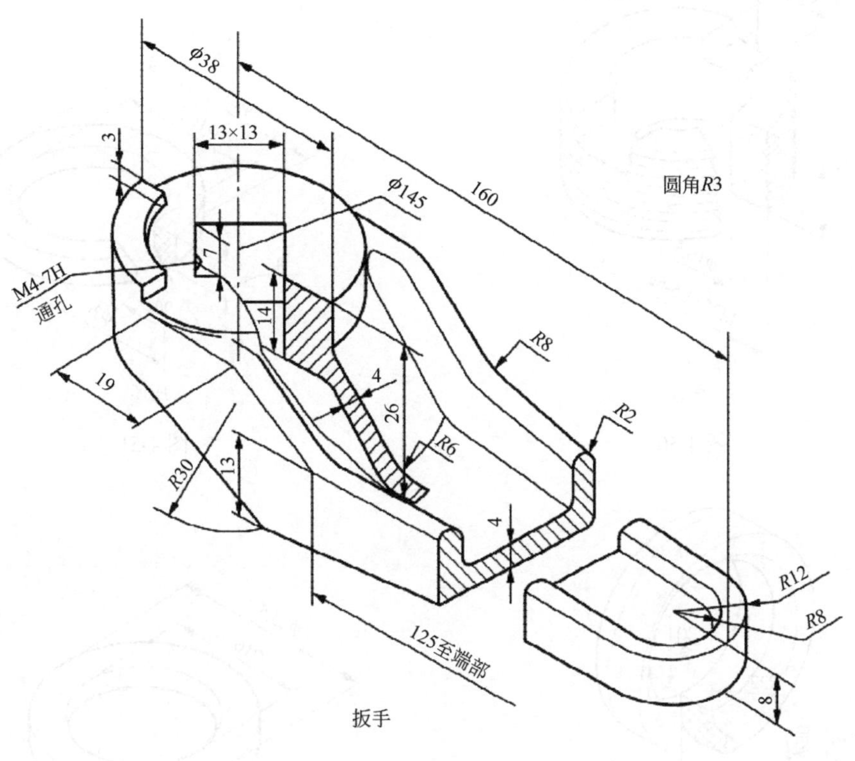

扳手

图 4-48

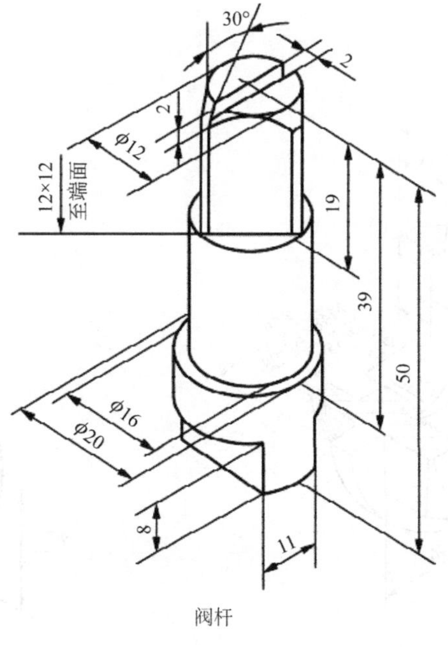

阀杆

图 4-49

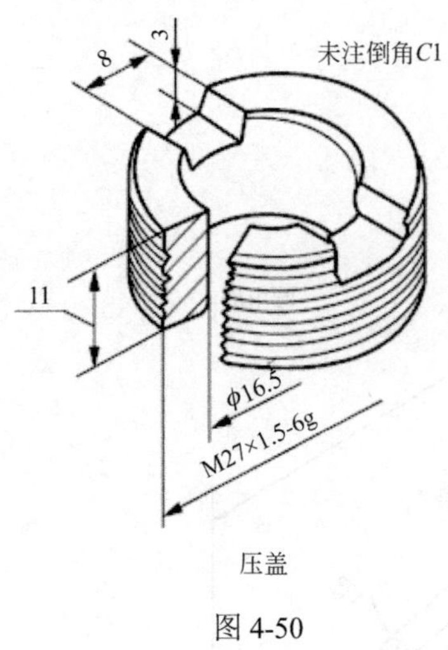

压盖

图 4-50

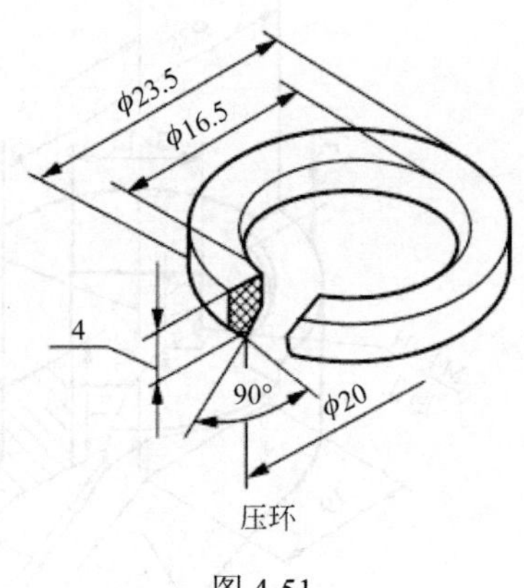

压环

图 4-51

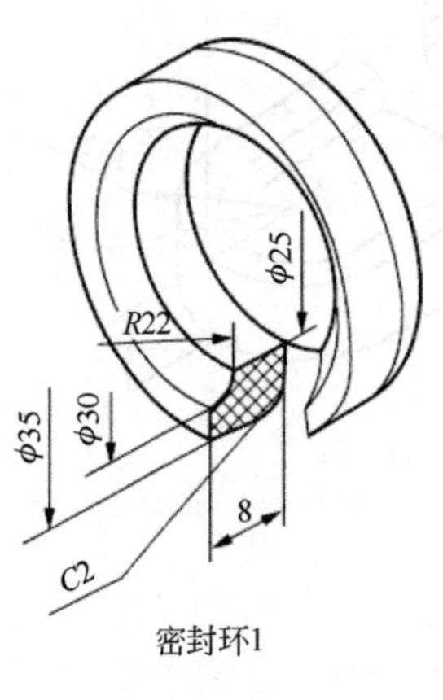

密封环1

图 4-52

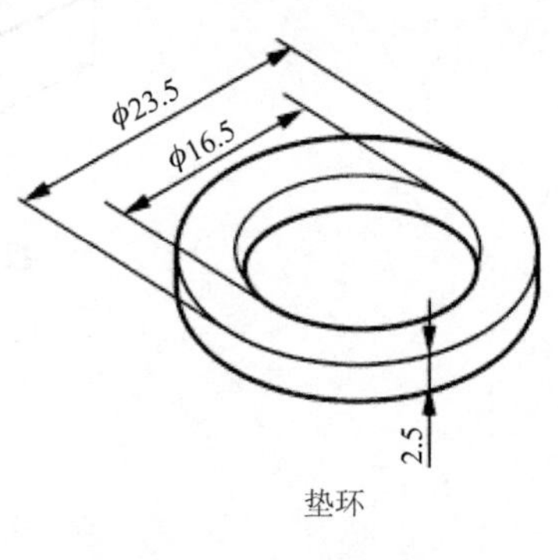

垫环

图 4-53

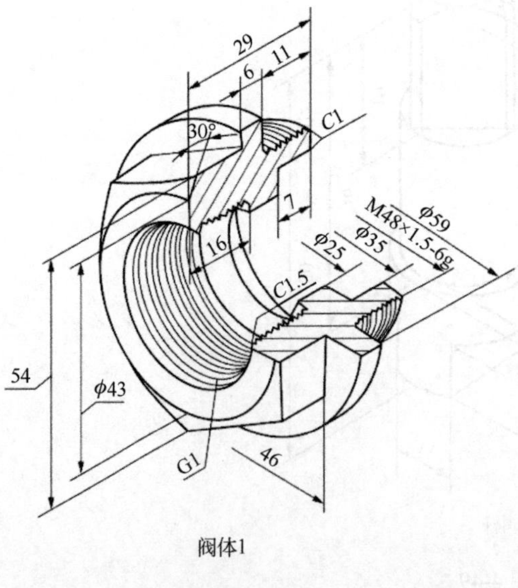

阀体1

图 4-54

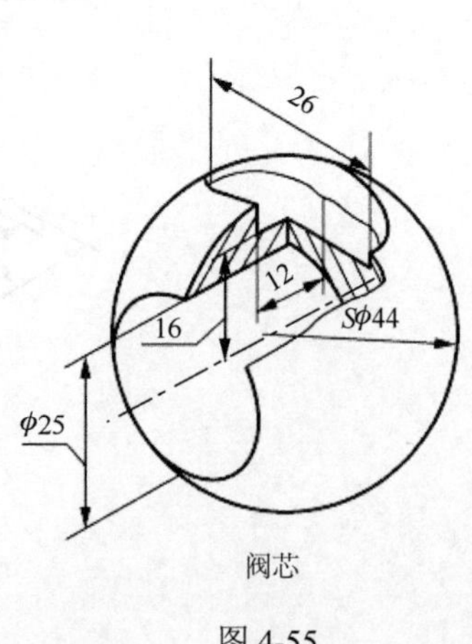

阀芯

图 4-55

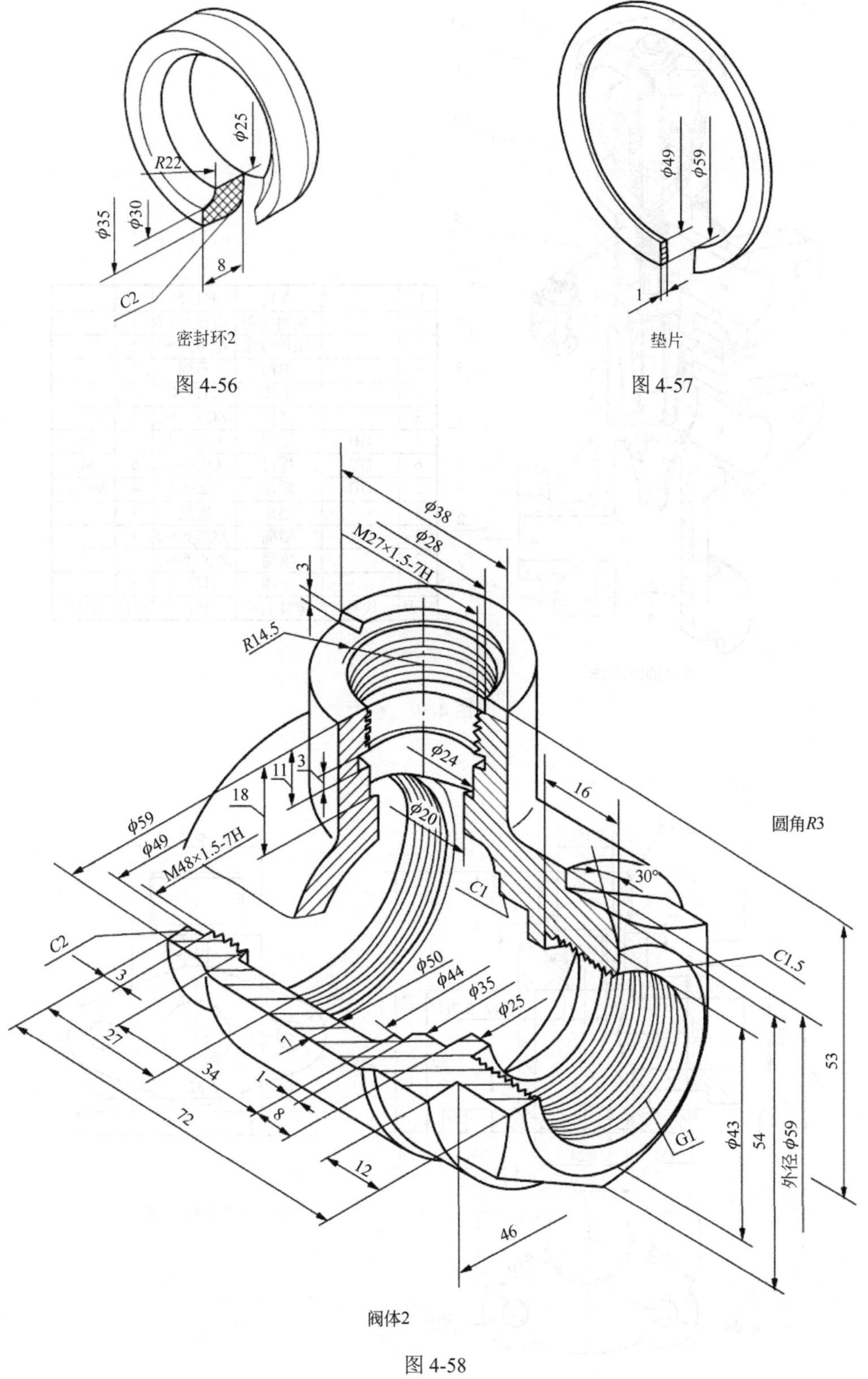

图 4-56

图 4-57

图 4-58

（9）根据如图 4-59 所示的阀装配示意图，以及图 4-60～图 4-67 所示的零件图建立零件和装配模型。

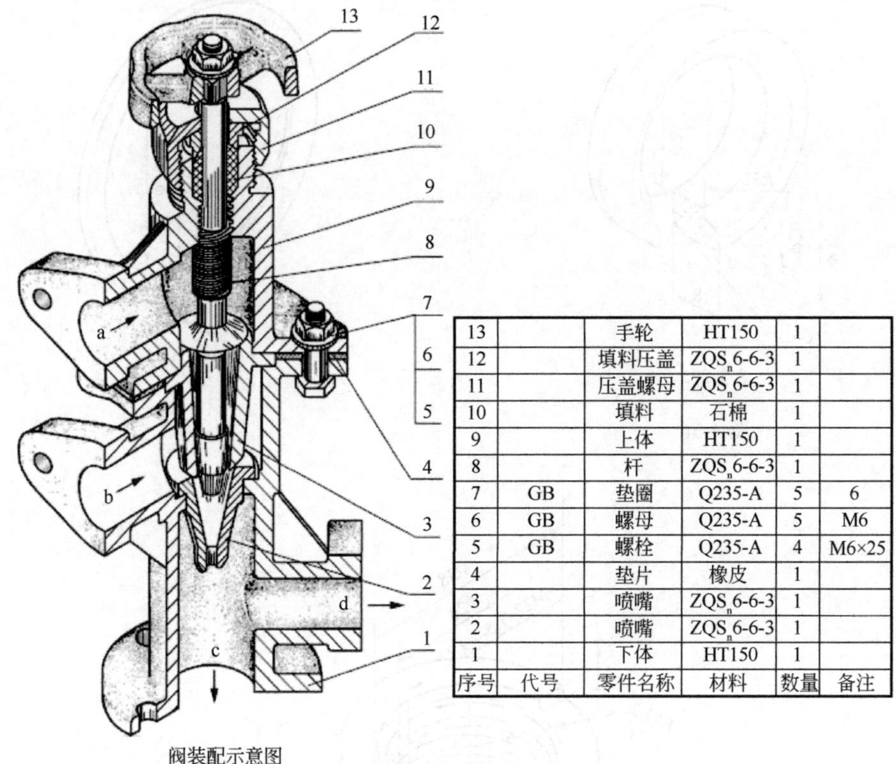

13		手轮	HT150	1	
12		填料压盖	ZQS$_n$6-6-3	1	
11		压盖螺母	ZQS$_n$6-6-3	1	
10		填料	石棉	1	
9		上体	HT150	1	
8		杆	ZQS$_n$6-6-3	1	
7	GB	垫圈	Q235-A	5	6
6	GB	螺母	Q235-A	5	M6
5	GB	螺栓	Q235-A	4	M6×25
4		垫片	橡皮	1	
3		喷嘴	ZQS$_n$6-6-3	1	
2		喷嘴	ZQS$_n$6-6-3	1	
1		下体	HT150	1	
序号	代号	零件名称	材料	数量	备注

阀装配示意图

图 4-59

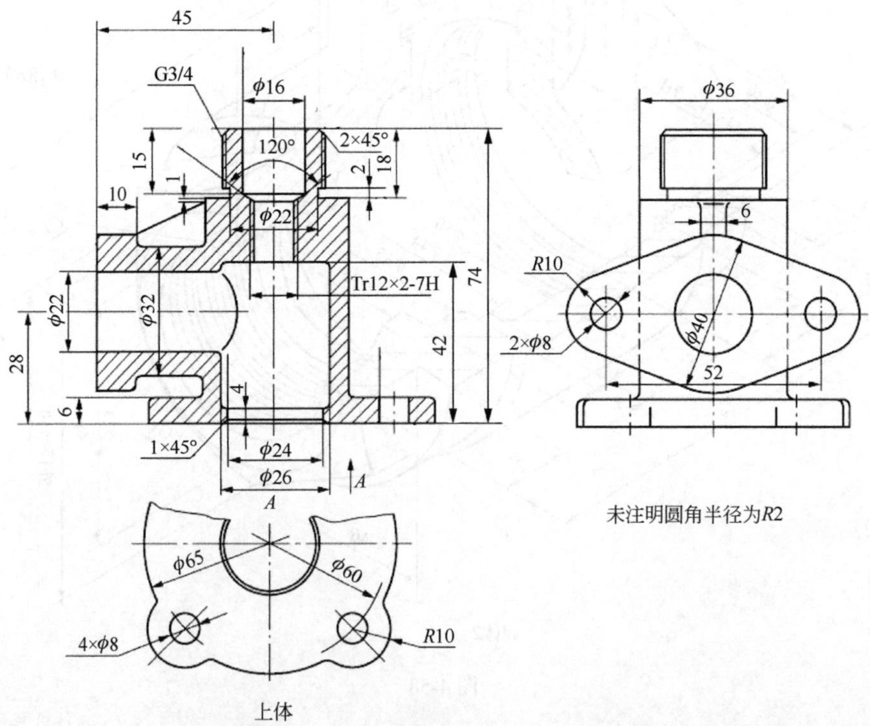

未注明圆角半径为R2

上体

图 4-60

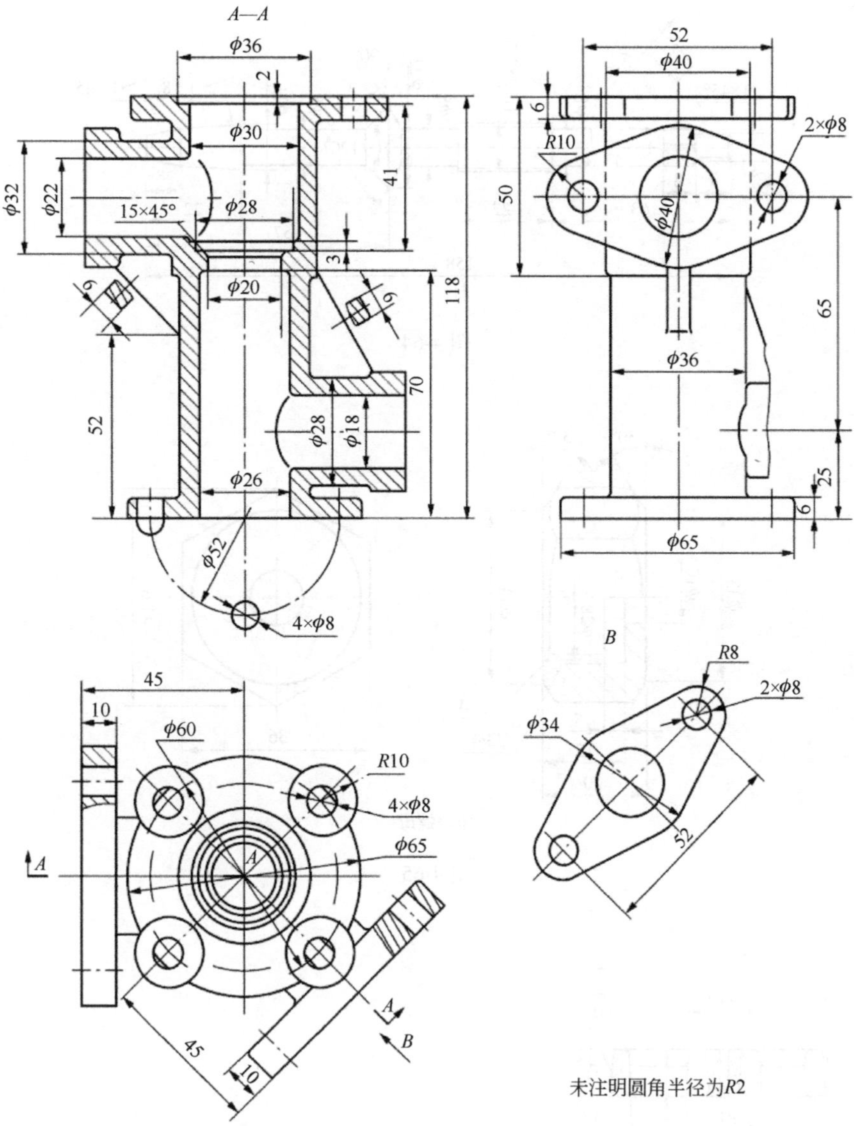

未注明圆角半径为$R2$

下体

图 4-61

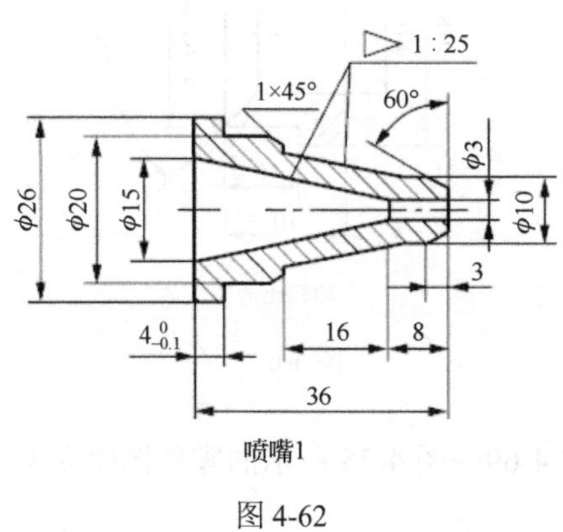

喷嘴1

图 4-62

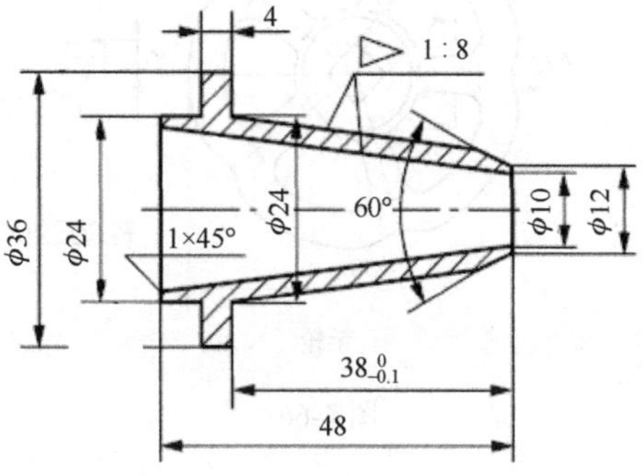

喷嘴2

图 4-63

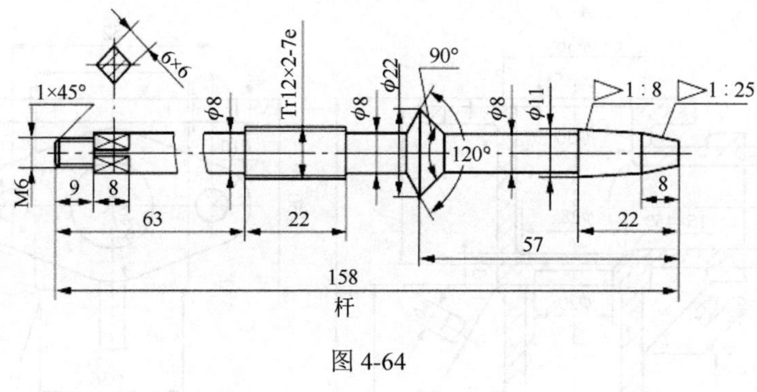

图 4-64

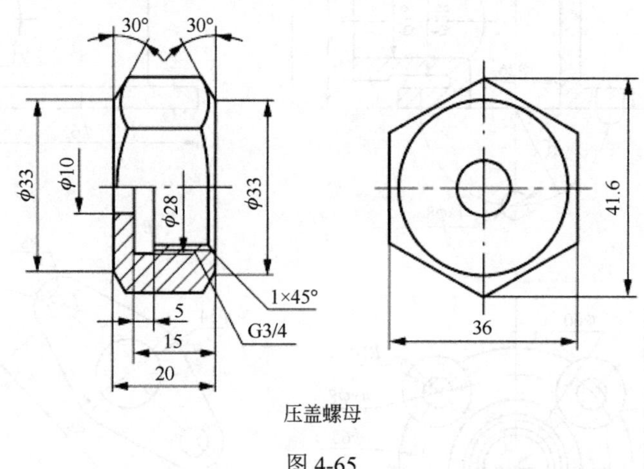

图 4-65

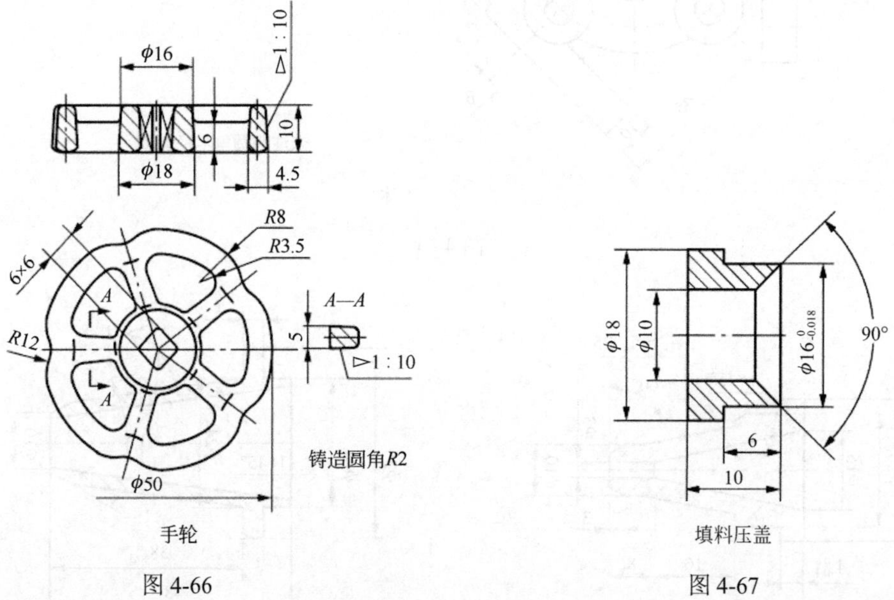

图 4-66　　图 4-67

（10）根据如图 4-68 所示的铣刀头装配图，以及图 4-69～图 4-75 所示的零件图建立零件和装配模型。

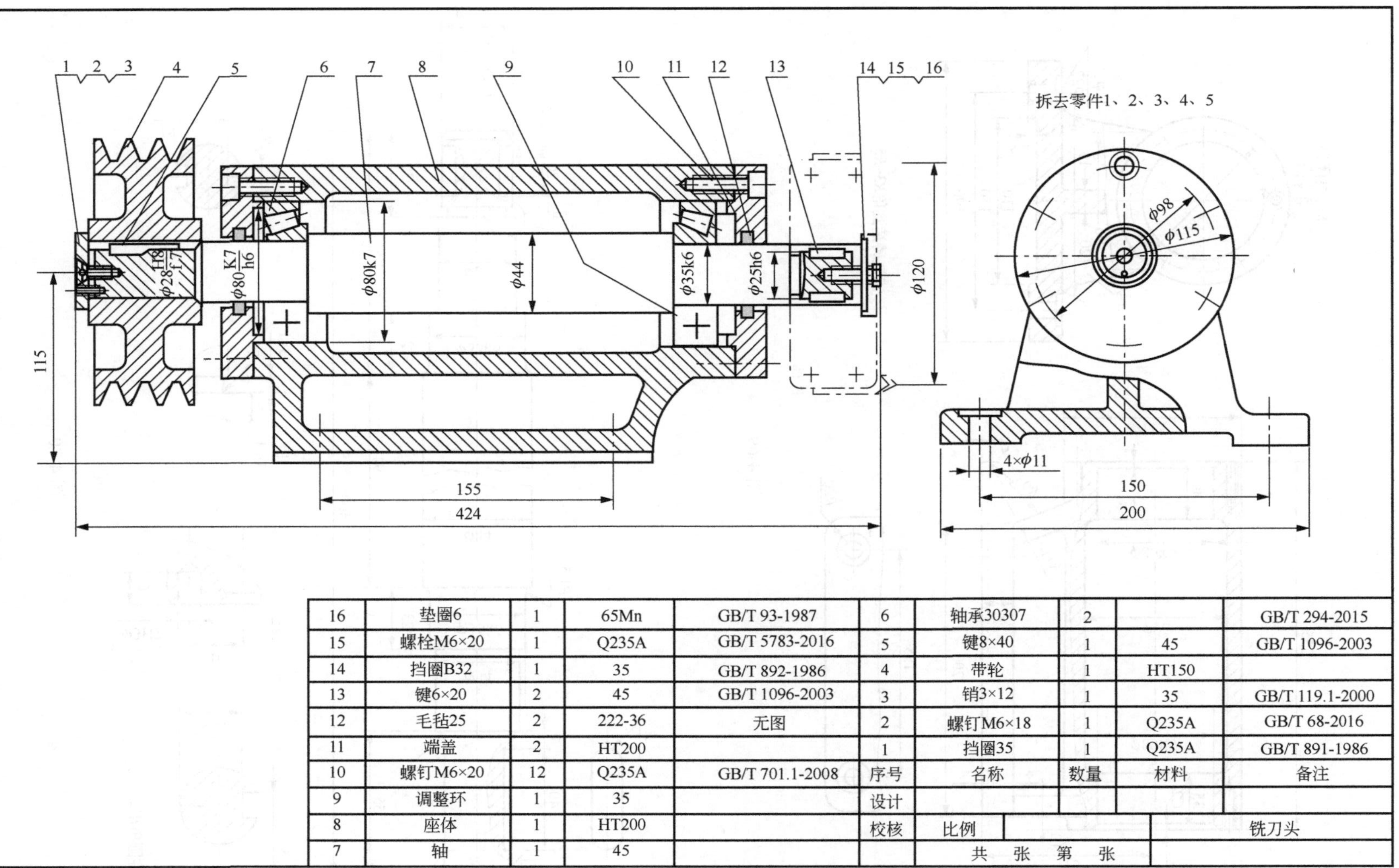

16	垫圈6	1	65Mn	GB/T 93-1987	6	轴承30307	2		GB/T 294-2015
15	螺栓M6×20	1	Q235A	GB/T 5783-2016	5	键8×40	1	45	GB/T 1096-2003
14	挡圈B32	1	35	GB/T 892-1986	4	带轮	1	HT150	
13	键6×20	2	45	GB/T 1096-2003	3	销3×12	1	35	GB/T 119.1-2000
12	毛毡25	2	222-36	无图	2	螺钉M6×18	1	Q235A	GB/T 68-2016
11	端盖	2	HT200		1	挡圈35	1	Q235A	GB/T 891-1986
10	螺钉M6×20	12	Q235A	GB/T 701.1-2008	序号	名称	数量	材料	备注
9	调整环	1	35		设计				
8	座体	1	HT200		校核	比例		铣刀头	
7	轴	1	45			共　张　第　张			

图 4-68

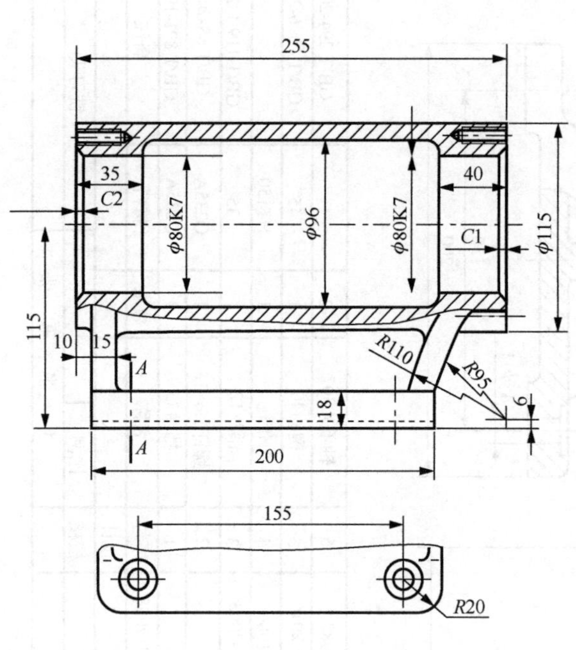

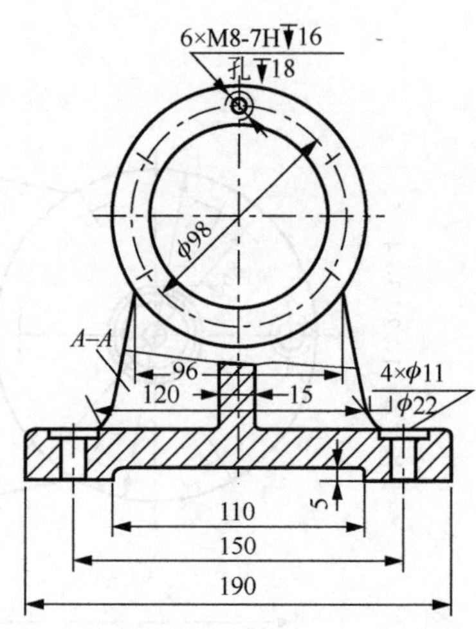

未注铸造圆角R3~R5

座体

图 4-69

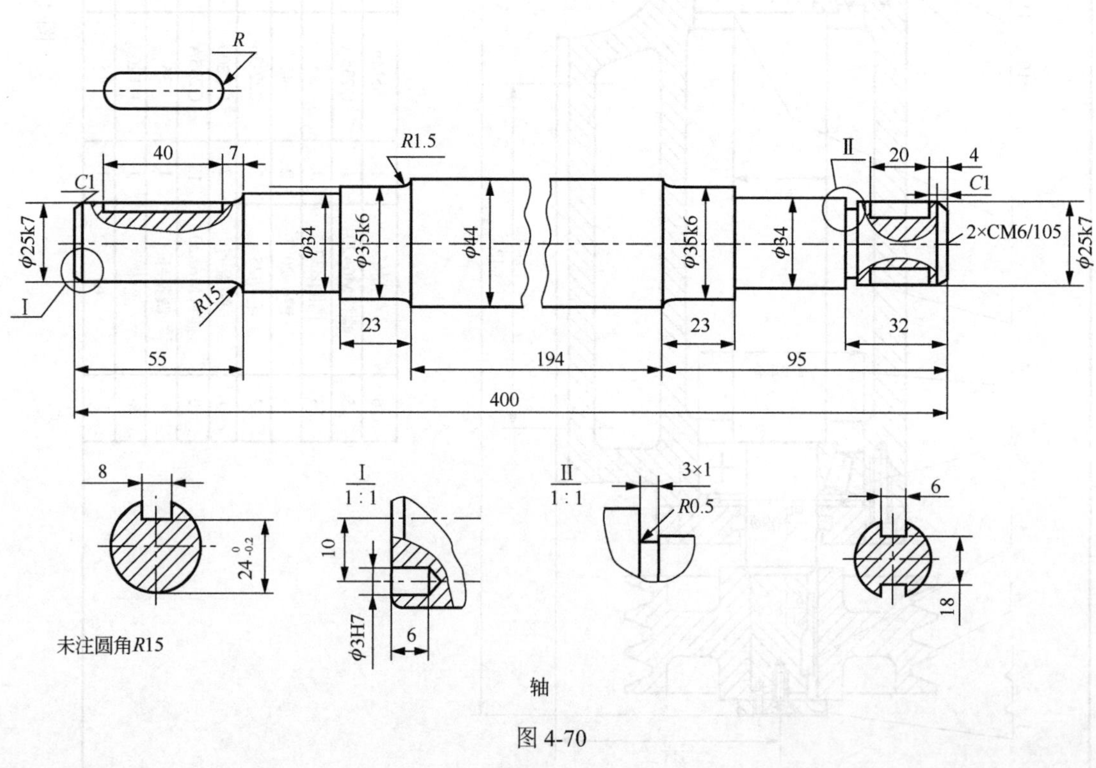

未注圆角R15

轴

图 4-70

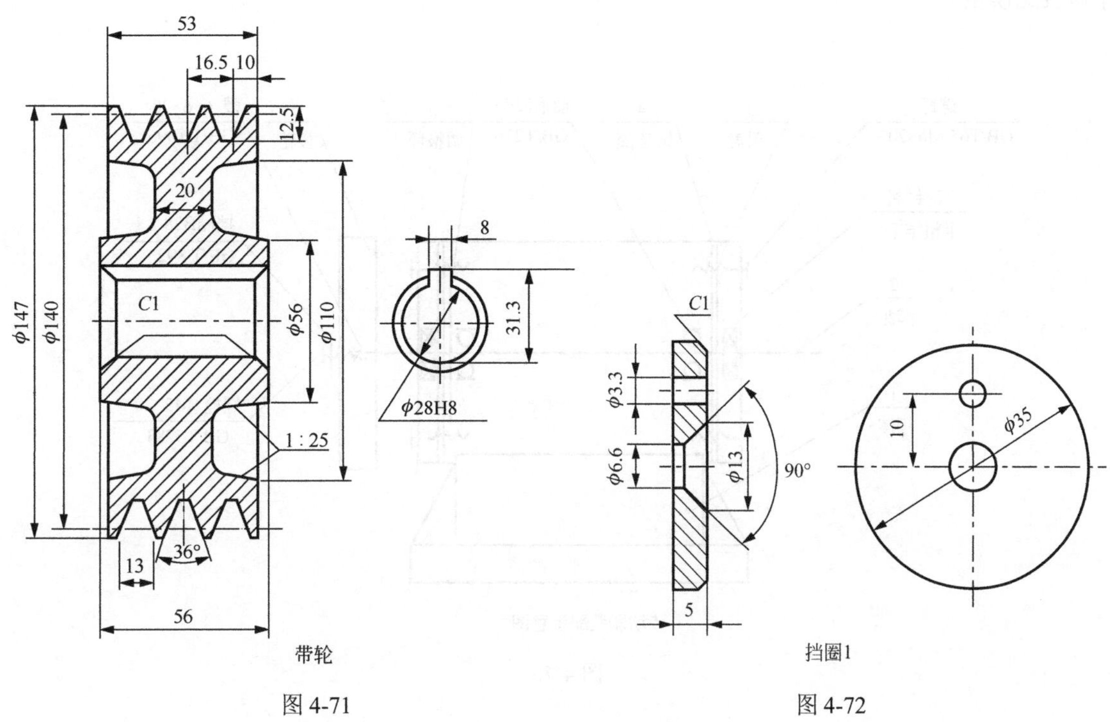

带轮

图 4-71

挡圈1

图 4-72

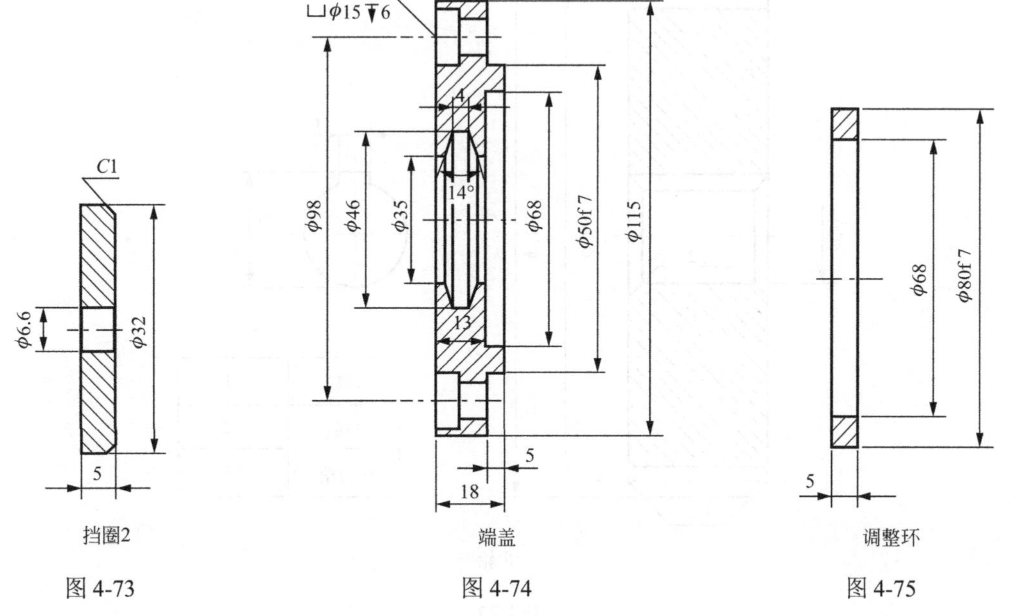

挡圈2

图 4-73

端盖

图 4-74

调整环

图 4-75

（11）根据如图 4-76 所示的传动器装配示意图，以及图 4-77～图 4-75 所示的零件图建立零件和装配模型。

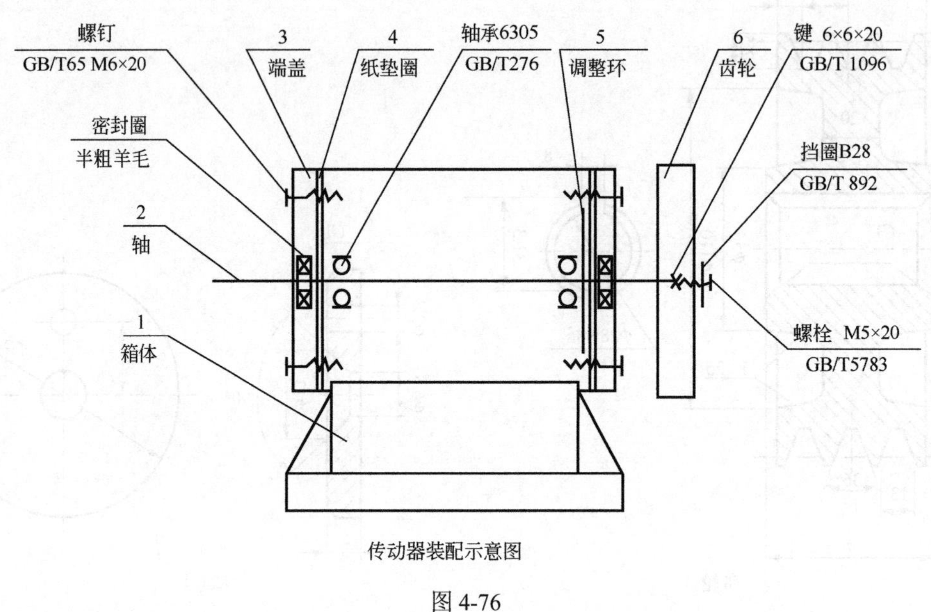

传动器装配示意图

图 4-76

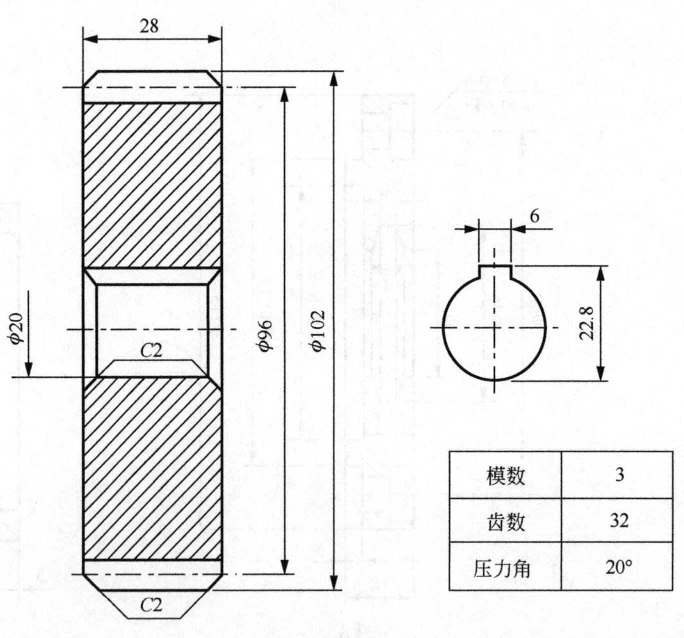

模数	3
齿数	32
压力角	20°

齿轮

图 4-77

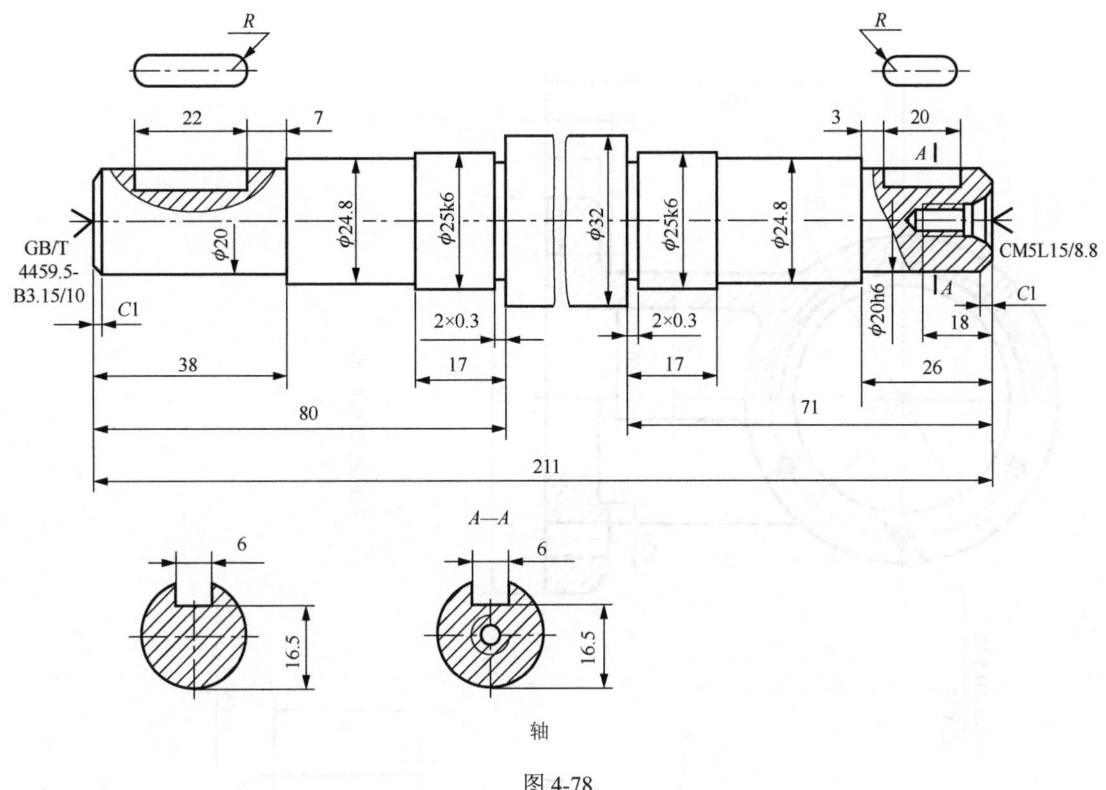

图 4-78

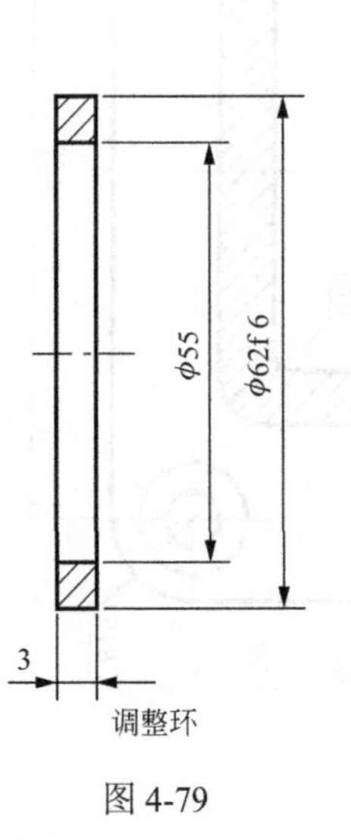

图 4-79

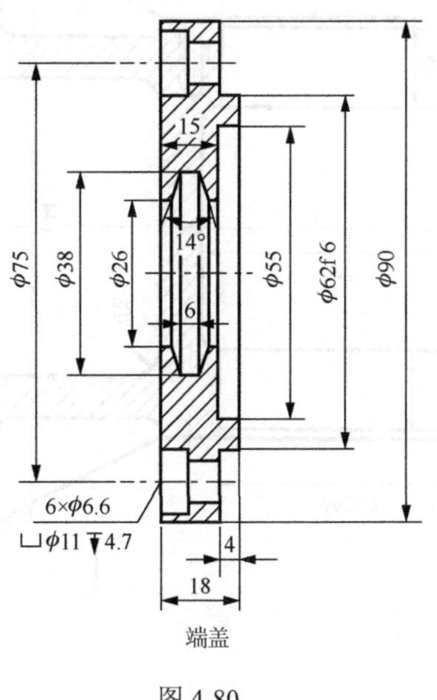

图 4-80

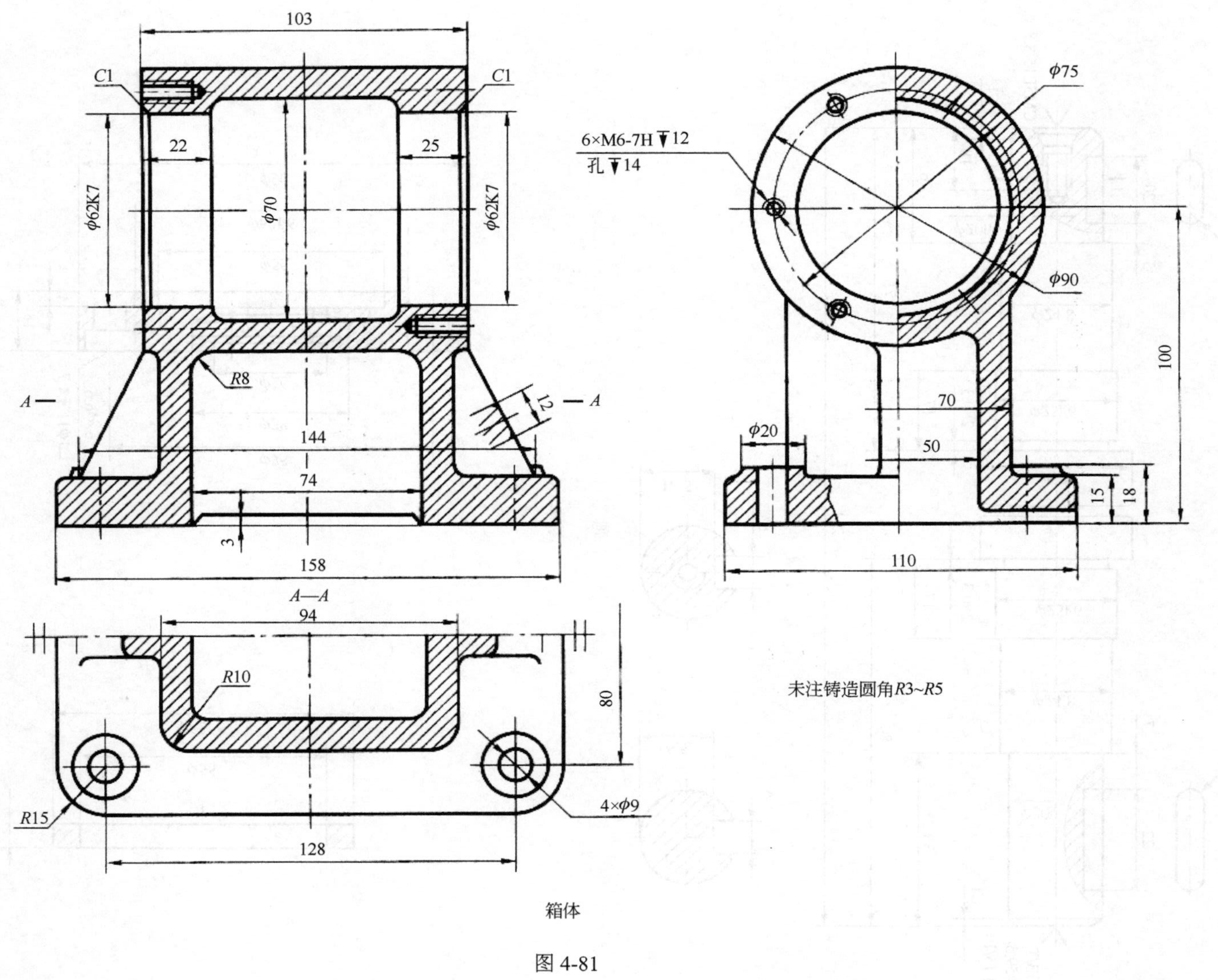
103
C1
φ62K7
25
22
φ70
6×M6-7H▼12
孔▼14
φ75
φ90
100
70
50
φ20
15
18
110
R8
12
A
144
74
3
158
A—A
94
R10
80
未注铸造圆角R3~R5
R15
4×φ9
128

箱体

图 4-81

（12）根据如图 4-82 所示的钻模装配示意图，以及图 4-83～图 4-89 所示的零件图建立零件和装配模型。

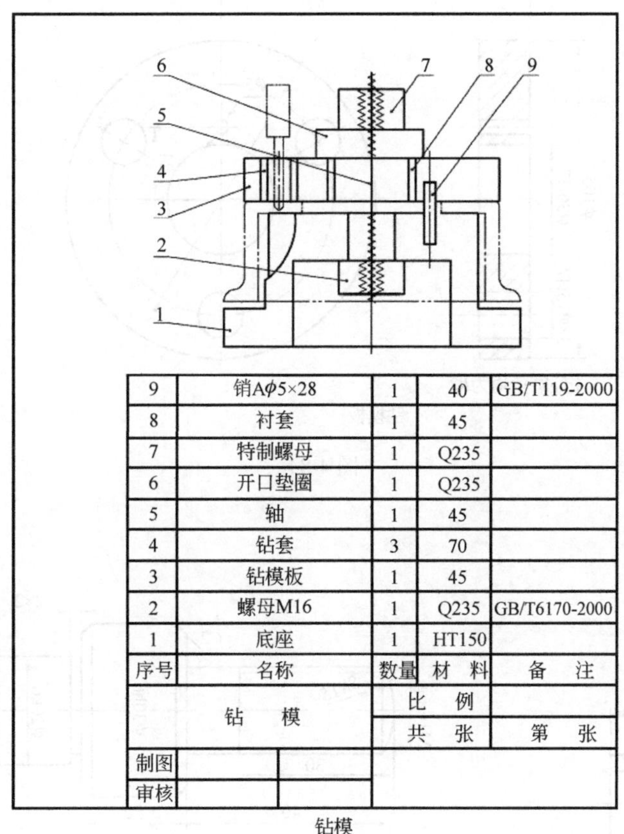

序号	名称	数量	材料	备注
9	销Aϕ5×28	1	40	GB/T119-2000
8	衬套	1	45	
7	特制螺母	1	Q235	
6	开口垫圈	1	Q235	
5	轴	1	45	
4	钻套	3	70	
3	钻模板	1	45	
2	螺母M16	1	Q235	GB/T6170-2000
1	底座	1	HT150	

钻模		比例	
		共　张	第　张
制图			
审核			

钻模

图 4-82

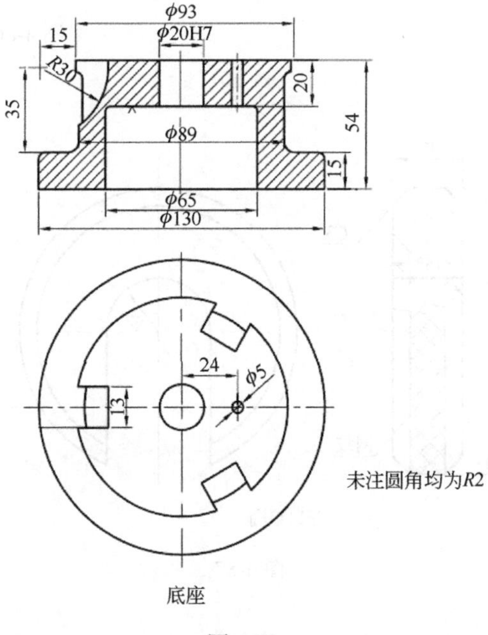

底座

图 4-83

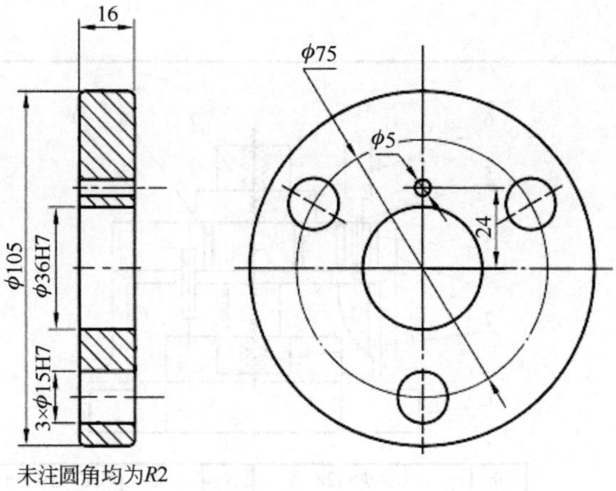

未注圆角均为$R2$

钻模板

图 4-84

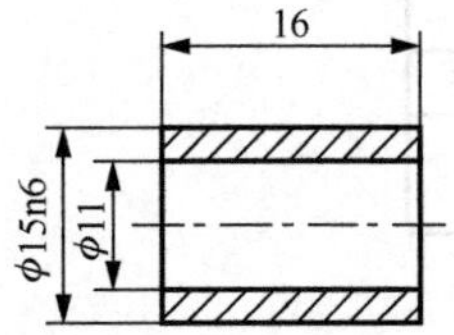

钻套

图 4-85

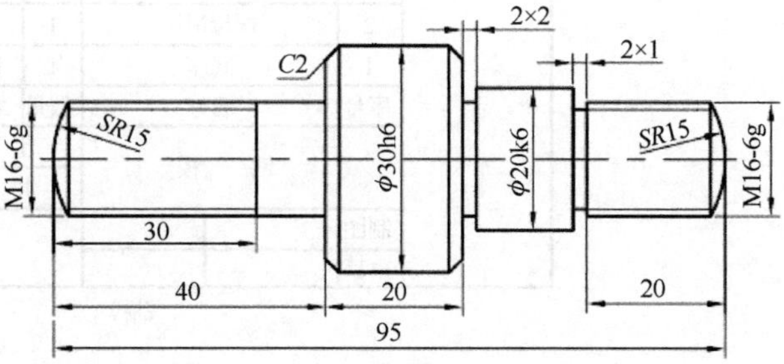

轴

图 4-86

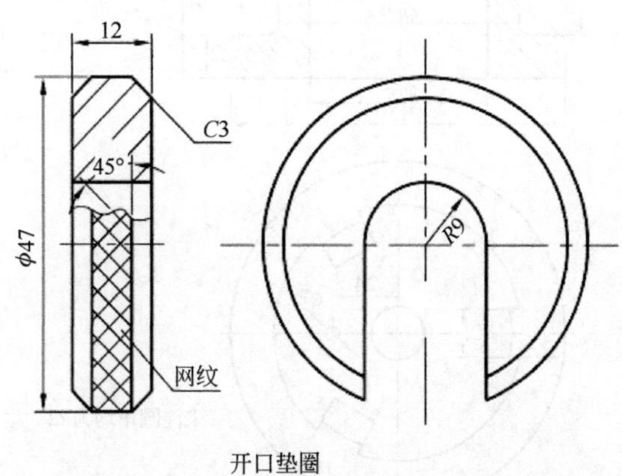

开口垫圈

图 4-87

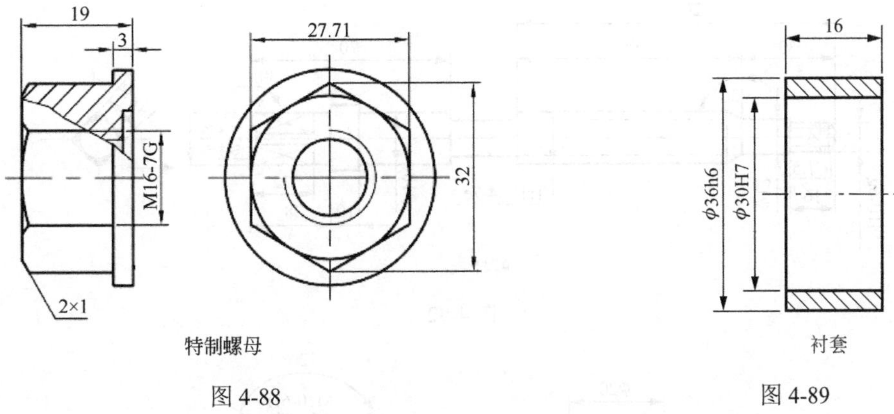

特制螺母

图 4-88

衬套

图 4-89

（13）根据如图 4-90 所示的平虎钳装配示意图，以及图 4-91～图 4-97 所示的零件图建立零件和装配模型。

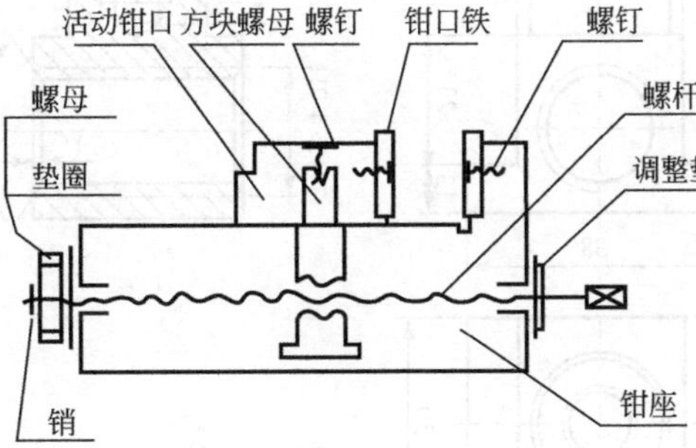

平虎钳

图 4-90

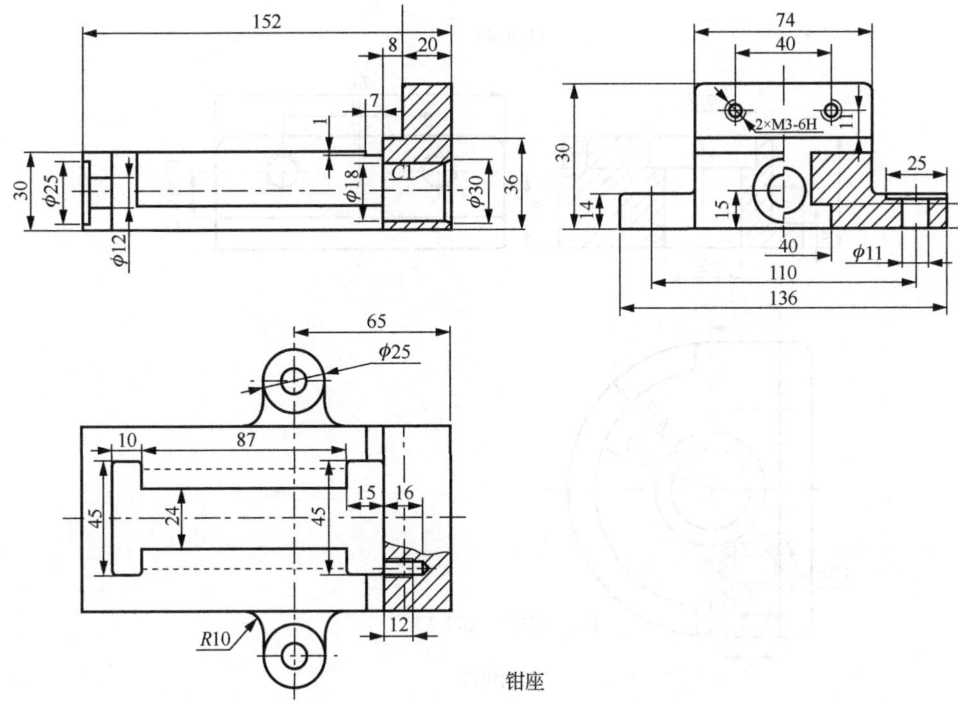

钳座

图 4-91

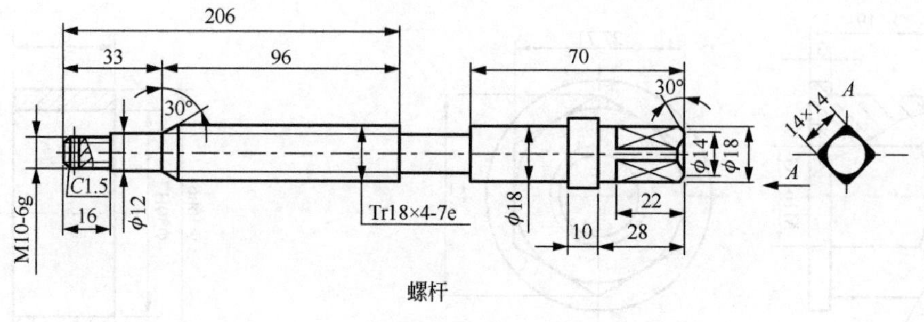

图 4-92

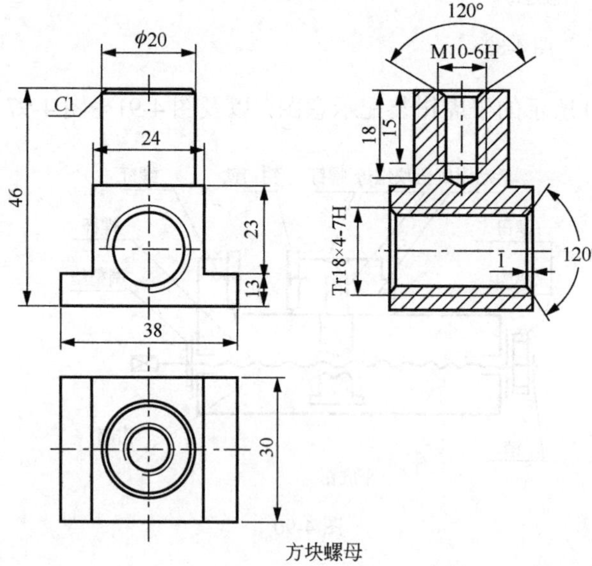

图 4-93

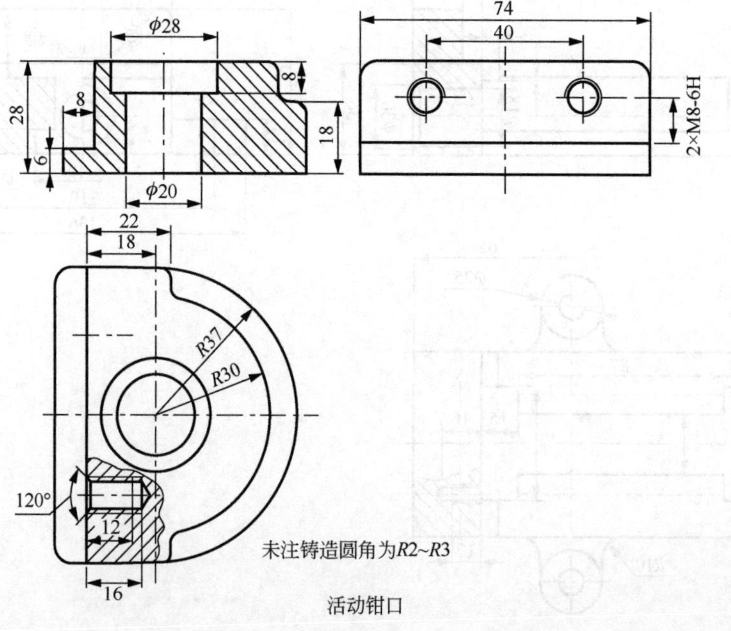

图 4-94

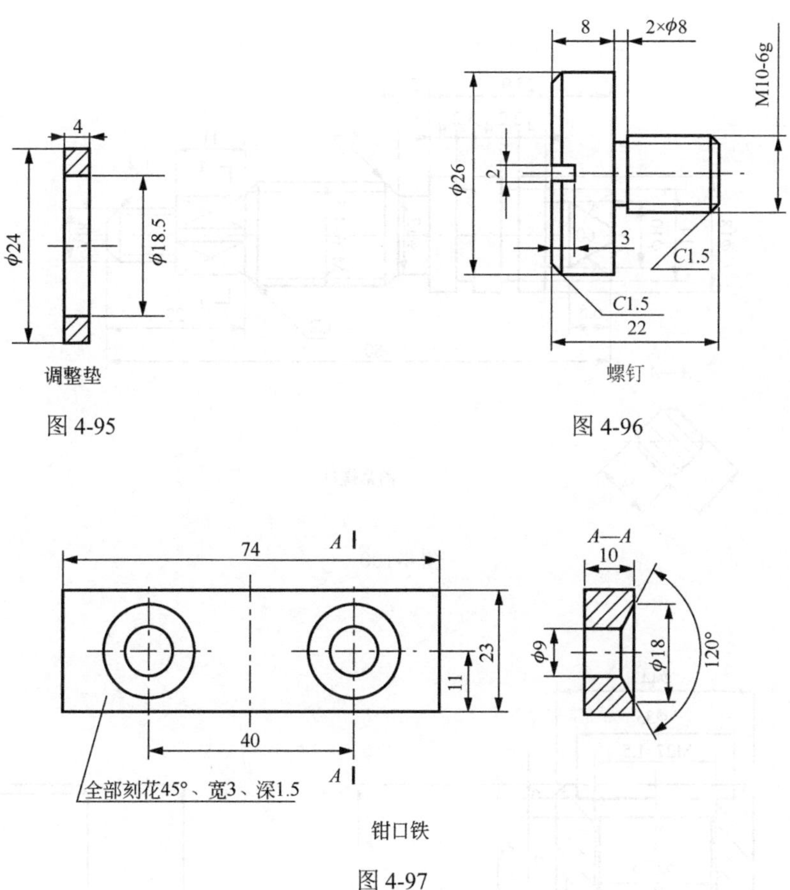

图 4-95

图 4-96

图 4-97

（14）根据如图 4-98 所示的气阀装配示意图，以及图 4-99～图 4-105 所示的零件图建立零件和装配模型。

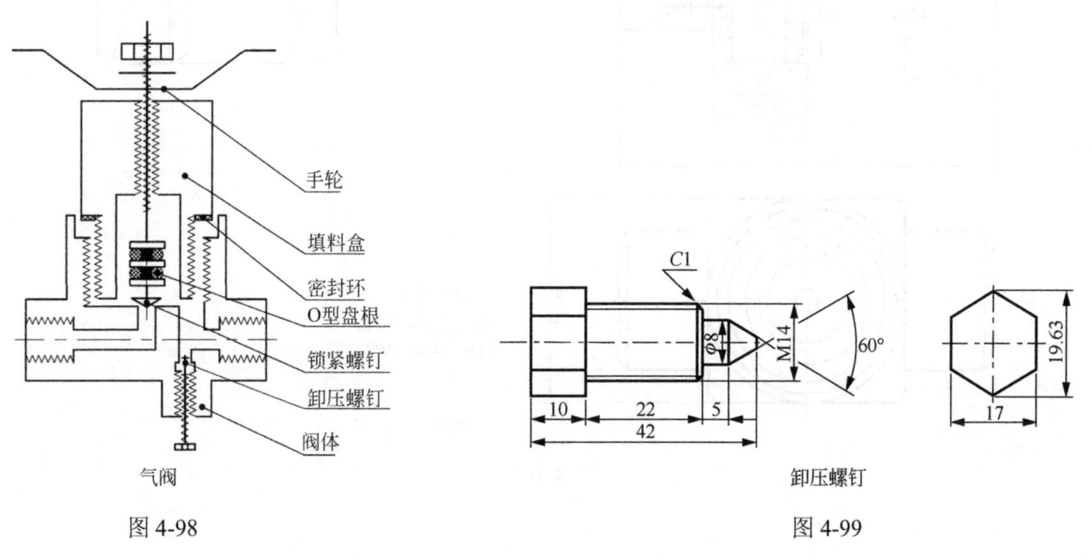

图 4-98

图 4-99

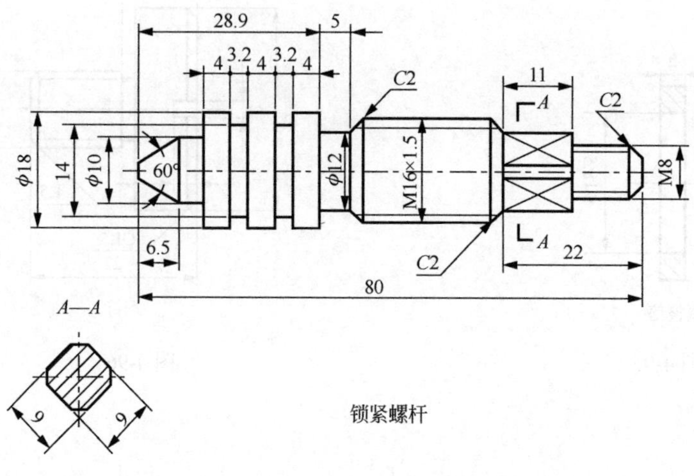

锁紧螺杆

图 4-100

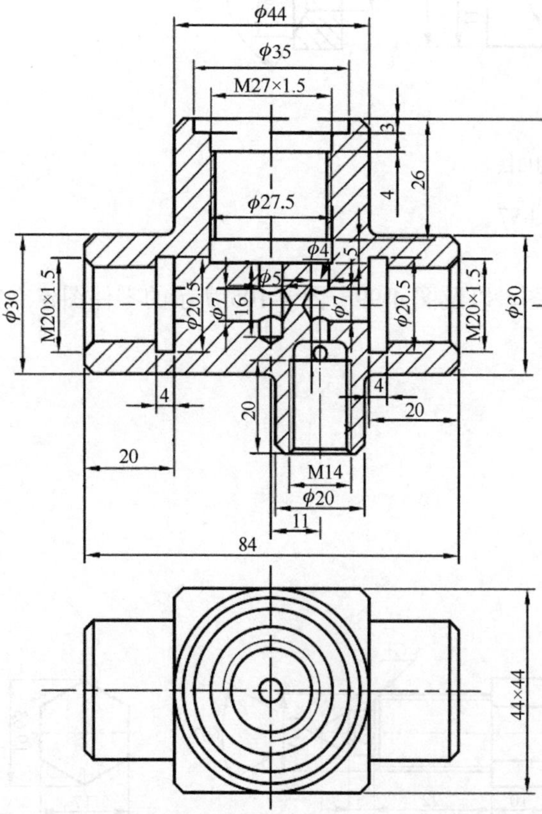

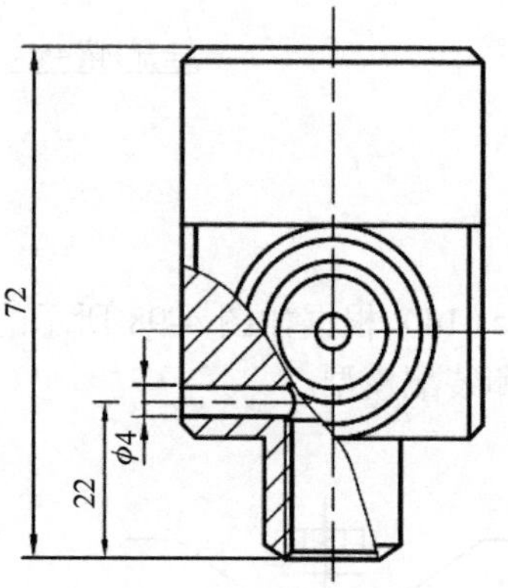

技术要求

1. 未注倒角均为C2;
2. 未注圆角均为R2。

阀体

图 4-101

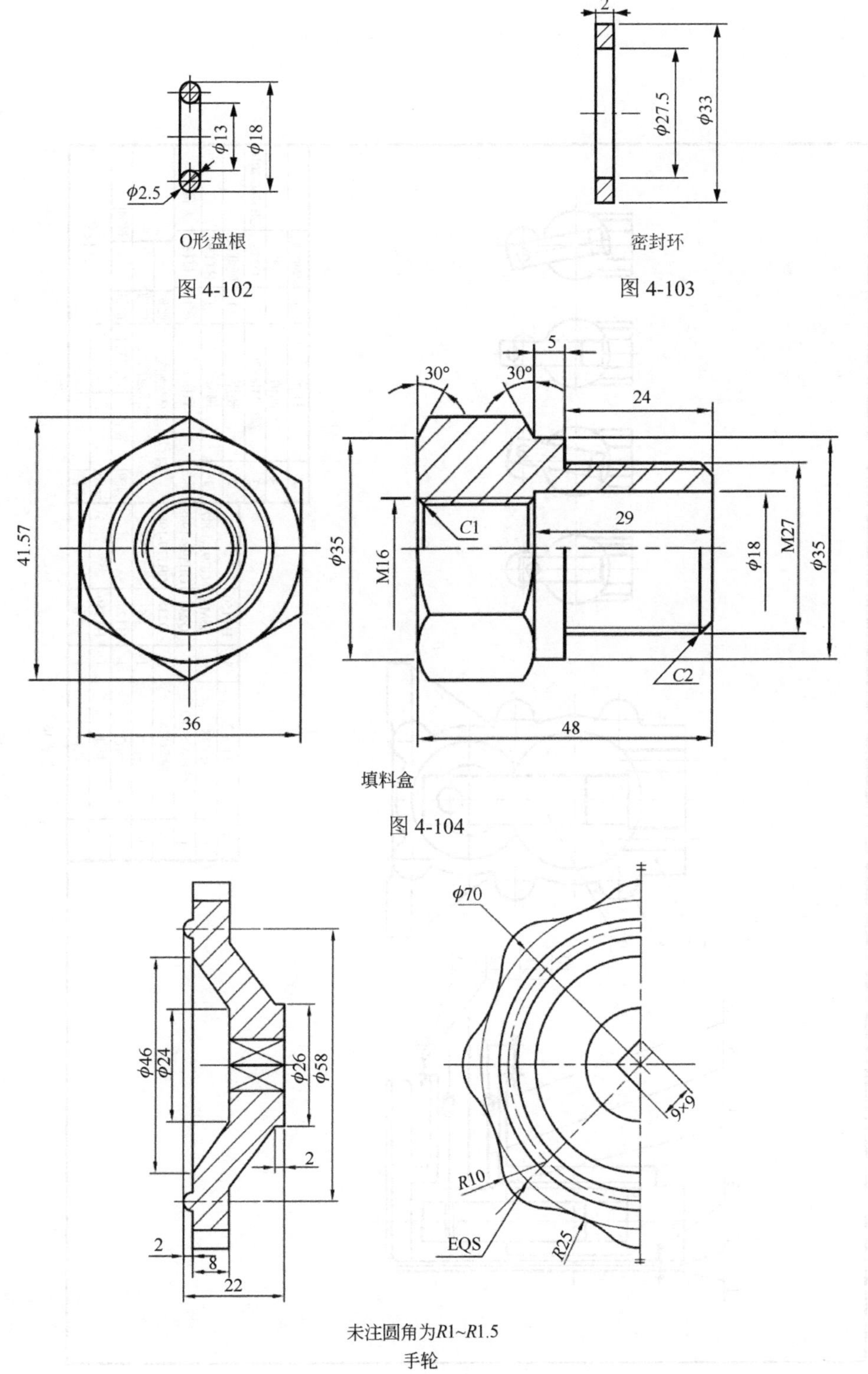

图 4-102

图 4-103

图 4-104

图 4-105

（15）根据如图 4-106 所示的柱塞泵装配示意图，以及图 4-107～图 4-114 所示的零件图建立零件和装配模型。

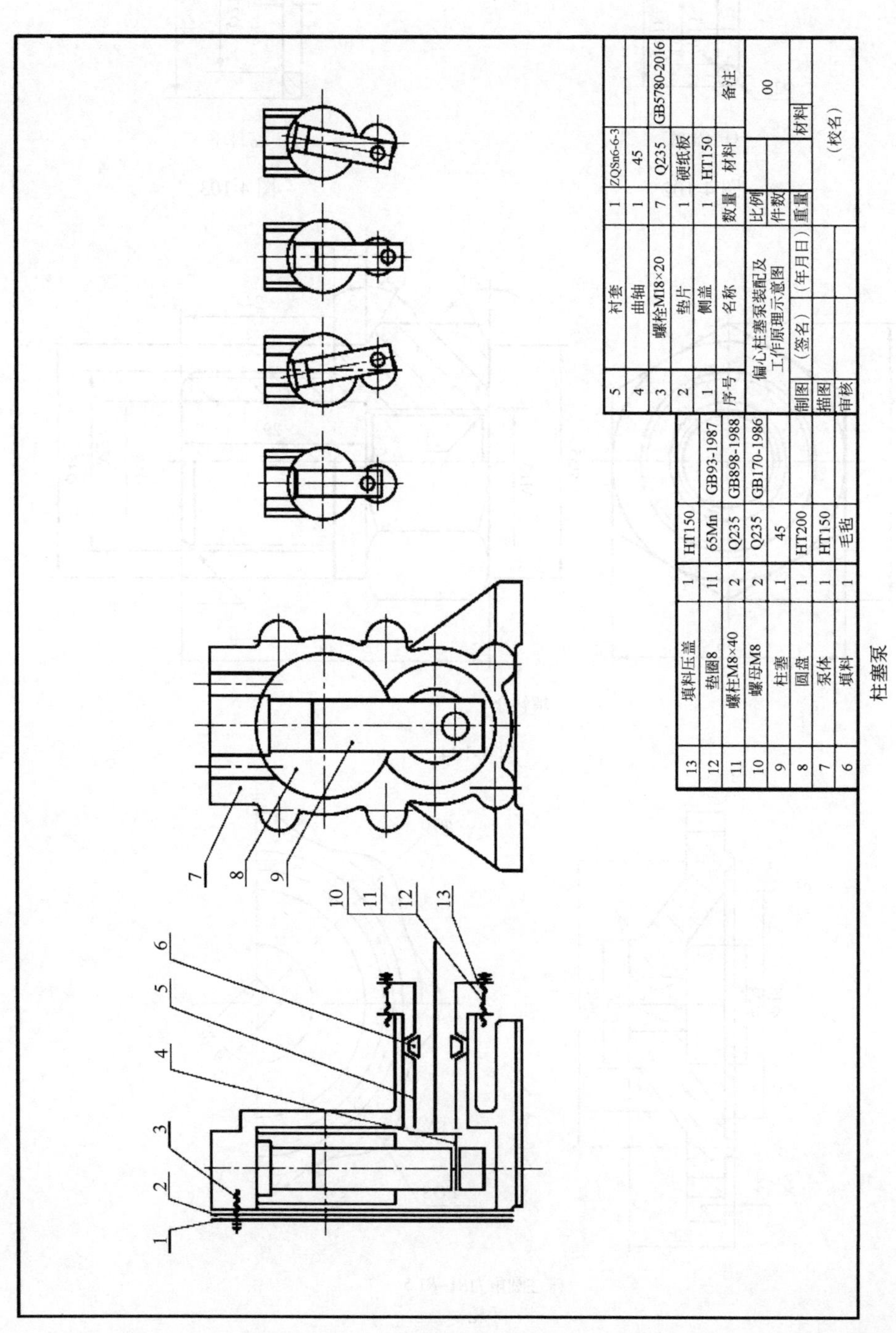
1
2
3
4
5
6
7
8
9
10
11
12
13
13 填料压盖 1 HT150
12 垫圈8 11 65Mn GB93-1987
11 螺柱M8×40 2 Q235 GB898-1988
10 螺母M8 2 Q235 GB170-1986
9 柱塞 1 45
8 圆盘 1 HT200
7 泵体 1 HT150
6 填料 1 毛毡
5 衬套 1 ZQSn6-6-3
4 曲轴 1 45
3 螺栓M18×20 7 Q235 GB5780-2016
2 垫片 1 硬纸板
1 侧盖 1 HT150
序号 名称 数量 材料 备注
偏心柱塞泵装配及工作原理示意图
比例
件数
重量
00
材料
制图 （签名） （年月日）
描图
审核
（校名）

柱塞泵

图 4-106

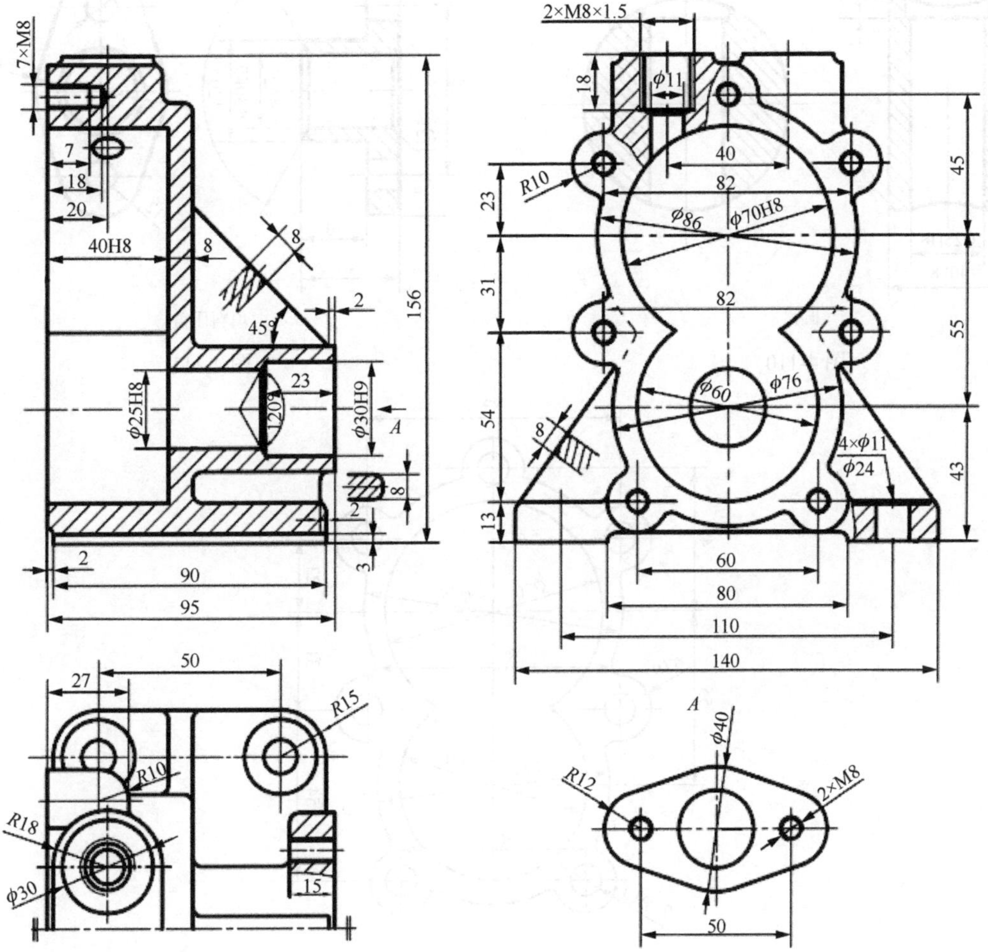

泵体

图 4-107

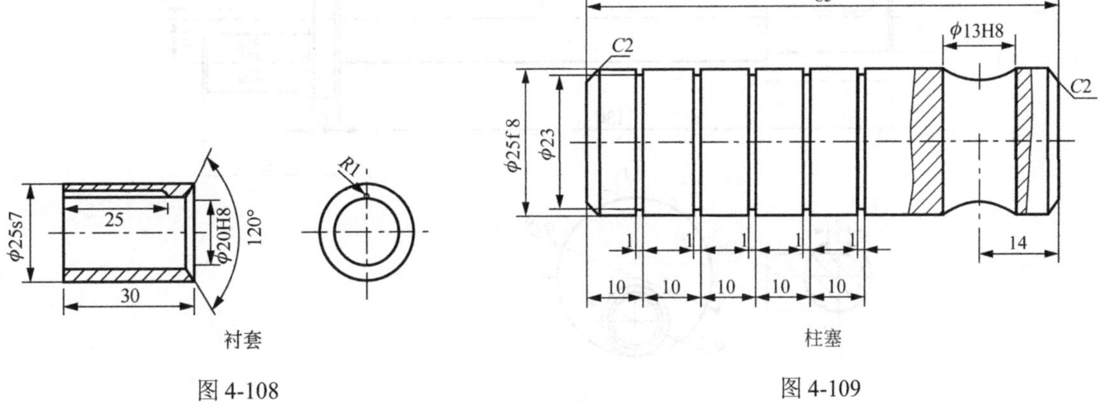

衬套

图 4-108

柱塞

图 4-109

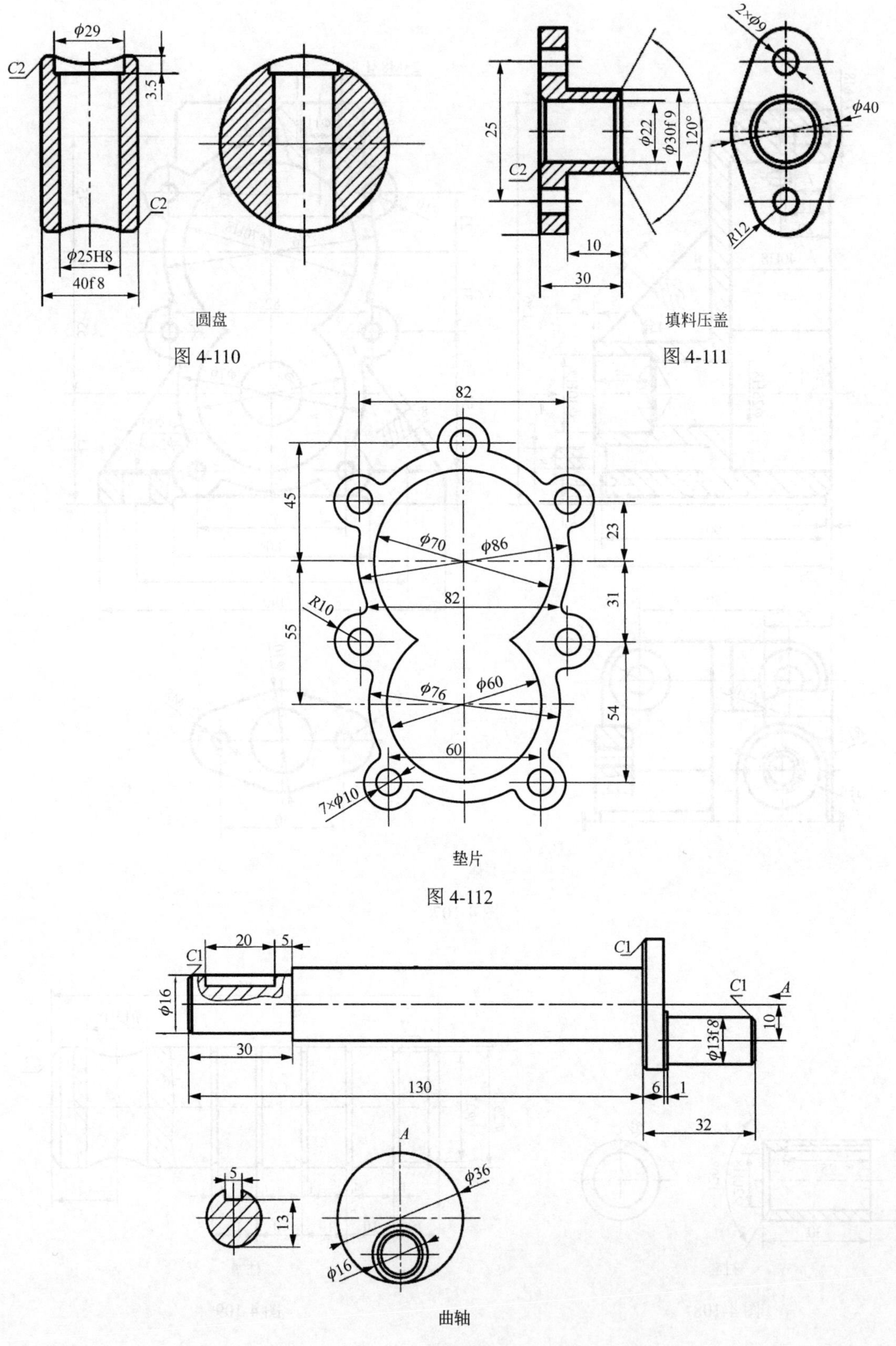

圆盘

图 4-110

填料压盖

图 4-111

垫片

图 4-112

曲轴

图 4-113

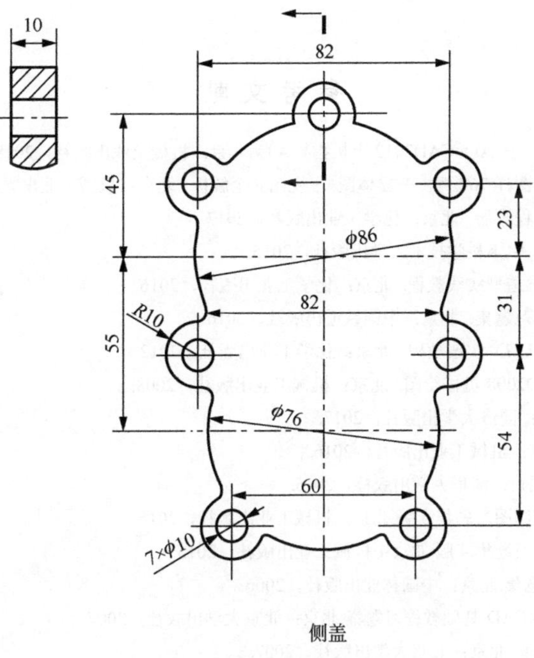

图 4-114

参 考 文 献

[1] 赵国增. 计算机辅助绘图与设计——AutoCAD2012 上机指导.4 版.北京：机械工业出版社，2018.

[2] 刘伏林，王柏玲. 机械制图全新图样 767 例——立体图+三视图完全解析. 北京：机械工业出版社，2012.

[3] 刘伏林. 数控机床整机设计全过程图册. 北京：化学工业出版社，2017.

[4] 慕灿. CAD/CAM 习题集. 合肥：中国科学技术大学出版社，2015.

[5] 伍胜男，慕灿，张宗彩. UG 三维造型实践教程. 北京：化学工业出版社，2016.

[6] 常江，魏芳，杨迎新. 机械制图习题集. 北京：中国铁道出版社，2016.

[7] 伍胜男，慕灿. 三维实体造型（UG）实践教程. 北京：化学工业出版社，2012.

[8] 张月英，张琳. 中文版 AutoCAD2008 机械绘图. 北京：机械工业出版社，2008.

[9] 庞正刚. 机械制图习题集. 上海：同济大学出版社，2017.

[10] 胡建生. 机械制图习题集. 北京：机械工业出版社，2016.

[11] 杨惠英，王玉坤. 机械制图. 北京：清华大学出版社，2015.

[12] 王其昌，翁民玲，常小芳.机械制图习题集.5 版.北京：机械工业出版社，2015.

[13] 冯秋官.机械制图与计算机绘图习题集.4 版.北京：机械工业出版社，2015.

[14] 杨世平，戴立玲. 工程制图习题集.北京：中国林业出版社，2006.

[15] 鲁杰，张爱梅.机械制图与 AutoCAD 基础教程习题集.北京：北京大学出版社，2007.

[16] 张绍群，王慧敏.机械制图习题集.北京：北京大学出版社，2007.